北京工业大学研究生创新教育系列著作

基面力单元法
Base Force Element Method

彭一江　刘应华　著

科学出版社

北　京

内 容 简 介

基面力单元法是一种以基面力为基本未知量的新型有限元法。本书内容围绕基于余能原理的基面力单元法理论体系及其应用展开，共 13 章。第 1 章介绍基面力单元法的研究背景、特色和展望；第 2 章介绍基面力的概念和基本理论；第 3 章研究二维线弹性问题的余能原理基面力单元法；第 4 章研究凸多边形网格的余能原理基面力单元法；第 5 章研究凹多边形网格的余能原理基面力单元法；第 6 章研究二维几何非线性问题的余能原理基面力单元法；第 7 章研究凸多边形网格的几何非线性基面力单元法；第 8 章研究凹多边形网格的几何非线性基面力单元法；第 9 章研究材料非线性的基面力单元法；第 10 章研究基于余能原理的三维基面力单元法；第 11 章研究基面力单元法中的三维退化单元；第 12 章研究基面力单元法在平面复杂桁架中的应用；第 13 章研究基面力单元法在空间复杂桁架中的应用。

本书可作为土木工程、水利工程、机械工程、航空航天工程、交通工程、材料科学与工程、工程力学等专业工程技术人员、教师和研究生的参考书。

图书在版编目(CIP)数据

基面力单元法(Base Force Element Method)/彭一江，刘应华著. —北京: 科学出版社, 2017.6

ISBN 978-7-03-052681-6

Ⅰ. ①基⋯ Ⅱ. ①彭⋯ ②刘⋯ Ⅲ. ①有限元法 Ⅳ. ①O241.82

中国版本图书馆 CIP 数据核字 (2017) 第 097168 号

责任编辑: 刘信力 / 责任校对: 邹慧卿
责任印制: 张 伟 / 封面设计: 蓝正设计

科 学 出 版 社 出版
北京东黄城根北街 16 号
邮政编码: 100717
http://www.sciencep.com

北京建宏印刷有限公司 印刷
科学出版社发行 各地新华书店经销

*

2017 年 6 月第 一 版 开本: 720 × 1000 B5
2018 年 1 月第三次印刷 印张: 19 3/4
字数: 383 000

定价: 128.00 元

前　　言

在有限元法的发展和应用中,基于势能原理的位移协调元法占有绝对优势,特别是一些大型的有限元分析软件基本上都是采用位移协调元方法。但随着科学研究的不断深入以及材料科学的迅速发展,严重依赖网格的位移法有限元在分析涉及特大变形 (如加工成型、高速碰撞、流固耦合)、奇异性或裂纹动态扩展等问题时遇到了许多困难。因此,探索可适应任意网格、畸变网格以及接触问题的有限元法是一些学者关注的问题。

但是现有的有限元法采用的都是传统二阶应力张量的描述体系,这种理论框架使得建立和表述数学模型较为繁琐,寻求更大的突破较为困难。高玉臣院士提出了一个远较传统的应力张量简单的新概念——“基面力” 来描述应力状态,较系统地描述了基面力的理论体系,并给出了基于余能原理推导单元柔度矩阵的思路。近年来,本书作者在高玉臣院士工作的基础上,以基面力为基本未知量系统研究了基于余能原理的基面力单元法的理论体系,建立了具有边中节点的四边形基面力单元法、适应于任意 (凸、凹) 多边形网格的基面力单元法、有限变形问题的余能原理基面力单元法、材料非线性问题的余能原理基面力单元法和杆系问题的余能原理基面力单元法等,采用 MATLAB 语言编制相应的余能原理基面力单元分析软件,研究了此类算法的计算性能,在适应任意网格、提高计算精度、减少网格依赖以及有限变形分析方法方面取得了一些创新性成果。

基面力单元法给出了一种新的有限元法研究思路。本课题组通过对各种基面力元的建立和计算性能的研究,发现基于余能原理的基面力单元法具有良好的计算通用性,提出采用一种统一的数学模型来表述空间单元、平面单元、任意形状网格单元、空间杆件单元、平面杆件单元以及混合单元,给出了各种单元采取一种单元模型计算的算例,分析结果表明:基于余能原理的基面力单元法在建立各种单元模型时具有统一的推导思路,一个三维的基面力元模型可以退化为各种不同的模型,柔度矩阵的计算可以采用统一的公式,并且具有对网格畸变不敏感、计算精度高的特点,具有较为广阔的应用前景和进一步研发的价值。

本书第一作者从 2001 年开始在北京交通大学固体力学研究所师从高玉臣院士从事基于基面力概念的有限元理论研究及软件开发工作,取得了一些创新性的研究成果;2005 年至 2006 年在副导师金明教授指导下进行成果整理和博士学位论文写作;2007 年至 2009 年在清华大学力学博士后流动站从事博士后研究工作,与合作导师清华大学工程力学系刘应华教授合作,在平面基面力单元法方面进行深入研究，取得了系统性的研究成果，并在发表于国际学术期刊 *Acta Mechanica Sinica* 的论文中将这种基于基面力概念的新型有限元法命名为 "基面力单元法"(Base Force Element Method)，简称 "基面力元法"(BFEM)。

本书是作者对近年来基面力单元法的理论及其应用研究成果的总结。书中介绍了基面力的概念、基本理论；阐述了基面力单元法的研究背景、特色和应用前景；重点研究了二维线弹性问题的余能原理基面力单元法、凸多边形网格的余能原理基面力单元法、凹多边形网格的余能原理基面力单元法、二维几何非线性问题的余能原理基面力单元法、凸多边形网格的几何非线性基面力单元法、凹多边形网格的几何非线性基面力单元法、材料非线性的基面力单元法、基于余能原理的三维基面力单元法、基面力单元法中的三维退化单元研究、基面力单元法在平面复杂桁架中的应用和基面力单元法在空间复杂桁架中的应用。

本书成果是在高玉臣院士研究工作的基础上发展起来的。前期工作是在高先生生前的悉心指导下完成的，值此本书出版之际，谨向高先生致以深深的谢意和由衷的敬意！本书前期成果还得到了金明教授的精心指导和热心帮助，在此表示衷心的感谢！

近年来，一些研究生、本科生在作者指导下参加了对基面力单元法理论体系及其应用的研究工作。本书引用了他们的研究成果。在此特别要感谢宗娜娜、郭庆、单岩岩、黄斯拜、任聪、李瑞雪、白亚琼、周雅等同学对本书做出的贡献。

本书的研究工作得到了国家自然科学基金 (编号 10972015) 的资助，在此表示衷心的感谢！

本书仅是关于新型有限元法——基面力单元法初步研究成果的介绍，旨在抛砖引玉，后续深入的研究工作还需不断完善、深化和发展。也希望有志于探索新算法的科研人员和研究生投身到此种新型计算方法的研发和应用中来，以拓展该方法的理论体系和促进该方法的工程应用。由于作者水平所限，书中难免有疏漏和不妥之处，敬请读者提出宝贵意见。

作　者

2016 年 12 月于北京

主 要 符 号

$x^i \quad (i=1,2,3)$	物质点的 Lagrange 坐标
$\boldsymbol{P}, \boldsymbol{Q}$	变形前后物质点的径矢
$\boldsymbol{P}_i, \boldsymbol{Q}_i$	变形前后的协变基矢量
$\boldsymbol{P}^i, \boldsymbol{Q}^i$	变形前后的逆变基矢量
$\boldsymbol{T}^i \quad (i=1,2,3)$	坐标系 x^i 中 $\boldsymbol{Q}$ 点的基面力
V_P, V_Q	变形前后的基容
A^i	基面积
$\boldsymbol{\sigma}$	Cauchy 应力张量
$\boldsymbol{\tau}$	第一类 Piola-Kirchhoff 应力张量
$\boldsymbol{\Sigma}$	第二类 Piola-Kirchhoff 应力张量
$\boldsymbol{u}_i$	位移梯度
$\boldsymbol{F}$	变形梯度张量
$\boldsymbol{G}$	Green 应变张量
$\boldsymbol{C}$	Cauchy 应变张量
$\boldsymbol{\varepsilon}_\mathrm{G}$	Green 有限应变张量
$\boldsymbol{\varepsilon}_\mathrm{C}$	Almansi 有限应变张量
ρ_0, ρ	变形前和变形后的物质密度
W	应变能密度
W_C	余能密度
$\boldsymbol{T}^I$	作用在单元各边中点上面力的合力, 简称为单元面力 (或节点力)
$\boldsymbol{r}_I$ 或 $\boldsymbol{P}_I$	由原点 O 指向单元边中点 I 的径矢
A	单元的面积
V	单元的体积
$\boldsymbol{C}_{IJ}$	单元柔度矩阵
$\boldsymbol{U}$	单位张量
E	弹性模量

ν	泊松比
δ_I	节点位移
λ, μ	Lagrange 乘子
σ_m	静水压力
S	应力偏张量
σ_e	等效应力

目　　录

第1章 绪 论

1.1 研 究 背 景

有限元法 (Finite Element Methods，FEM) 是计算力学的重要分支，是一种将连续体离散化以求解各种力学问题的数值方法。1960 年，Clough [1] 首先使用了 "有限单元法" 这一名称。现在，有限元法已经成为处理力学、物理、工程等计算问题的有效方法之一 [2]。但是目前工程和科学领域广为应用的基于势能原理的位移协调元法在分析一些典型的力学问题，如大变形、接近不可压缩材料、薄板弯曲、移动边界等问题时还存在一些不足 [3]。

有限元的理论和方法发展到今天，人们不再满足于仅仅采用常规的位移协调元方法 [4]。20 世纪 60 年代发生发展起来的非协调元、杂交元和混合元在实践中日益显示出巨大的优越性和发展的潜力，近年来成为力学界、工程界和数学界的一个中心议题 [5]。在这个领域里，人们面临的一个主要困难是多变量非协调元解的可靠性 (即解的唯一存在性、收敛性和对计算背景变化的适应性等) 问题，既有理论方面的障碍，又有如何把理论付诸实现的困难，国际上流行的非协调函数多是靠经验拼凑出来的 [5]，上述方法距工程界可以直接掌握的力学工具仍有相当的差距。近年来，工程与材料科学的迅速发展对数值模型的可靠性和非线性行为提出了新的更高的要求，全面优化单元的数值性能的问题提出来了。目前非协调元在线性领域的应用已获得很大的成功，吴长春等建立了一个生成非协调元形函数的一般公式 [5,6]，发展了基于位移模式的 Q6 元及 QM6 元 [7]，基于各种杂交模式的非协调元等 [8,9]。但是，非协调元在非线性领域的应用由于受到各种因素的制约，远没有在线性领域的应用成熟 [10]，目前仍是国际计算力学界研究的热点问题。此外，由于上述的有限元方法均是采用传统二阶应力张量的描述体系，因此在这种理论框架下，建立和表述弹性大变形问题的数学模型较为复杂繁琐，寻求新的突破较为困难。

在有限元的发展中，研究基于余能原理的应力平衡元法寻求力学问题的上限解是一些学者所关心的课题 [11]。传统的应力平衡元法的求解思路通常是先构造单元的应力插值函数，再通过积分求解出单元的柔度矩阵。但是由于插值函数的选择要保证应力在单元内、单元交界和应力边界上均保持平衡，一般较难选择 (除杆、梁单元外)；在应力分量求出后，位移的求解较为困难，这就使应力平衡元法的应用受到较大的限制 [12]。此外，传统的应力平衡元法的单元柔度矩阵一般不能得出积分显式，需进行数值积分。在这种求解框架下，寻求应力平衡元法的进一步突破较为困难。

在有限变形理论研究方面，弹性大变形理论是弹性力学的一个分支，一般又称为有限变形理论。由于其描述的是自然界普遍存在的一类非线性现象，而且这一理论在工程实践中有着广泛的应用前景，所以它的理论研究一直受到力学界和工程界的重视。有限变形理论经历了漫长、曲折的发展过程，它是与理性力学的发展联系在一起的。近代的大变形弹性理论已由 Green，郭仲衡和 Oden 等建立了基本框架[13-15]，但由于符号复杂，高度非线性，运算困难，因而不适合应用。此外，传统的位移协调元法在分析结构的有限变形力学行为时还存在一些问题：一是网格畸变引起的计算偏差；二是高度非线性方程组求解的收敛性；三是利用二阶张量描述体系建立数学模型的复杂性。因此，针对有限变形问题探索具有更简洁的应力和变形描述体系，建立不依赖网格且收敛性好的大变形新型有限元模型是一些学者所关心的。

高玉臣院士生前的工作给出了弹性大变形新的描述方法[16-18]，建立了两种典型本构关系[19,20]，并解决了一系列带有奇异点的代表性问题[21-25]。利用高玉臣[16] 提出的 "基面力"(Base Forces, BF) 概念，可以完全替代传统的各种二阶应力张量描述一物质点在初始构形和当前构形的应力状态，可以得到弹性力学基本方程 (平衡方程、边界条件、本构关系) 的简洁表达式，还可以建立势能原理和余能原理。在研究物体的力学行为，特别是有限变形的分析中，一阶张量基面力具有传统的二阶应力张量无法比拟的优越性，提供了一个很好的分析工具。2003 年，高玉臣[17] 较系统地提出了 "基面力"(BF) 的理论体系，并利用基面力概念给出了推导空间任意多面体单元刚度矩阵和柔度矩阵显式表达式的思路；2006 年，高玉臣[26] 还基于基面力概念提出了弹性大变形余能原理，其表述形式与小变形情况完全一样，解决了国际上多年未能很好解决的难题。这些理论为基面力概念在有限元领域的应用奠定了理论基础。

在高玉臣院士的指导下，本书第一作者从 2001 年开始从事基于基面力概念的有限元相关理论研究及软件开发工作[27]；2006~2007 年与北京交通大学工程力学研究所金明教授合作，在基于基面力概念的线弹性任意网格有限元理论及应用方面发表了一些研究成果[28-30]；2008~2009 年与清华大学工程力学系刘应华教授合作，在基于基面力概念的几何非线性余能原理有限元理论及应用方面发表了一些研究成果[31-34]。前期的研究成果表明，此种方法以基面力矢量 (一阶张量) 为基本未知量，具有简洁的积分显式有限元列式，无需进行数值积分，且编程简单，计算精度较高，收敛性较好，可适用于任意形状的有限元网格，对网格的畸变不敏感，可以进行大荷载步计算，具有较好的计算稳定性。作者将这种基于基面力概念的有限元法命名为 "基面力单元法"(Base Force Element Method, BFEM)[34]。进一步探

索这种 "基面力单元法" (BFEM) 在计算力学中的优势所在,并进一步拓宽此方法的应用范围,将具有较重要的理论意义和应用价值。

本课题具有自主的知识产权、创新性的研究思路和简洁实用的理论体系,研究工作具有理论意义和工程应用价值,研究成果具有广阔的应用前景。

1.2 国内外研究现状及进展

在与本课题相关的能量变分原理研究方面,Hellinger 在 1914 年第一个成功将变分原理应用于弹性力学问题的研究,不过当时他的工作并未引起人们的注意。直到 1950 年 Reissner [35] 做了相似的工作,再加上计算技术的发展,人们才开始在这方面有了进一步的认识。Hellinger 和 Reissner 所做的工作就是著名的 Hellinger-Reissner 混合变分原理。而胡海昌 [36,37] 在 1954 年和鹫津久一郎 [38,39] 在 1955 年进一步提出了位移、应力和应变三个独立的场变量的变分原理,即胡–鹫津 (Hu-Washizu) 三类变量变分原理。此外,钱令希 [40] 在 1950 年研究的余能原理,从理论上和应用上为研究广义变分原理奠定了基础。钱伟长 [41] 倡导 Lagrange 乘子法,为建立各个学科领域的广义变分原理提供了一个有效方法。此后人们又进一步研究了弹性力学及弹塑性力学的广义变分原理 [42−45],随着一些应用数学家、力学家和工程师对弹性力学能量变分原理的研究,以及电子计算机的广泛应用和发展,人们开始用变分原理作近似计算,这其中运用最为成功的便是有限单元法。

有限元的成功激起了人们对弹性力学变分原理的研究热情,然而在过去的几十年中,人们对小变形问题的余能原理进行了深入的研究,但弹性大变形问题的余能原理的恰当形式却还没有被很好地建立。通过回忆可以发现,在力法出现以前,Navier 在 1827 年就提出了基于势能原理的位移法,但由于计算技术和手段的限制始终未能得到广泛的应用。而后在 1873 年和 1889 年,Castigliano 和 Engesser 提出了基于余能原理的力法,这种方法得到极其广泛的应用。直到 20 世纪 60 年代,由于计算技术和计算机的发展,人们才开始 "偏爱" 矩阵位移法,相比之下力法就不受重视了。那么随着今后技术的发展,这种情况是否会再次发生逆转,这一点值得人们去探索。因此对余能原理的进一步研究是有价值的。

对弹性大变形余能原理做出最初贡献的是 Hellinger。在小变形假设前提下,余能原理仅将应力分量作为独立变量,在势能原理中仅有位移是独立变量。然而如果有大旋转存在,这种良好的对称性将被打破。Reissner 在 1953 年阐述了以 Kirchhoff 应力张量为变量的余能原理,这一原理在有限变形力学中得到了广泛的研究 [46−49]。但是 Hellinger-Reissner 原理既包含未知位移也含有第二类 Piola-Kirchhoff 应力,同时含有两类未知变量,因此不被认为是纯粹的余能原理。此外它的极值性问题也一直未能很好地解决,仅被看成是一个驻值的理论,并且还产生了很多争论. 正如 Levinson [50] 指出的, 利用第二类 Piola-Kirchhoff 应力作为基本未知量, 不可能建立起大变形余能原理并使之与小变形情况一致. 其原因是, 公式中包含一个很讨厌的项, 它由应力及位移梯度的二次方组成. 进一步, Levinson 给出了一个大变形余能原理, 他采用了第一类 Piola-Kirchhoff 应力为基本未知量. 然而, Levinson 未证明这类应力的共轭量, 即位移梯度, 可以唯一地通过该应力表示出来. Ogden [51] 讨论了这种逆表示的唯一性并给出了若干限制条件, 但是这些限制条件是不正确的. Gao 和 Strang [52] 讨论了 Levinson 称之为讨厌的一项, 并且称它为 "裂隙函数". 其后, 在文献 [53] 中, 将 "裂隙函数" 通过第一类和第二类 Piola-Kirchhoff 应力表示了出来, 从而得到了所谓的 "纯余能原理". 然而, 该原理中包含着第二类 Piola-Kirchhoff 应力的逆, 这是很难求得的. 此外, Gao 的余能公式与线弹性情况不相似. Fraeijs de Veubeke[54] 基于极分解方法给出一个余能原理, 但它仍然不是纯余能原理. 这样, 大变形余能原理仍是未解决的问题. 还有其他许多学者对余能原理及其应用进行了深入的研究 [55-59].

高玉臣 [26] 也对弹性大变形的余能原理进行了深入研究, 他利用 "基面力" 作为描述弹性系统应力状态的基本变量, 其共轭变量是位移梯度, 通过极分解定理可以将位移梯度唯一地分解为旋转与变形两部分. 由本构方程和力平衡方程及力矩平衡方程, 可以用基面力来表示位移梯度的旋转和变形这两部分, 从而建立了弹性大变形的纯粹余能原理, 其表达式具有与小变形余能原理相同的形式 [26]. 在本课题的研究中将进一步探索高玉臣提出的弹性大变形余能原理的适用性及新的应用领域.

在与本课题相关的其他各种有限元理论研究方面, 从应用数学的角度来看, 有限元法的基本思想可以追溯到 Courant 在 1943 年的工作. 他首先尝试将在一系列三角形区域上定义的分片连续函数和最小势能原理相结合, 来求解 St. Venant 扭转问题. 此后, 不少应用数学家、物理学家和工程师分别从不同角度对有限元法的离散理论、方法及应用进行了研究. 随着电子计算机的广泛应用和发展, 有限元法的发展速度才显著加快. Turner 等 [60] 在 1956 年分析飞机结构时将矩阵位移法推广应用于弹性力学平面问题, 第一次给出了用三角形单元求得平面应力问题的正确解答. 1960 年, Clough 进一步处理了平面弹性问题, 并第一次提出 "有限单元法" 的名称.

Fraeijs de Veubeke [61] 在 1965 年将变分原理用作有限元基础建立了平衡元; 卞学鐄 [62-67] 基于多场变分原理建立了杂交元 (某些场变量仅在单元交界面定义) 的表达式; Tong [68] 提出了杂交位移元表达格式; Wilson 等 [69] 提出了非协调位移元表达格式. Herrmann [70] 在 1965 年用 Hellinger-Reissner 变分原理建立起混合型 (单元内包括多个场变量) 的有限元表达格式; 唐立民等 [71,72] 提出了拟协调元; 钟万勰等 [73] 研究了理性有限元; 龙驭球等 [74] 研究了广义协调元和分区混合元等.

还有许多学者为推进有限元法的发展做出了贡献。

对应不同的变分原理, 人们研究出不同的单元[74]:

(1) 协调位移元 (采用在单元间精确协调的位移试函数)——最小势能原理;

(2) 非协调位移元 (采用在单元间不精确协调的位移试函数)——分区势能原理;

(3) 广义协调位移元 (采用在单元间广义协调的位移试函数)——分区势能原理的退化形式;

(4) 应力杂交元 (采用应力试函数, 满足平衡微分方程)——最小余能原理;

(5) 混合元 (采用混合试函数, 含位移、应力和应变)——广义变分原理;

(6) 分区混合元 (部分单元采用位移试函数, 其余单元采用应力试函数)——分区混合能量原理。

在与本课题相关的基面力单元法研究方面, 2003 年, 高玉臣基于基面力的概念给出了推导空间任意多面体单元刚度矩阵和柔度矩阵显式表达式的思路[17], 为基面力的概念在有限元领域的应用奠定了理论基础。在高玉臣工作的基础上, 彭一江[27]在高玉臣院士的指导下从 2001 年开始进行基面力单元法 (BFEM) 的有关研究工作, 在基面力单元法模型研究、软件开发和基面力元性能分析方面进行了一些前期的基础研究和开发工作[27]。

近年来, 作者在基面力单元法的计算性能研究, 与常规位移模式有限元对比分析, 以及基面力单元法在国际上的推广应用方面做了一些工作[75−81]。国内外同行已开始对一些基面力单元法的研究成果进行了引用[82−84]。

在高玉臣工作的基础上, 作者还在基于势能原理的基面力单元法研究方面进行了一些工作[85], 并将其应用于再生混凝土材料细观损伤分析的大规模计算中, 取得了一些研究成果[86−89]。

近年来, 在基面力相关理论、应用和数值分析方法研究方面还有一些学者取得了创新性的研究成果[90−97]。金明教授出版的《非线性连续介质力学教程》[98]对基面力理论也有一些介绍。

1.3 基面力单元法的特色

基面力单元法的特色如下:

(1) 基面力的概念是高玉臣院士提出的用于表述大变形问题应力状态的一种物理量, 其表达公式简洁, 推导方程方便。

(2) “基面力单元法” 是作者在高玉臣院士工作的基础上提出的, 是近几年发展起来的一种新型有限元法, 其以基面力为基本未知量, 具有简洁的张量表达形式。

(3) 本课题组通过对各种基面力元的建立和计算性能研究，发现基于基面力单元法具有良好的计算通用性，可以采用一种统一的数学模型来表述空间单元、平面单元、任意形状网格单元、空间杆件单元、平面杆件单元以及混合单元。

(4) 研究结果表明：基面力单元法在建立各种单元模型时具有统一的推导思路，一个三维的基面力元模型可以退化为各种不同的模型，计算可以采用统一的公式，编程方便，可进行不同单元混合计算，可采用凸多边形或凹多边形网格。

(5) 具有对网格畸变不敏感，对网格依赖性小，计算精度高的特点。

(6) 基面力单元法在大变形问题中的模型推导简洁，非线性运算的收敛性好。

(7) 由于余能原理基面力单元法在单元之间为力接触，故对于处理裂纹扩展问题具有优势。

(8) 数学模型为积分显式，计算效率较高，可以进行大规模工程计算，具有较为广阔的应用前景和进一步研发的价值。

1.4   基面力单元法的发展前景

基于余能原理的基面力单元法对网格畸变和单元长宽比的影响不敏感，具有较好的计算性能，可以应用于高度几何非线性问题，且计算精度较高、收敛性较好。基面力单元法给出了一种新的有限元法计算思路，且适用范围广，具有较好的应用前景。

研究发现基面力单元法亦存在一定的适用性，特别是基于余能原理基面力单元法对任意多边形网格剖分结构出现刚度过硬等问题，还有待进一步深入研究。

展望未来，基面力单元法可以在下面一些科学和工程问题方面有所作为：

(1) 弹塑性损伤问题的余能原理基面力单元法研究及工程应用；

(2) 动力问题的余能原理基面力单元法研究及工程应用；

(3) 扩展裂纹尖端场问题的高精度余能原理基面力单元法研究及工程应用；

(4) 塑性大变形问题的余能原理基面力单元法研究及工程应用；

(5) 接触问题的余能原理基面力单元法研究及工程应用；

(6) 偶应力问题的余能原理基面力单元法研究及工程应用；

(7) 软物质问题的余能原理基面力单元法研究及工程应用；

(8) 微观力学问题的余能原理基面力单元法研究及工程应用；

(9) 多尺度问题的余能原理基面力单元法研究及工程应用；

(10) 多场问题的余能原理基面力单元法研究及工程应用等。

第2章 基面力单元法的基本公式

以往的有限元理论均采用传统的二阶张量表述应力状态和变形状态,在表述物体大变形时,将使问题变得较为复杂,其原因是需要针对初始构形或当前构形分别定义各种不同的应力张量和变形张量。但是由于一些应力张量,如 Cauchy 应力不能直接由应变能得到,因此还需引进 Kirchhoff 应力张量作为应变能与 Cauchy 应力的桥梁。各种不同的应力张量需要找到与其对偶的应变张量,才可构造出应变能。此外,利用二阶张量来推导大变形问题的有限元基本方程也较为繁琐。

与常规的有限元理论不同,在基面力理论的研究体系中,初始构形或当前构形的受力状态均以基面力概念来表征。正像文献 [17] 所指出的:基面力概念的提出,主要是为了取代各种应力张量来表述一点的应力状态;在各种应力张量如 Cauchy 应力张量和 Piola 应力张量中均包含了基面力要素,这两种应力张量就像同一个人 (基面力) 穿上不同的衣裳。对于大变形问题,基面力的应用将可使基本方程的推导变得更加简单。在研究物体的力学行为,特别是大变形的分析中,基面力具有传统的二阶应力张量无法比拟的优越性,提供了一个很好的分析工具。基面力的概念已在分析奇异点大变形问题中取得一系列的研究成果。

本章将根据连续介质力学理论,以高玉臣提出的基面力理论 [17,26] 为基础,采用一阶张量基面力表征基面力元理论中弹性体的应力状态,采用基面力矢量的对偶量——位移梯度矢量表征弹性体的变形状态,进而给出基面力单元法所需的基本方程,包括:物体的平衡方程、本构关系,以及有限变形问题余能原理表达式,还给出了基面力与各种应力张量的关系表达式,为建立基于余能原理的基面力单元法理论体系研究奠定理论基础。

2.1 基面力的概念

2.1.1 基面力的定义

考虑三维弹性体区域,P 和 Q 分别表示变形前后物质点的位置矢量,$x^i(i=1, 2, 3)$ 表示物质点的 Lagrange 坐标,则变形前后的坐标标架,即矢基为

$$P_i = \frac{\partial P}{\partial x^i}, \quad Q_i = \frac{\partial Q}{\partial x^i} \tag{2.1}$$

为了描述 Q 点附近的应力状态,在向量 $\mathrm{d}x^1 Q_1$, $\mathrm{d}x^2 Q_2$, $\mathrm{d}x^3 Q_3$ 上作一个平行六面体微元,$\mathrm{d}x^1 Q_1$, $\mathrm{d}x^2 Q_2$, $\mathrm{d}x^3 Q_3$ 所对应的面上的力记为 $\mathrm{d}T^1$, $\mathrm{d}T^2$, $\mathrm{d}T^3$, 如

图 2.1 所示, 并作如下定义:

$$\boldsymbol{T}^i = \frac{1}{\mathrm{d}x^{i+1}\mathrm{d}x^{i-1}}\mathrm{d}\boldsymbol{T}^i \quad (\mathrm{d}x^i \to 0) \tag{2.2}$$

这里约定 $3+1=1$, $1-1=3$。

式 (2.2) 中, $\boldsymbol{T}^i(i=1,2,3)$ 称为坐标系 x^i 中 $\boldsymbol{Q}$ 点的基面力。

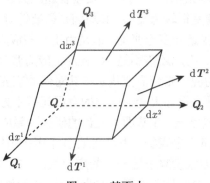

图 2.1　基面力

2.1.2　基面力的功用

为了说明 $\boldsymbol{T}^i$ 的作用, 作一个外法线为 $\boldsymbol{n}$ 的任意平面 π 与坐标轴在 $\mathrm{d}x^i(i=1,2,3)$ 处相交, 如图 2.2 所示。

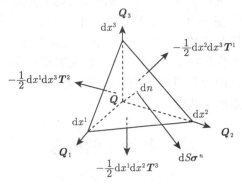

图 2.2　四面体上的力

由三个坐标面与平面 π 所围成的四面体侧面上受的力向量为 $-\boldsymbol{T}^i\mathrm{d}x^{i+1}\mathrm{d}x^{i-1}/2$, 而在平面 π 上受的力向量以 $\mathrm{d}S\boldsymbol{\sigma}^n$ 表示。这里 $\mathrm{d}S$ 为平面 π 的面积, $\boldsymbol{\sigma}^n$ 为 π 上的应力向量。由四面体的平衡条件, 并考虑式 (2.2), 可得

$$\boldsymbol{\sigma}^n\mathrm{d}S = \frac{1}{2}\mathrm{d}x^1\mathrm{d}x^2\mathrm{d}x^3\left(\frac{1}{\mathrm{d}x^1}\boldsymbol{T}^1 + \frac{1}{\mathrm{d}x^2}\boldsymbol{T}^2 + \frac{1}{\mathrm{d}x^3}\boldsymbol{T}^3\right) \tag{2.3}$$

若以 $\mathrm{d}V$ 表示四面体的体积，$\mathrm{d}n$ 表示从点 $\boldsymbol{Q}$ 到平面 π 的垂线长度，则

$$\mathrm{d}V = \frac{1}{6}V_Q\mathrm{d}x^1\mathrm{d}x^2\mathrm{d}x^3 = \frac{1}{3}\mathrm{d}n \cdot \mathrm{d}S \tag{2.4}$$

式中，V_Q 为 x^i 系统的基容，可表示为

$$V_Q = (\boldsymbol{Q}_1, \boldsymbol{Q}_2, \boldsymbol{Q}_3) \tag{2.5}$$

由方程 (2.3) 和 (2.4)，可得

$$\boldsymbol{\sigma}^n = \frac{1}{V_Q}\boldsymbol{T}^i\frac{\partial n}{\partial x^i} \tag{2.6}$$

注意，这里有

$$\frac{\partial n}{\partial x^i} = \boldsymbol{Q}_i \cdot \boldsymbol{n} = n_i \tag{2.7}$$

则式 (2.6) 可写为

$$\boldsymbol{\sigma}^n = \frac{1}{V_Q}\boldsymbol{T}^i n_i \tag{2.8}$$

方程 (2.8) 表明，基面力可以给出一点应力状态的完整描述。

任意方位的平面上的应力 $\boldsymbol{\sigma}^n$ 可由其法向量 $\boldsymbol{n}$ 与 Cauchy 应力张量 $\boldsymbol{\sigma}$ 点乘得到，即

$$\boldsymbol{\sigma}^n = \boldsymbol{\sigma} \cdot \boldsymbol{n} \tag{2.9}$$

故基面力 $\boldsymbol{T}^i$ 与 Cauchy 应力张量 $\boldsymbol{\sigma}$ 的关系有

$$\boldsymbol{\sigma} = \frac{1}{V_Q}\boldsymbol{T}^i \otimes \boldsymbol{Q}_i \tag{2.10}$$

以基面力为基本量，可建立平面问题和空间问题的本构关系、平衡方程及边界条件，给出新的应力状态的描述方法，可取代传统的二阶张量。

为了进一步解释基面力 $\boldsymbol{T}^i$ 的含义，令 $\boldsymbol{\sigma}^i$ 表示第 i 个坐标面上的应力，根据式 (2.2)，得

$$\boldsymbol{T}^i = A^i\boldsymbol{\sigma}^i \tag{2.11}$$

其中

$$A^i = \left|\boldsymbol{Q}_{i+1} \times \boldsymbol{Q}_{i-1}\right| \tag{2.12}$$

A^i 被称为基面积，在式 (2.11) 中因为 i 处在相同的水平上，不求和。

从式 (2.11) 可以看出，基面力是一种应力束。对小变形情况，$A^i = 1$，基面力 $\boldsymbol{T}^i$ 与应力矢量 $\boldsymbol{\sigma}^i$ 相同。

考虑一个平行六面体单元，如图 2.1 所示，力矩平衡为

$$\boldsymbol{T}^i \times \boldsymbol{Q}_i = \boldsymbol{0} \tag{2.13}$$

当势能给定时，此条件应自动满足。

2.1.3　基面力与各种应力张量的关系

1. 基面力表示的 Cauchy 应力张量表达式

根据上面式 (2.10) 的推导，基面力 $\boldsymbol{T}^i$ 与 Cauchy 应力张量 $\boldsymbol{\sigma}$ 的关系表达式为

$$\boldsymbol{\sigma} = \frac{1}{V_Q}\boldsymbol{T}^i \otimes \boldsymbol{Q}_i$$

2. 基面力 $\boldsymbol{T}^i$ 表示的 Piola 应力张量 $\boldsymbol{\tau}$ 的表达式

前面讨论的 Cauchy 应力 $\boldsymbol{\sigma}$ 与变形前的信息无关。利用变形前的信息，由 $\boldsymbol{\sigma}$ 还可引出所谓 Piola 应力张量 $\boldsymbol{\tau}$(或第一类 Piola-Kirchhoff 应力张量)，即

$$\boldsymbol{\tau} = J\boldsymbol{\sigma} \cdot \left(\boldsymbol{F}^{-1}\right)^{\mathrm{T}} \tag{2.14}$$

式中, J 表示变形后与变形前的体积比，即

$$J = V_Q/V_P \tag{2.15}$$

其中, V_P 及 V_Q 分别为变形前后的基容。

下面推导 Piola 应力张量 $\boldsymbol{\tau}$ 与基面力 $\boldsymbol{T}^i$ 的关系：

以变形前的逆变基 $\boldsymbol{P}^i$ 及 V_P 点乘上式两端，可得

$$V_P\boldsymbol{\tau} \cdot \boldsymbol{P}^i = V_P J\boldsymbol{\sigma} \cdot \left(\boldsymbol{F}^{-1}\right)^{\mathrm{T}} \cdot \boldsymbol{P}^i \tag{2.16}$$

考虑到变形梯度 $\boldsymbol{F} = \boldsymbol{Q}_i \otimes \boldsymbol{P}^i$，则其逆 $\boldsymbol{F}^{-1}$ 为

$$\boldsymbol{F}^{-1} = \boldsymbol{P}_i \otimes \boldsymbol{Q}^i \tag{2.17}$$

将式 (2.17) 代入式 (2.16)，并考虑到 $V_P J = V_Q$，则式可变为

$$V_P\boldsymbol{\tau} \cdot \boldsymbol{P}^i = V_Q\boldsymbol{\sigma} \cdot \left(\boldsymbol{P}_i \otimes \boldsymbol{Q}^i\right)^{\mathrm{T}} \cdot \boldsymbol{P}^i \tag{2.18}$$

根据并矢的转置关系，有

$$\left(\boldsymbol{P}_i \otimes \boldsymbol{Q}^i\right)^{\mathrm{T}} = \boldsymbol{Q}^i \otimes \boldsymbol{P}_i \tag{2.19}$$

故式 (2.18) 可写为

$$V_P\boldsymbol{\tau} \cdot \boldsymbol{P}^i = V_Q\boldsymbol{\sigma} \cdot \left(\boldsymbol{Q}^i \otimes \boldsymbol{P}_i\right) \cdot \boldsymbol{P}^i \tag{2.20}$$

根据并矢运算规则，有

$$\left(\boldsymbol{Q}^i \otimes \boldsymbol{P}_i\right) \cdot \boldsymbol{P}^i = \boldsymbol{Q}^i \left(\boldsymbol{P}_i \cdot \boldsymbol{P}^i\right) \tag{2.21}$$

则式 (2.20) 可写为

$$V_P \boldsymbol{\tau} \cdot \boldsymbol{P}^i = V_Q \boldsymbol{\sigma} \cdot \boldsymbol{Q}^i \left(\boldsymbol{P}_i \cdot \boldsymbol{P}^i \right) \tag{2.22}$$

即

$$V_P \boldsymbol{\tau} \cdot \boldsymbol{P}^i = V_Q \boldsymbol{\sigma} \cdot \boldsymbol{Q}^i \tag{2.23}$$

考虑到式 (2.10)，即 $\boldsymbol{\sigma} = \dfrac{1}{V_Q} \boldsymbol{T}^i \otimes \boldsymbol{Q}_i$，则式 (2.23) 变为

$$V_P \boldsymbol{\tau} \cdot \boldsymbol{P}^i = \left(\boldsymbol{T}^i \otimes \boldsymbol{Q}_i \right) \cdot \boldsymbol{Q}^i \tag{2.24}$$

根据并矢运算规则，式 (2.24) 可写为

$$V_P \boldsymbol{\tau} \cdot \boldsymbol{P}^i = \boldsymbol{T}^i \left(\boldsymbol{Q}_i \cdot \boldsymbol{Q}^i \right) \tag{2.25}$$

即

$$V_P \boldsymbol{\tau} \cdot \boldsymbol{P}^i = \boldsymbol{T}^i \tag{2.26}$$

式 (2.26) 表明第 i 个基面上的基面力等于 Piola 应力张量 $\boldsymbol{\tau}$ 点乘 $V_P \boldsymbol{P}^i$。

式 (2.26) 亦可看成张量 $\boldsymbol{\tau}$ 的拆开，即张量 $V_P \boldsymbol{\tau}$ 与矢量 $\boldsymbol{P}^i$ 的点乘可得到一个低一阶的张量组 $\boldsymbol{T}^i$。反之，$\boldsymbol{T}^i$ 与 $\boldsymbol{P}^i$ 并置求和可得到 $V_P \boldsymbol{\tau}$，即 Piola 应力张量 $\boldsymbol{\tau}$ 与基面力 $\boldsymbol{T}^i$ 的关系亦可写为并矢的形式：

$$\boldsymbol{\tau} = \frac{1}{V_P} \boldsymbol{T}^i \otimes \boldsymbol{P}_i \tag{2.27}$$

3. 基面力 $\boldsymbol{T}^i$ 表示的 Kirchhoff 应力张量 $\boldsymbol{\varSigma}$ 的表达式

如果将 Piola 应力张量 $\boldsymbol{\tau}$ 左乘 $\boldsymbol{F}^{-1}$，则得另一应力张量 $\boldsymbol{\varSigma}$，即 Kirchhoff 应力张量 (或第二类 Piola-Kirchhoff 应力张量)，其表达式可写为

$$\boldsymbol{\varSigma} = \boldsymbol{F}^{-1} \cdot \boldsymbol{\tau} \tag{2.28}$$

或

$$\boldsymbol{\varSigma} = J \boldsymbol{F}^{-1} \cdot \boldsymbol{\sigma} \cdot \left(\boldsymbol{F}^{-1} \right)^{\mathrm{T}} \tag{2.29}$$

将式 (2.27) Piola 应力张量 $\boldsymbol{\tau}$ 表达式代入式 (2.28) Kirchhoff 应力张量 $\boldsymbol{\varSigma}$，则可得到 $\boldsymbol{\varSigma}$ 与基面力 $\boldsymbol{T}^i$ 的关系表达式

$$\boldsymbol{\varSigma} = \boldsymbol{F}^{-1} \frac{1}{V_P} \boldsymbol{T}^i \otimes \boldsymbol{P}_i \tag{2.30}$$

由此可见，Cauchy 应力张量 $\boldsymbol{\sigma}$、Piola 应力张量 $\boldsymbol{\tau}$ 和 Kirchhoff 应力张量 $\boldsymbol{\varSigma}$ 都可用基面力 $\boldsymbol{T}^i$ 表示。

对小变形问题，有 $\boldsymbol{P} = \boldsymbol{Q}$，则上述三种应力相同。

2.2　基面力的对偶量–位移梯度

2.2.1　位移梯度的定义

令 P 和 Q 分别表示一物质点变形前和变形后的矢径，P_i 和 Q_i 分别为变形前和变形后的矢基，则位移为

$$u = Q - P \tag{2.31}$$

位移梯度为

$$u_i = \frac{\partial u}{\partial x^i} = Q_i - P_i \tag{2.32}$$

从式 (2.32) 可见，我们可以用位移梯度代替应变张量来描述变形。

2.2.2　位移梯度与基面力的关系

设第 i 坐标基面上的基面力为 $T^i(i = 1, 2, 3)$，于是第 i 个面上的合力为

$$T^i \mathrm{d}x^{i+1} \cdot \mathrm{d}x^{i+2} \tag{2.33}$$

这里，约定指标服从轮换规律 4=1，5=2。

进一步考虑一个微元的体积变化。为此，先考虑一个六面体微元，其六个侧面分别为 $x^i = x_0^i$ 及 $x^i = x_0^i + \mathrm{d}x^i(i = 1, 2, 3)$，其变形前后的体积分别为 $\mathrm{d}V_0$ 及 $\mathrm{d}V$，于是

$$\mathrm{d}V_0 = V_P \mathrm{d}x^1 \mathrm{d}x^2 \mathrm{d}x^3 \tag{2.34}$$

$$\mathrm{d}V = V_Q \mathrm{d}x^1 \mathrm{d}x^2 \mathrm{d}x^3 \tag{2.35}$$

式中，V_P 和 V_Q 分别为变形前后的基容，即

$$V_P = (P_1, P_2, P_3) \tag{2.36}$$

$$V_Q = (Q_1, Q_2, Q_3) \tag{2.37}$$

对比式 (2.33) 和式 (2.34)，可得

$$T^i \mathrm{d}x^{i+1} \cdot \mathrm{d}x^{i+2} = \frac{\mathrm{d}V_0}{V_P} T^i \frac{1}{\mathrm{d}x^{(i)}} \tag{2.38}$$

注意，该式中 $\mathrm{d}x^{(i)}$ 不参加求和约定。

下面先研究应变能密度 W 与基面力 T^i 的关系：

考虑到六面体微元上，第 i 个坐标对应的两个侧面的相对位移为 $\delta u_i \mathrm{d}x^{(i)}$，则每个侧面上的合力对微元所做的总功为

$$(T^i \mathrm{d}x^{i+1} \cdot \mathrm{d}x^{i+2}) \cdot \delta u_i \mathrm{d}x^{(i)} \tag{2.39}$$

将式 (2.38) 代入式 (2.39)，则总功可写为

$$\frac{\mathrm{d}V_0}{V_P}\boldsymbol{T}^i \cdot \delta\boldsymbol{u}_i \tag{2.40}$$

微元的坐标面发生相对位移 $\delta u_i \mathrm{d}x^{(i)}$ 后，微元发生了新的变形，增加的应变能为

$$\rho_0 V_P \mathrm{d}x^1 \mathrm{d}x^2 \mathrm{d}x^3 \delta W \tag{2.41}$$

根据能量守恒定律，有

$$\frac{\mathrm{d}V_0}{V_P}\boldsymbol{T}^i \cdot \delta\boldsymbol{u}_i = \rho_0 V_P \mathrm{d}x^1 \mathrm{d}x^2 \mathrm{d}x^3 \delta W \tag{2.42}$$

由于

$$\delta\boldsymbol{u}_i = \delta\boldsymbol{Q}_i \tag{2.43}$$

又考虑到式 (2.34)，$\mathrm{d}V_0 = V_P \mathrm{d}x^1 \mathrm{d}x^2 \mathrm{d}x^3$，则式 (2.42) 可写为

$$\boldsymbol{T}^i = \rho_0 V_P \frac{\partial W}{\partial \boldsymbol{Q}_i} \tag{2.44}$$

或

$$\boldsymbol{T}^i = \rho V_Q \frac{\partial W}{\partial \boldsymbol{Q}_i} \tag{2.45}$$

式中，ρ_0 为变形前的物质密度；ρ 为变形后的物质密度。

根据式 (2.43)，则上面两式可写为

$$\boldsymbol{T}^i = \rho_0 V_P \frac{\partial W}{\partial \boldsymbol{u}_i} = \rho V_Q \frac{\partial W}{\partial \boldsymbol{u}_i} \tag{2.46}$$

该式即为基面力与位移梯度的关系表达式，从式中可以看出：利用基面力可以直接构造应变能，位移梯度是基面力的对偶量。

本书利用基面力矢量表述受力状态，用其对偶量–位移梯度表述变形状态。以基面力和位移梯度为基本未知量来解决各种弹性力学问题。

2.3 基面力表示的基本方程

2.3.1 基面力表示的平衡方程和边界条件

对于静力问题，平衡方程可以写为

$$\frac{\partial}{\partial x^i}\boldsymbol{T}^i + V_Q \rho \boldsymbol{f} = 0 \quad 或 \quad \frac{\partial}{\partial x^i}\boldsymbol{T}^i + V_P \rho_0 \boldsymbol{f} = 0 \tag{2.47}$$

式中，$\boldsymbol{f}$ 为单位质量的体力。

如图 2.3 所示的物质区域，S_u 为给定位移 $\boldsymbol{u}$ 的边界，S_σ 为给定面力的边界。边界条件可以写为

$$\boldsymbol{u} = \overline{\boldsymbol{u}} \quad (\text{在 } S_u \text{ 上}) \tag{2.48}$$

$$\frac{1}{V_Q}\boldsymbol{T}^i n_i = \overline{\boldsymbol{\sigma}} \quad (\text{在 } S_\sigma \text{ 上}) \tag{2.49}$$

式中，$\overline{\boldsymbol{u}}$ 为给定位移；$\overline{\boldsymbol{\sigma}}$ 为当前边界上给定的面力；$\boldsymbol{n}$ 为当前面 S_σ 的法线。

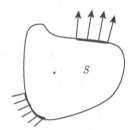

图 2.3　各种边界条件

应力边界条件 (2.49) 同时可以写为

$$\frac{1}{V_P}\boldsymbol{T}^i \left(\boldsymbol{P}_i \cdot \boldsymbol{m}\right) = \frac{1}{V_P}\boldsymbol{T}^i m_i = \overline{\boldsymbol{\sigma}}_0 \quad (\text{在 } S_\sigma \text{ 上}) \tag{2.50}$$

式中，$\boldsymbol{m}$ 为变形前应力边界的单位法矢量；$\overline{\boldsymbol{\sigma}}_0$ 为变形前应力边界上的面力。

2.3.2　基面力表示的弹性定律

传统的弹性定律给出应力张量和应变张量之间的关系。根据上面推导的式 (2.46)，基面力理论给出了一种新的弹性定律，直接建立基面力 $\boldsymbol{T}^i$ 和位移梯度 $\boldsymbol{u}_i$ 的关系，即

$$\boldsymbol{T}^i = \rho V_Q \frac{\partial W}{\partial \boldsymbol{u}_i} = \rho_0 V_P \frac{\partial W}{\partial \boldsymbol{u}_i}$$

2.3.3　位移梯度表示的几何方程

1. 各种应变张量表达式

$\boldsymbol{P}_i$ 和 $\boldsymbol{Q}_i$ 都是协变矢量组，而其共轭基 $\boldsymbol{P}^i$ 和 $\boldsymbol{Q}^i$ 均为逆变矢量组。按张量合成法则，利用 $\boldsymbol{Q}_i$ 和 $\boldsymbol{P}^i$ 可以构成一个二阶张量，即变形梯度张量 $\boldsymbol{F}$ 为

$$\boldsymbol{F} = \boldsymbol{Q}_i \otimes \boldsymbol{P}^i \tag{2.51}$$

变形梯度张量 $\boldsymbol{F}$ 可以充分反映出任意一点附近的变形状态，但是 $\boldsymbol{F}$ 通常是不对称的。为了使用方便，通常由 $\boldsymbol{F}$ 造出几种对称张量，如

$$\boldsymbol{G} = \boldsymbol{F}^{\mathrm{T}} \cdot \boldsymbol{F} \tag{2.52}$$

$$C = F \cdot F^{\mathrm{T}} \tag{2.53}$$

G 称为 Green 应变张量，C 称为 Cauchy 应变张量。

将 $F = Q_i \otimes P^i$ 代入式 (2.52)，则 Green 应变张量 G 可表示为

$$G = \left(Q_i \otimes P^i\right)^{\mathrm{T}} \cdot \left(Q_j \otimes P^j\right) \tag{2.54}$$

这里应注意的是，并矢的转置存在下面的关系：

$$\left(Q_i \otimes P^i\right)^{\mathrm{T}} = P^i \otimes Q_i \tag{2.55}$$

故

$$G = \left(P^i \otimes Q_i\right) \cdot \left(Q_j \otimes P^j\right) \tag{2.56}$$

根据并矢的缩并规则，G 的表达式可写为

$$G = \left(Q_i \cdot Q_j\right) P^i \otimes P^j \tag{2.57}$$

同理，对 Cauchy 应变张量 C，可将 $F = Q_i \otimes P^i$ 代入式 (2.53)，则 Cauchy 应变张量 C 可表示为

$$C = \left(Q_i \otimes P^i\right) \cdot \left(Q_j \otimes P^j\right)^{\mathrm{T}} \tag{2.58}$$

根据并矢的转置关系，有

$$\left(Q_j \otimes P^j\right)^{\mathrm{T}} = P^j \otimes Q_j \tag{2.59}$$

故

$$C = \left(Q_i \otimes P^i\right) \cdot \left(P^j \otimes Q_j\right) \tag{2.60}$$

根据并矢的缩并规则，则 C 的表达式可写为

$$C = \left(P^i \cdot P^j\right) Q_i \otimes Q_j \tag{2.61}$$

这里应指出的是，应变张量 G 及 C 虽然可以作为变形的表征量，但当变形为零时它们并不等于零。G 或 C 与单位张量 U 之差才能真正代表形状的改变，令

$$\varepsilon_{\mathrm{G}} = \frac{1}{2}\left(G - U\right) \tag{2.62}$$

$$\varepsilon_{\mathrm{C}} = \frac{1}{2}\left(C - U\right) \tag{2.63}$$

式中，ε_{G} 称为 Green 有限应变张量 (或 Lagrange 有限应变张量)；ε_{C} 称为 Almansi 有限应变张量 (或 Euler 有限应变张量)。

2. 位移梯度表示的几何方程

1) 位移梯度表示的 Green 有限应变张量表达式

利用 Green 应变张量 $\boldsymbol{G}$ 的表达式 (2.57)，并注意单位张量 $\boldsymbol{U} = \boldsymbol{P}_i \otimes \boldsymbol{P}^i = \boldsymbol{P}^i \otimes \boldsymbol{P}_i$，则应变 ε_{G} 的表达式 (2.62) 可写为

$$\varepsilon_{\mathrm{G}} = \frac{1}{2} \left[\left(\boldsymbol{Q}_i \cdot \boldsymbol{Q}_j \right) \boldsymbol{P}^i \otimes \boldsymbol{P}^j - \boldsymbol{P}_i \otimes \boldsymbol{P}^i \right] \tag{2.64}$$

又注意到

$$\boldsymbol{Q}_i = \boldsymbol{u}_i + \boldsymbol{P}_i, \quad \boldsymbol{Q}_j = \boldsymbol{u}_j + \boldsymbol{P}_j \tag{2.65}$$

故可得

$$\varepsilon_{\mathrm{G}} = \frac{1}{2} \left\{ \left[(\boldsymbol{u}_i + \boldsymbol{P}_i) \cdot (\boldsymbol{u}_j + \boldsymbol{P}_j) \right] \boldsymbol{P}^i \otimes \boldsymbol{P}^j - \boldsymbol{P}_i \otimes \boldsymbol{P}^i \right\} \tag{2.66}$$

即

$$\varepsilon_{\mathrm{G}} = \frac{1}{2} \left[(\boldsymbol{u}_i \cdot \boldsymbol{P}_j + \boldsymbol{P}_i \cdot \boldsymbol{u}_j + \boldsymbol{u}_i \cdot \boldsymbol{u}_j + \boldsymbol{P}_i \cdot \boldsymbol{P}_j) \boldsymbol{P}^i \otimes \boldsymbol{P}^j - \boldsymbol{P}_i \otimes \boldsymbol{P}^i \right] \tag{2.67}$$

下面将式 (2.67) 进一步简化，为此可令

$$\boldsymbol{P}_i \cdot \boldsymbol{P}_j = p_{ij}, \quad \boldsymbol{P}^i \cdot \boldsymbol{P}^j = p^{ij} \tag{2.68}$$

根据下面条件：

$$\boldsymbol{P}_i \cdot \boldsymbol{P}^j = \delta_i^j \tag{2.69}$$

式中，δ_i^j 为 Kronecker 符号，当 $i = j$ 时取值 1，$i \neq j$ 时取值 0。

矢基 $\boldsymbol{P}^i$ 可由 $\boldsymbol{P}_j$ 表示出来，即

$$\boldsymbol{P}^i = p^{ij} \boldsymbol{P}_j \tag{2.70}$$

现进一步以 $\boldsymbol{P}_k$ 点乘式 (2.70)，于是有

$$\boldsymbol{P}^i \cdot \boldsymbol{P}_k = p^{ij} \left(\boldsymbol{P}_j \cdot \boldsymbol{P}_k \right) \tag{2.71}$$

由式 (2.68)，可得

$$\boldsymbol{P}_j \cdot \boldsymbol{P}_k = p_{jk} \tag{2.72}$$

又根据两向量点积的交换律

$$\boldsymbol{P}^i \cdot \boldsymbol{P}_k = \boldsymbol{P}_k \cdot \boldsymbol{P}^i \tag{2.73}$$

再根据式 (2.69)，可得

$$\boldsymbol{P}_k \cdot \boldsymbol{P}^i = \delta_k^i \tag{2.74}$$

将式 (2.70) 代入式 (2.74),并考虑到式 (2.72),可得

$$p^{ij}p_{jk} = \delta^i_k \tag{2.75}$$

将式 (2.70) 的两端乘以 p_{ij},可得

$$p_{ij}\boldsymbol{P}^i = p^{ij}p_{ij}\boldsymbol{P}_j \tag{2.76}$$

由式 (2.75) 可得

$$p^{ij}p_{ij} = 1 \tag{2.77}$$

因此,可以得到

$$\boldsymbol{P}_j = p_{ij}\boldsymbol{P}^i \tag{2.78}$$

从以上分析可以看出,$\boldsymbol{P}^i$ 与 $\boldsymbol{P}_j$ 地位是对等的,它们互为共轭。

因此,利用式 (2.68) ,可得

$$(\boldsymbol{P}_i \cdot \boldsymbol{P}_j)\boldsymbol{P}^i \otimes \boldsymbol{P}^j = p_{ij}\boldsymbol{P}^i \otimes \boldsymbol{P}^j \tag{2.79}$$

再利用式 (2.78),使式 (2.79) 变为

$$(\boldsymbol{P}_i \cdot \boldsymbol{P}_j)\boldsymbol{P}^i \otimes \boldsymbol{P}^j = \boldsymbol{P}_j \otimes \boldsymbol{P}^j \tag{2.80}$$

因此,式 (2.68) 可进一步写为

$$\varepsilon_{\mathrm{G}} = \frac{1}{2}\left[(\boldsymbol{u}_i \cdot \boldsymbol{P}_j + \boldsymbol{P}_i \cdot \boldsymbol{u}_j + \boldsymbol{u}_i \cdot \boldsymbol{u}_j)\boldsymbol{P}^i \otimes \boldsymbol{P}^j + \boldsymbol{P}_j \otimes \boldsymbol{P}^j - \boldsymbol{P}_i \otimes \boldsymbol{P}^i\right] \tag{2.81}$$

即应变 ε_{G} 的表达式可进一步写为

$$\varepsilon_{\mathrm{G}} = \frac{1}{2}(\boldsymbol{u}_i \cdot \boldsymbol{P}_j + \boldsymbol{P}_i \cdot \boldsymbol{u}_j + \boldsymbol{u}_i \cdot \boldsymbol{u}_j)\boldsymbol{P}^i \otimes \boldsymbol{P}^j \tag{2.82}$$

即 Green 有限应变张量 ε_{G} 与位移的关系表达式为

$$\varepsilon_{\mathrm{G}} = \frac{1}{2}(\boldsymbol{u}_i \cdot \boldsymbol{P}_j + \boldsymbol{P}_i \cdot \boldsymbol{u}_j)\boldsymbol{P}^i \otimes \boldsymbol{P}^j + \frac{1}{2}(\boldsymbol{u}_i \cdot \boldsymbol{u}_j)\boldsymbol{P}^i \otimes \boldsymbol{P}^j \tag{2.83}$$

注意,Green 有限应变张量 ε_{G} 表达式中的第一项为线性项;第二项为非线性项。

2) 位移梯度表示的 Almansi 有限应变张量表达式

下面将 Almansi 有限应变张量 ε_{C} 用位移梯度表示:

利用 Cauchy 应变张量 $\boldsymbol{C}$ 的表达式 (2.61),并注意单位张量 $\boldsymbol{U} = \boldsymbol{P}_i \otimes \boldsymbol{P}^i = \boldsymbol{P}^i \otimes \boldsymbol{P}_i$,则 Almansi 有限应变张量 ε_{C} 的表达式可写为

$$\varepsilon_{\mathrm{C}} = \frac{1}{2}\left[(\boldsymbol{P}^i \cdot \boldsymbol{P}^j)\boldsymbol{Q}_i \otimes \boldsymbol{Q}_j - \boldsymbol{P}_i \otimes \boldsymbol{P}^i\right] \tag{2.84}$$

又注意到在式 (2.84) 中有

$$\boldsymbol{Q}_i = \boldsymbol{u}_i + \boldsymbol{P}_i, \quad \boldsymbol{Q}_j = \boldsymbol{u}_j + \boldsymbol{P}_j$$

故可得

$$\boldsymbol{\varepsilon}_{\mathrm{C}} = \frac{1}{2}\left\{\left(\boldsymbol{P}^i \cdot \boldsymbol{P}^j\right)\left[(\boldsymbol{u}_i + \boldsymbol{P}_i) \otimes (\boldsymbol{u}_j + \boldsymbol{P}_j)\right] - \boldsymbol{P}_i \otimes \boldsymbol{P}^i\right\} \tag{2.85}$$

利用并矢运算的分配律, 可得

$$\boldsymbol{\varepsilon}_{\mathrm{C}} = \frac{1}{2}\left\{\left(\boldsymbol{P}^i \cdot \boldsymbol{P}^j\right)\left[(\boldsymbol{u}_i \otimes \boldsymbol{u}_j + \boldsymbol{u}_i \otimes \boldsymbol{P}_j + \boldsymbol{P}_i \otimes \boldsymbol{u}_j + \boldsymbol{P}_i \otimes \boldsymbol{P}_j)\right] - \boldsymbol{P}_i \otimes \boldsymbol{P}^i\right\} \tag{2.86}$$

利用式 (2.68), 即 $\boldsymbol{P}^i \cdot \boldsymbol{P}^j = p^{ij}$, 则式 (2.86) 可写为

$$\boldsymbol{\varepsilon}_{\mathrm{C}} = \frac{1}{2}\left\{p^{ij}\left[(\boldsymbol{u}_i \otimes \boldsymbol{P}_j + \boldsymbol{P}_i \otimes \boldsymbol{u}_j + \boldsymbol{u}_i \otimes \boldsymbol{u}_j)\right] + p^{ij}\boldsymbol{P}_i \otimes \boldsymbol{P}_j - \boldsymbol{P}_i \otimes \boldsymbol{P}^i\right\} \tag{2.87}$$

又利用式 (2.78), 即 $\boldsymbol{P}_j = p_{ij}\boldsymbol{P}^i$, 式 (2.87) 可变为

$$\boldsymbol{\varepsilon}_{\mathrm{C}} = \frac{1}{2}\left\{p^{ij}\left[(\boldsymbol{u}_i \otimes \boldsymbol{P}_j + \boldsymbol{P}_i \otimes \boldsymbol{u}_j + \boldsymbol{u}_i \otimes \boldsymbol{u}_j)\right] + p^{ij}\boldsymbol{P}_i \otimes p_{ij}\boldsymbol{P}^i - \boldsymbol{P}_i \otimes \boldsymbol{P}^i\right\} \tag{2.88}$$

即

$$\boldsymbol{\varepsilon}_{\mathrm{C}} = \frac{1}{2}\left\{p^{ij}\left[(\boldsymbol{u}_i \otimes \boldsymbol{P}_j + \boldsymbol{P}_i \otimes \boldsymbol{u}_j + \boldsymbol{u}_i \otimes \boldsymbol{u}_j)\right] + p^{ij}p_{ij}\boldsymbol{P}_i \otimes \boldsymbol{P}^i - \boldsymbol{P}_i \otimes \boldsymbol{P}^i\right\} \tag{2.89}$$

又利用式 (2.77), 即 $p^{ij}p_{ij} = 1$, 式 (2.89) 可变为

$$\boldsymbol{\varepsilon}_{\mathrm{C}} = \frac{1}{2}\left\{p^{ij}\left[(\boldsymbol{u}_i \otimes \boldsymbol{P}_j + \boldsymbol{P}_i \otimes \boldsymbol{u}_j + \boldsymbol{u}_i \otimes \boldsymbol{u}_j)\right] + \boldsymbol{P}_i \otimes \boldsymbol{P}^i - \boldsymbol{P}_i \otimes \boldsymbol{P}^i\right\} \tag{2.90}$$

即 Almansi 有限应变张量 $\boldsymbol{\varepsilon}_{\mathrm{C}}$ 的表达式可进一步写为

$$\boldsymbol{\varepsilon}_{\mathrm{C}} = \frac{1}{2}p^{ij}\left(\boldsymbol{u}_i \otimes \boldsymbol{P}_j + \boldsymbol{P}_i \otimes \boldsymbol{u}_j + \boldsymbol{u}_i \otimes \boldsymbol{u}_j\right) \tag{2.91}$$

利用式 (2.70), 即 $\boldsymbol{P}^i = p^{ij}\boldsymbol{P}_j$, 式 (2.91) 可以化为

$$\boldsymbol{\varepsilon}_{\mathrm{C}} = \frac{1}{2}\left(\boldsymbol{u}_i \otimes \boldsymbol{P}^i + \boldsymbol{P}^j \otimes \boldsymbol{u}_j\right) + \frac{1}{2}\boldsymbol{u}_i \otimes \boldsymbol{u}_j p^{ij} \tag{2.92}$$

即 Almansi 有限应变张量 $\boldsymbol{\varepsilon}_{\mathrm{C}}$ 与位移的关系表达式为

$$\boldsymbol{\varepsilon}_{\mathrm{C}} = \frac{1}{2}\left(\boldsymbol{u}_i \otimes \boldsymbol{P}^i + \boldsymbol{P}^i \otimes \boldsymbol{u}_i\right) + \frac{1}{2}p^{ij}\boldsymbol{u}_i \otimes \boldsymbol{u}_j \tag{2.93}$$

通过上面的推导得出了 Green 有限应变张量 $\boldsymbol{\varepsilon}_{\mathrm{G}}$ 和 Almansi 有限应变张量 $\boldsymbol{\varepsilon}_{\mathrm{C}}$ 与位移的关系表达式, 即考虑了大变形情况的几何方程表达式。

3) 比较 Green 有限应变张量 ε_{G} 与 Almansi 有限应变张量 ε_{C}

为了比较 ε_{G} 与 ε_{C}，将式 (2.93) 中的向量 $\boldsymbol{u}_i$ 通过度量张量 $\boldsymbol{U}$(单位张量) 映射为原向量：

$$\boldsymbol{u}_i \cdot \boldsymbol{U} = \boldsymbol{u}_i \tag{2.94}$$

即

$$\boldsymbol{u}_i = \boldsymbol{u}_i \cdot \left(\boldsymbol{P}_j \otimes \boldsymbol{P}^j\right) \tag{2.95}$$

将式 (2.95) 代入 ε_{C} 的表达式，即式 (2.93)，则得

$$\varepsilon_{\mathrm{C}} = \frac{1}{2}\left\{\boldsymbol{u}_i \cdot \left(\boldsymbol{P}_j \otimes \boldsymbol{P}^j\right) \otimes \boldsymbol{P}^i + \boldsymbol{P}^i \otimes \left[\boldsymbol{u}_i \cdot \left(\boldsymbol{P}_j \otimes \boldsymbol{P}^j\right)\right]\right\} + \frac{1}{2}p^{ij}\boldsymbol{u}_i \otimes \boldsymbol{u}_j \tag{2.96}$$

式 (2.96) 可化为

$$\varepsilon_{\mathrm{C}} = \frac{1}{2}\left\{\boldsymbol{u}_i \cdot \left(\boldsymbol{P}_j \otimes \boldsymbol{P}^j\right) \otimes \boldsymbol{P}^i + \boldsymbol{P}^i \otimes \left(\boldsymbol{P}^j \otimes \boldsymbol{P}_j\right) \cdot \boldsymbol{u}_i\right\} + \frac{1}{2}p^{ij}\boldsymbol{u}_i \otimes \boldsymbol{u}_j \tag{2.97}$$

根据并矢的结合律，并将式 (2.97) 的第二项换码，则式 (2.97) 可进一步简化为

$$\varepsilon_{\mathrm{C}} = \frac{1}{2}\left\{\boldsymbol{u}_i \cdot \boldsymbol{P}_j \otimes \left(\boldsymbol{P}^j \otimes \boldsymbol{P}^i\right) + \boldsymbol{P}^i \otimes \left(\boldsymbol{P}^j \otimes \boldsymbol{P}_j\right) \cdot \boldsymbol{u}_i\right\} + \frac{1}{2}p^{ij}\boldsymbol{u}_i \otimes \boldsymbol{u}_j \tag{2.98}$$

再进一步简化为

$$\varepsilon_{\mathrm{C}} = \frac{1}{2}\left\{\left(\boldsymbol{u}_i \cdot \boldsymbol{P}_j\right)\boldsymbol{P}^j \otimes \boldsymbol{P}^i + \left(\boldsymbol{P}^j \otimes \boldsymbol{P}^i\right) \otimes \boldsymbol{P}_i \cdot \boldsymbol{u}_j\right\} + \frac{1}{2}p^{ij}\boldsymbol{u}_i \otimes \boldsymbol{u}_j \tag{2.99}$$

即式 (2.98) 可写为

$$\varepsilon_{\mathrm{C}} = \frac{1}{2}\left(\boldsymbol{u}_i \cdot \boldsymbol{P}_j + \boldsymbol{P}_i \cdot \boldsymbol{u}_j\right)\boldsymbol{P}^j \otimes \boldsymbol{P}^i + \frac{1}{2}p^{ij}\boldsymbol{u}_i \otimes \boldsymbol{u}_j \tag{2.100}$$

比较式 (2.100) 与 ε_{G} 的表达式 (2.83)，可见 Green 有限应变张量 ε_{G} 与 Almansi 有限应变张量 ε_{C} 中 $\boldsymbol{u}_i$ 的线性项是相同的，而非线性项却不同。

4) 小变形情况下应变张量 ε 与位移梯度的关系

对小变形情况，即当 $\boldsymbol{u}$ 为小位移时，位移的导数 (即位移梯度) $|\boldsymbol{u}_i| \ll 1$，$\boldsymbol{u}_i$ 的二次项可以忽略，则 Green 有限应变张量 ε_{G} 和 Almansi 有限应变张量 ε_{C} 等价，即式 (2.93) 与式 (2.83) 等价。此时，应变张量 ε 可写为

$$\varepsilon = \frac{1}{2}\left(\boldsymbol{u}_i \cdot \boldsymbol{P}_j + \boldsymbol{P}_i \cdot \boldsymbol{u}_j\right)\boldsymbol{P}^i \otimes \boldsymbol{P}^j \tag{2.101}$$

或

$$\varepsilon = \frac{1}{2}\left(\boldsymbol{u}_i \otimes \boldsymbol{P}^i + \boldsymbol{P}^i \otimes \boldsymbol{u}_i\right) \tag{2.102}$$

2.4　基面力表述的弹性大变形余能原理

下面将介绍高玉臣提出的弹性大变形余能原理 [26]。

2.4.1　余能密度表达式

在小变形条件下，只有两个独立应力的不变量 J_1 及 J_2，其表达式为

$$J_1 = \boldsymbol{\sigma}{:}\boldsymbol{U} \tag{2.103}$$

$$J_2 = \boldsymbol{\sigma}{:}\boldsymbol{\sigma} \tag{2.104}$$

式中，$\boldsymbol{\sigma}$ 为应力张量；$\boldsymbol{U}$ 为单位张量。

对各向同性材料，余能将是 J_1 及 J_2 的函数。如果要求余能为零，应力亦为零，于是余能密度 (单位质量的余能) 应是应力不变量的二次函数，即

$$W_{\mathrm{C}} = \frac{1+\nu}{2\rho_0 E}\left(J_2 - \frac{\nu}{1+\nu}J_1^2\right) \tag{2.105}$$

式中，E 为弹性模量；ν 为泊松比。

将式 (2.103) 和式 (2.104) 代入式 (2.105)，可导出用应力表示的余能密度

$$W_{\mathrm{C}} = \frac{1+\nu}{2\rho_0 E}\left[\boldsymbol{\sigma}{:}\boldsymbol{\sigma} - \frac{\nu}{1+\nu}(\boldsymbol{\sigma}{:}\boldsymbol{U})^2\right] \tag{2.106}$$

将 Cauchy 应力与基面力的关系式 (2.10) 代入式 (2.106)，可将余能密度用基面力表示。

2.4.2　基面力表述的弹性大变形余能原理

采用基面力作为基本未知量建立弹性大变形余能原理，首先的一个问题是基面力是否可以作为基本未知量？所谓基本未知量就是那些量，一旦它们被求得了，整个问题就解决了，也就是说，其余的量均可被基本未知量表示出来。基面力 $\boldsymbol{T}^i$ 是否可作为基本未知量？这个问题归结为，位移梯度 $\boldsymbol{u}_i$ 是否能被 $\boldsymbol{T}^i$ 唯一地确定出来。

1. 位移梯度 $\boldsymbol{u}_i$ 的确定

显然，$\boldsymbol{u}_i$ 包含变形与旋转两部分。无人怀疑变形部分可由应力状态 $\boldsymbol{T}^i$ 唯一确定，但是旋转部分是有问题的。现在考虑力矩平衡条件

$$\boldsymbol{T}^i \times \boldsymbol{Q}_i = \boldsymbol{T}^i \times (\boldsymbol{P}_i + \boldsymbol{u}_i) = 0 \tag{2.107}$$

令 $\boldsymbol{F}$ 表示变形梯度张量

$$\boldsymbol{F} = \boldsymbol{Q}_i \otimes \boldsymbol{P}^i \tag{2.108}$$

若引入中间标架 $\boldsymbol{M}_i$，则式 (2.108) 中的 $\boldsymbol{F}$ 可表示为极分解的形式，即

$$\boldsymbol{F} = \boldsymbol{F}_{\mathrm{d}} \cdot \boldsymbol{F}_{\mathrm{r}} \tag{2.109}$$

式中，

$$\boldsymbol{F}_{\mathrm{d}} = \boldsymbol{Q}_i \otimes \boldsymbol{M}^i, \quad \boldsymbol{F}_{\mathrm{r}} = \boldsymbol{M}_i \otimes \boldsymbol{P}^i \tag{2.110}$$

其中，$\boldsymbol{F}_{\mathrm{d}}$ 为纯变形张量，$\boldsymbol{F}_{\mathrm{r}}$ 为旋转张量。

下面验证 $\boldsymbol{F} = \boldsymbol{F}_{\mathrm{d}} \cdot \boldsymbol{F}_{\mathrm{r}}$ 成立。

证明 采用反证法。

将式 (2.110) 代入式 (2.109)，可得

$$\boldsymbol{F}_{\mathrm{d}} \cdot \boldsymbol{F}_{\mathrm{r}} = \left(\boldsymbol{Q}_i \otimes \boldsymbol{M}^i\right) \cdot \left(\boldsymbol{M}_i \otimes \boldsymbol{P}^i\right) \tag{2.111}$$

根据并矢运算规则，可得

$$\boldsymbol{F}_{\mathrm{d}} \cdot \boldsymbol{F}_{\mathrm{r}} = \left(\boldsymbol{M}^i \cdot \boldsymbol{M}_i\right) \left(\boldsymbol{Q}_i \otimes \boldsymbol{P}^i\right) \tag{2.112}$$

由于

$$\boldsymbol{M}^i \cdot \boldsymbol{M}_i = 1 \tag{2.113}$$

故

$$\boldsymbol{F}_{\mathrm{d}} \cdot \boldsymbol{F}_{\mathrm{r}} = \boldsymbol{Q}_i \otimes \boldsymbol{P}^i \tag{2.114}$$

因此，可得

$$\boldsymbol{F}_{\mathrm{d}} \cdot \boldsymbol{F}_{\mathrm{r}} = \boldsymbol{F} \tag{2.115}$$

即 $\boldsymbol{F} = \boldsymbol{F}_{\mathrm{d}} \cdot \boldsymbol{F}_{\mathrm{r}}$ 成立，证毕。

此外，若令中间标架 $\boldsymbol{M}_j$ 表示另一坐标系 $y^j = y^j\left(x^i\right)$ 中的矢基，由复合函数微商法则可得

$$\boldsymbol{M}_j = \frac{\partial \boldsymbol{M}}{\partial y^j} = \frac{\partial \boldsymbol{M}}{\partial x^i} \frac{\partial x^i}{\partial y^j} = \boldsymbol{M}_i \frac{\partial x^i}{\partial y^j} \tag{2.116}$$

则有

$$\boldsymbol{M}_i \cdot \boldsymbol{M}_j = \boldsymbol{M}_i \cdot \boldsymbol{M}_i \frac{\partial x^i}{\partial y^j} \tag{2.117}$$

由于

$$\boldsymbol{M}_i \cdot \boldsymbol{M}_i = 1 \tag{2.118}$$

故

$$\boldsymbol{M}_i \cdot \boldsymbol{M}_j = \frac{\partial x^i}{\partial y^j} \tag{2.119}$$

同理, 对初始标架 $\boldsymbol{P}_i$ 及 $\boldsymbol{P}_j$, 亦可得到

$$\boldsymbol{P}_i \cdot \boldsymbol{P}_j = \frac{\partial x^i}{\partial y^j} \tag{2.120}$$

可见, 中间标架 $\boldsymbol{M}_i$ 与初始标架 $\boldsymbol{P}_i$ 存在如下关系:

$$\boldsymbol{M}_i \cdot \boldsymbol{M}_j = \boldsymbol{P}_i \cdot \boldsymbol{P}_j \tag{2.121}$$

令

$$\boldsymbol{M}_i = \boldsymbol{P}_i + \underset{\text{r}}{\boldsymbol{u}_i}, \quad \boldsymbol{Q}_i = \boldsymbol{M}_i + \underset{\text{d}}{\boldsymbol{u}_i} \tag{2.122}$$

则

$$\boldsymbol{u}_i = \underset{\text{r}}{\boldsymbol{u}_i} + \underset{\text{d}}{\boldsymbol{u}_i} \tag{2.123}$$

对于各向同性材料, 由式 (2.107) 和式 (2.122) 得

$$\boldsymbol{T}^i \times \boldsymbol{M}_i = \boldsymbol{T}^i \times \underset{\text{r}}{\boldsymbol{u}_i} + \boldsymbol{T}^i \times \boldsymbol{P}_i = \boldsymbol{0} \tag{2.124}$$

利用式 (2.124), 即可确定 $\boldsymbol{u}_i$。

事实上, $\underset{\text{r}}{\boldsymbol{u}_i}$ 可以由刚体旋转来表示, 具体方法如下:

令 $\boldsymbol{e}$ 为旋转轴方向上的单位矢量, α 为刚体旋转角, 如图 2.4 所示, 则上式最后一项可写为

$$\underset{\text{r}}{\boldsymbol{u}_i} = 2\sin\frac{\alpha}{2}\boldsymbol{e}_\alpha \times \left(\cos\frac{\alpha}{2}\boldsymbol{P}_i + \sin\frac{\alpha}{2}\boldsymbol{e}_\alpha \times \boldsymbol{P}_i\right) \tag{2.125}$$

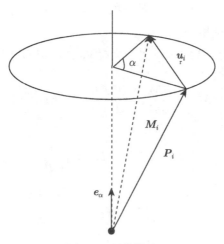

图 2.4 刚体转动

把式 (2.125) 代入式 (2.124)，得到一个确定 α 和 e 的矢量方程

$$\boldsymbol{T}^i \times [\cos\alpha\, \boldsymbol{P}_i + (1-\cos\alpha)(\boldsymbol{e}_\alpha \cdot \boldsymbol{P}_i)\boldsymbol{e}_\alpha + \sin\alpha\, \boldsymbol{e}_\alpha \times \boldsymbol{P}_i] = 0 \tag{2.126}$$

另一方面，根据弹性定律，由 $\boldsymbol{T}^i$ 和 $\boldsymbol{M}_i$ 可完全确定 $\boldsymbol{u}_i$。这样，就得出 $\boldsymbol{T}^i$ 能够作为基本未知量的结论。

2. 基面力表述的弹性大变形余能原理

采用基面力作为基本未知量，可以克服建立大变形余能原理所遇到的困难。如前所述，$\boldsymbol{u}_i$ 能够表示为 $\boldsymbol{T}^i$ 的函数。因此，这里能够引进一个新的泛函 $W_C(\boldsymbol{T}^i)$，如下所示：

$$W_C = \frac{1}{\rho_0 V_P} \boldsymbol{T}^i \cdot \boldsymbol{u}_i - W \tag{2.127}$$

式中，W 为变形前单位质量的应变能，W_C 为变形前单位质量的余能。

由式 (2.127) 可得

$$\boldsymbol{u}_i = \rho_0 V_P \frac{\partial W_C}{\partial \boldsymbol{T}^i} \tag{2.128}$$

系统的总余能定义为

$$\Pi_C = \int_D \rho_0 W_C \mathrm{d}V_0 - \int_{S_u} \overline{\boldsymbol{u}} \cdot \boldsymbol{\sigma}_0 \mathrm{d}S_0 \tag{2.129}$$

式中，$\mathrm{d}V_0$ 和 $\mathrm{d}S_0$ 分别为变形前区域 D 的体元和边界面元，$\overline{\boldsymbol{u}}$ 为位移边界 S_u 上给定的位移，$\boldsymbol{\sigma}_0$ 为变形前 S_u 上的面力。$\boldsymbol{\sigma}_0$ 不是独立的变量，由边界上的平衡条件确定。

根据前面所述，$\boldsymbol{\sigma}_0$ 与 $\boldsymbol{T}^i$ 有下面关系：

$$\boldsymbol{\sigma}_0 = \frac{1}{V_P} m_i \boldsymbol{T}^i \quad m_i = \boldsymbol{P}_i \cdot \boldsymbol{m} \tag{2.130}$$

余能原理的含义为：当基面力 $\boldsymbol{T}^i$ 满足平衡方程和力边界条件时，如果 Π_C 取驻值，则存在矢量场 $\boldsymbol{\lambda}$ 使得

$$\boldsymbol{u}_i = \frac{\partial \boldsymbol{\lambda}}{\partial x^i} \tag{2.131}$$

并且

$$\boldsymbol{\lambda} = \overline{\boldsymbol{u}} \quad (\text{在边界 } S_u \text{ 上}) \tag{2.132}$$

证明 根据式 (2.128) 和式 (2.129)，得

$$\delta\Pi_C = \int_D \boldsymbol{u}_i \cdot \delta\boldsymbol{T}^i \mathrm{d}x^1 \mathrm{d}x^2 \mathrm{d}x^3 - \int_{S_u} \overline{\boldsymbol{u}} \cdot \delta\boldsymbol{\sigma}_0 \mathrm{d}S_0 \tag{2.133}$$

当满足平衡条件 (2.47) 时，对 δT^i 取变分，若 $\delta \Pi_{\mathrm{C}} = 0$，则对于任意的矢量场 $\boldsymbol{\lambda}$，得

$$\delta \Pi_{\mathrm{C}} + \int_D \boldsymbol{\lambda} \frac{\partial}{\partial x^i}(\delta T^i) \mathrm{d}x^1 \mathrm{d}x^2 \mathrm{d}x^3 = 0 \tag{2.134}$$

利用分部积分，并利用式 (2.130)，则式 (2.134) 化为

$$0 = \int_D \left(\boldsymbol{u}_i - \frac{\partial \boldsymbol{\lambda}}{\partial x^i} \right) \cdot \delta T^i \mathrm{d}x^1 \mathrm{d}x^2 \mathrm{d}x^3 - \int_{S_u} \frac{m_i}{V_P}(\overline{\boldsymbol{u}} - \boldsymbol{\lambda}) \cdot \delta T^i \mathrm{d}S_0 \tag{2.135}$$

式 (2.134) 对于任意 $\boldsymbol{\lambda}$ 有条件的变分成立，则必存在 $\boldsymbol{\lambda}$ 使式 (2.135) 无条件变分成立，所以得到式 (2.131) 和式 (2.132)。

证毕。同理可证明其逆命题。

应注意，由于没有给定 $\boldsymbol{Q}_i$，方程 (2.107) 对 δT^i 无约束作用。

在具体应用中，需要给出区域 D 内的系统总余能：

若无体力，根据高斯定理，并利用式 (2.127)、式 (2.130) 和平衡条件 (2.47)，得

$$W_{\mathrm{C}}_{D} = \int_D \rho_0 V_P W_{\mathrm{C}} \mathrm{d}x^1 \mathrm{d}x^2 \mathrm{d}x^3 = \int_S \boldsymbol{T} \cdot \boldsymbol{u} \mathrm{d}S_0 - W_{\mathrm{D}} \tag{2.136}$$

其中，S 为区域 D 的边界，W_{D} 为区域 D 的总势能，定义为

$$W_{\mathrm{D}} = \int_D \rho_0 V_P W \mathrm{d}x^1 \mathrm{d}x^2 \mathrm{d}x^3 \tag{2.137}$$

3. W_{C} 的构造

根据式 (2.123) 的第一式和式 (2.127)，令

$$W_{\mathrm{C}} = W_{\mathrm{C}}_{\mathrm{d}} + W_{\mathrm{C}}_{\mathrm{r}} \tag{2.138}$$

其中

$$W_{\mathrm{C}}_{\mathrm{d}} = \frac{1}{\rho_0 V_P} T^i \cdot \boldsymbol{u}_i_{\mathrm{d}} - W, \quad W_{\mathrm{C}}_{\mathrm{r}} = \frac{1}{\rho_0 V_P} T^i \cdot \boldsymbol{u}_i_{\mathrm{r}} \tag{2.139}$$

注意势能 W 只是 $\boldsymbol{u}_i_{\mathrm{d}}$ 的函数，所以 $W_{\mathrm{C}}_{\mathrm{d}}$ 代表 W_{C} 中与微元旋转无关的部分，$W_{\mathrm{C}}_{\mathrm{r}}$ 代表与旋转有关的部分。$W_{\mathrm{C}}_{\mathrm{d}}$ 可以被称作余能中的变形部分，$W_{\mathrm{C}}_{\mathrm{r}}$ 可以被称作余能中的转动部分。

因为 W 与 $\boldsymbol{u}_i_{\mathrm{r}}$ 无关，另一方面 T^i 满足式 (2.107)，$\boldsymbol{u}_i_{\mathrm{r}}$ 由式 (2.125) 给出；不难证明

$$\boldsymbol{u}_i_{\mathrm{d}} = \rho_0 V_P \frac{\partial W_{\mathrm{C}}_{\mathrm{d}}}{\partial T^i}, \quad T^i \cdot \frac{\partial \boldsymbol{u}_i_{\mathrm{r}}}{\partial T^j} = 0 \ (j=1,2,3), \quad \boldsymbol{u}_i_{\mathrm{r}} = \rho_0 V_P \frac{\partial W_{\mathrm{C}}_{\mathrm{r}}}{\partial T^i} \tag{2.140}$$

4. W_C 的一般形式

为了给出 W_C,重要的问题就是如何用 $\boldsymbol{T}^i$ 表示 $\boldsymbol{u}_i$。一般情况,很难用式 (2.46) 的逆表示 $\boldsymbol{u}_i$。但是,对于各向同性材料,我们假定 W_C 能够直接用 $\boldsymbol{T}^i$ 的不变量 (与中间标架 $\boldsymbol{M}_i$) 来表示。令

$$J_{1T} = \frac{1}{V_P}\boldsymbol{T}^i \cdot \boldsymbol{M}_i, \quad J_{2T} = \frac{1}{V_P^2}(\boldsymbol{T}^i \cdot \boldsymbol{T}^j)m_{ij}, \quad m_{ij} = \boldsymbol{M}_i \cdot \boldsymbol{M}_j \tag{2.141}$$

注意式 (2.121),则

$$J_{2T} = \frac{1}{V_P^2}(\boldsymbol{T}_i \cdot \boldsymbol{T}_j)p_{ij}, \quad p_{ij} = \boldsymbol{P}_i \cdot \boldsymbol{P}_j \tag{2.142}$$

对于线性各向同性材料,可以得到 W_C 的简单形式

$$W_C = \frac{1}{2\rho_0 E}[(1+\nu)J_{2T} - \nu J_{1T}^2] \tag{2.143}$$

若 $\nu = 0$,得到的 W_C 与中间标架 $\boldsymbol{M}_i$ 无关。

2.5 本 章 小 结

(1) 本章简单介绍了高玉臣提出的基面力描述方法,根据基面力理论给出了一种以基面力为基本未知量的新型有限元法——基面力单元法的基本公式。

(2) 与传统的有限元方法基本公式相比,本章 "基面力单元法的基本公式" 中建立的有限元基本公式不仅给出了新的描述方法,而且在描述理念上有本质不同,特别是本章采用的高玉臣弹性大变形余能原理与传统大变形余能原理完全不同。

(3) 针对本书介绍的基面力单元法所需的基本公式、基本力学量进行了讨论,并给出了详细推导过程。

(4) 本章的研究工作表明,采用基面力矢量的这种新的应力状态的描述方法,可以取代传统的二阶张量的描述方法,建立了此种新型有限元所需的基本公式。

(5) 基面力的概念在余能原理基本方程、大变形问题基本方程,特别是在大变形余能原理基本方程的描述中显示出其优越性。

(6) 本章的研究工作将为后续基面力单元法理论体系的研究奠定理论基础。

第3章　二维线弹性问题的余能原理基面力单元法

基于假设位移场的有限元方法已经成为求解各种结构力学问题的主要方法之一。有限元法的优势在于能精确地模拟具有各种复杂的边界条件和变化的材料性能，有效地分析几何非线性问题和材料非线性问题。假设位移场的有限元模型及其应用研究已取得很大进展。但假设位移的有限元法在分析一些典型问题时存在明显不足，如接近不可压缩问题，大变形情况下的网格畸变问题，模拟裂纹扩展时的网格重新剖分问题，以及通过位移的偏导数求解应力而带来的精度损失问题，等等。目前，高性能有限元法的研究仍是国际计算力学界研究的热点问题。

在有限元的发展中，传统的余能原理有限元的求解思路通常是先构造单元的应力插值函数，再通过积分求解出单元的柔度矩阵。但是由于插值函数的选择要保证应力在单元内、单元交界和应力边界上均保持平衡，一般较难选择 (除杆、梁单元外)；在应力分量求出后，位移的求解较为困难，这就使余能原理有限元法的应用受到较大的限制。此外，传统的余能原理有限元的单元柔度矩阵一般不能得出积分显式，需进行数值积分。在这种求解框架下，寻求余能原理有限元法的进一步突破较为困难。

2003 年，高玉臣基于基面力的概念，给出了推导空间任意多面体单元柔度矩阵显式表达式的思路 [17]，为基面力的概念在余能原理有限元领域的应用奠定了理论基础。在高玉臣工作的基础上，作者基于基面力概念详细推导出一种具有边中节点的四边形基面力元的柔度矩阵的具体表达式，利用 Lagrange 乘子法推导出此种基面力单元法的控制方程，给出了验证算例，并针对该基面力元模型的性能进行了数值分析。

本章将针对二维问题，着重介绍利用基线力的概念建立平面 4 节点线弹性余能原理有限元模型、计算分析算例及计算性能。

3.1　二维受力状态表征

考虑二维弹性体区域，$\boldsymbol{P}$、$\boldsymbol{Q}$ 分别表示一物质点变形前和变形后的径矢，$x^\alpha (\alpha = 1, 2)$ 表示物质点的 Lagrange 坐标，则变形前后的基矢为

$$\boldsymbol{P}_\alpha = \frac{\partial \boldsymbol{P}}{\partial x^\alpha}, \quad \boldsymbol{Q}_\alpha = \frac{\partial \boldsymbol{Q}}{\partial x^\alpha} \tag{3.1}$$

为了描述 $\boldsymbol{Q}$ 点附近的应力状态，在向量 $\mathrm{d}x^1 \boldsymbol{Q}_1$，$\mathrm{d}x^2 \boldsymbol{Q}_2$ 上作一个平行四边形

微元, 如图 3.1 所示。将基线力定义为

$$\boldsymbol{T}^{\alpha} = \frac{\mathrm{d}\boldsymbol{T}^{\alpha}}{\mathrm{d}x^{\alpha+1}} \quad (\mathrm{d}x^{\alpha} \to 0) \tag{3.2}$$

式中, $\mathrm{d}\boldsymbol{T}^{\alpha}$ 为第 α 边上的合力; 对角标约定 $3 = 1$。

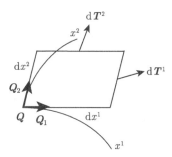

图 3.1 平面微元上的基线力

基线力 $\boldsymbol{T}^{\alpha}$ 与 Cauchy 应力张量 $\boldsymbol{\sigma}$ 的关系为

$$\boldsymbol{\sigma} = \frac{1}{V_Q}\boldsymbol{T}^{\alpha} \otimes \boldsymbol{Q}_{\alpha} \tag{3.3}$$

式中, $\boldsymbol{Q}_{\alpha}$ 为坐标系的基矢, 即为当前的构型。

3.2 二维变形状态表征

物质点的位移为

$$\boldsymbol{u} = \boldsymbol{Q} - \boldsymbol{P} \tag{3.4}$$

位移梯度为

$$\boldsymbol{u}_{\alpha} = \frac{\partial \boldsymbol{u}}{\partial x^{\alpha}} = \boldsymbol{Q}_{\alpha} - \boldsymbol{P}_{\alpha} \tag{3.5}$$

基线力 $\boldsymbol{T}^{\alpha}$ 表示的弹性定律为

$$\boldsymbol{T}^{\alpha} = \rho_0 V_P \frac{\partial W}{\partial \boldsymbol{u}_{\alpha}} \quad \text{或} \quad \boldsymbol{T}^{\alpha} = \rho V_Q \frac{\partial W}{\partial \boldsymbol{u}_{\alpha}} \tag{3.6}$$

式中, W 为变形前单位质量的应变能; ρ_0、ρ 分别为变形前后的物质密度; V_P、V_Q 分别为变形前后的基容。

从式 (3.6) 可见, 位移梯度 $\boldsymbol{u}_{\alpha}$ 为基面力 $\boldsymbol{T}^{\alpha}$ 的对偶量。

变形前单位质量的应变余能为

$$W_{\mathrm{C}} = \frac{1}{\rho_0 V_P}\boldsymbol{T}^{\alpha} \cdot \boldsymbol{u}_{\alpha} - W \tag{3.7}$$

由第 2 章可知，对各向同性材料，单位质量的余能密度还可写为

$$W_{\mathrm{C}} = \frac{1+\nu}{2\rho_0 E}\left[\boldsymbol{\sigma}{:}\boldsymbol{\sigma} - \frac{\nu}{1+\nu}(\boldsymbol{\sigma}{:}\boldsymbol{U})^2\right] \tag{3.8}$$

式中, E 为弹性模量; ν 为泊松比; ρ_0 为变形前的物质密度; $\boldsymbol{U}$ 为单位张量。

3.3　基面力表示单元应力

现在考虑如图 3.2 所示的平面 4 节点单元。当单元足够小时, 假设应力均匀地分布在每一边上, 让 I, J, K, L 表示平面 4 节点单元的各个边, $\boldsymbol{T}^I, \boldsymbol{T}^J, \boldsymbol{T}^K, \boldsymbol{T}^L$ 为作用在各边中点上面力的合力, 简称为单元面力。

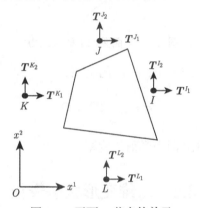

图 3.2　平面 4 节点的单元

单元的平均应力可写为

$$\overline{\boldsymbol{\sigma}} = \frac{1}{V}\int_V \boldsymbol{\sigma}\mathrm{d}V \tag{3.9}$$

式中, V 为单元的体积。

将式 (3.3) 代入式 (3.9), 可得

$$\overline{\boldsymbol{\sigma}} = \frac{1}{V}\int_V \frac{1}{V_Q}\boldsymbol{T}^\alpha \otimes \boldsymbol{Q}_\alpha \mathrm{d}V \tag{3.10}$$

根据高斯定理, 可将式 (3.10) 中单元的体积分变换为单元边界 B 的面积分, 即单元的平均应力的表达式可写为

$$\overline{\boldsymbol{\sigma}} = \frac{1}{V}\int_B \boldsymbol{T} \otimes \boldsymbol{r}\mathrm{d}S \tag{3.11}$$

式中, $\boldsymbol{T}$ 为单元边界 B 上作用的应力向量; $\boldsymbol{r}$ 为单元边界 B 上应力向量 $\boldsymbol{T}$ 作用点的径矢; V 表示单元的体积。

当单元 D 足够小时，$\boldsymbol{\sigma}$ 可以由 $\bar{\boldsymbol{\sigma}}$ 代替。假设应力均匀地分布在每一边上，则由式 (3.11) 可得到

$$\bar{\boldsymbol{\sigma}} = \frac{1}{V} \boldsymbol{T}^I \otimes \boldsymbol{r}_I \tag{3.12}$$

式中，$\boldsymbol{r}_I$ 为由原点 O 指向单元边中点 I 的径矢。

若取单宽的平面单元，则式 (3.12) 可写为

$$\bar{\boldsymbol{\sigma}} = \frac{1}{A} \boldsymbol{T}^I \otimes \boldsymbol{r}_I \tag{3.13}$$

式中，A 为单元的面积。

应注意的是：

(1) 这里包含了求和约定，即 I 需对单元的 4 个节点进行遍历求和；

(2) 对小变形情况，$\boldsymbol{r}_I$ 为单元边中点 I 在变形前的径矢，也可用 $\boldsymbol{P}_I$ 表示；

(3) 在余能原理有限元计算求出单元面力 $\boldsymbol{T}$ 后，程序可根据该式计算各个单元的应力。

3.4 单元柔度矩阵显式展开表达式

根据式 (3.8)，可以得到单元的余能

$$W_{\mathrm{C}}^{\mathrm{e}} = \frac{(1+\nu)V}{2E} \left[\bar{\boldsymbol{\sigma}}{:}\bar{\boldsymbol{\sigma}} - \frac{\nu}{1+\nu} (\bar{\boldsymbol{\sigma}}{:}\boldsymbol{U})^2 \right] \tag{3.14}$$

将式 (3.12) 代入式 (3.14)，并考虑到 $\boldsymbol{U} = \boldsymbol{P}_I \otimes \boldsymbol{P}^I$，可容易地推导得单元余能的表达式

$$W_{\mathrm{C}}^{\mathrm{e}} = \frac{1+\nu}{2EV} \left[(\boldsymbol{T}^I \cdot \boldsymbol{T}^J) p_{IJ} - \frac{\nu}{1+\nu} (\boldsymbol{T}^I \cdot \boldsymbol{P}_I)^2 \right] \tag{3.15}$$

若取单宽的平面单元，则式 (3.15) 可写为

$$W_{\mathrm{C}}^{\mathrm{e}} = \frac{1+\nu}{2EA} \left[(\boldsymbol{T}^I \cdot \boldsymbol{T}^J) p_{IJ} - \frac{\nu}{1+\nu} (\boldsymbol{T}^I \cdot \boldsymbol{P}_I)^2 \right] \tag{3.16}$$

式中，I、J 分别为单元的第 I 个边和第 J 个边，且 $I, J = 1, 2, 3, 4$；A 为单元的面积；$\boldsymbol{T}^I$、$\boldsymbol{T}^J$ 和 p_{IJ} 分别为作用在单元第 I 边和第 J 边中点处的单元面力，以及 I 边和 J 边中点变形前径矢 $\boldsymbol{P}_I$ 和 $\boldsymbol{P}_J$ 的点积，其表达式可分别写为

$$\boldsymbol{T}^I = T^{I1} \boldsymbol{e}_1 + T^{I2} \boldsymbol{e}_2, \quad \boldsymbol{T}^J = T^{J1} \boldsymbol{e}_1 + T^{J2} \boldsymbol{e}_2 \tag{3.17}$$

$$p_{IJ} = \boldsymbol{P}_I \cdot \boldsymbol{P}_J, \quad \boldsymbol{P}_I = P_{I1} \boldsymbol{e}_1 + P_{I2} \boldsymbol{e}_2, \quad \boldsymbol{P}_J = P_{J1} \boldsymbol{e}_1 + P_{J2} \boldsymbol{e}_2 \tag{3.18}$$

由式 (3.16)，可以得到与 $\boldsymbol{T}^I$ 相应的广义位移

$$\boldsymbol{\delta}_I = \frac{\partial W_{\mathrm{C}}^{\mathrm{e}}}{\partial \boldsymbol{T}^I} = \boldsymbol{C}_{IJ} \cdot \boldsymbol{T}^J \tag{3.19}$$

式中，C_{IJ} 为单元柔度矩阵的显式表达式，即

$$\boldsymbol{C}_{IJ} = \frac{1+\nu}{EA} \left(p_{IJ} \boldsymbol{U} - \frac{\nu}{1+\nu} \boldsymbol{P}_I \otimes \boldsymbol{P}_J \right) \quad (I, J = 1, 2, 3, 4) \tag{3.20}$$

式中，$\boldsymbol{U}$ 为单位张量，对直角坐标系，其表达式为

$$\boldsymbol{U} = \boldsymbol{e}_1 \otimes \boldsymbol{e}_1 + \boldsymbol{e}_2 \otimes \boldsymbol{e}_2 \tag{3.21}$$

将式 (3.18) 和式 (3.21) 代入式 (3.20)，可进一步推导出单元柔度矩阵 C_{IJ} 的展开表达式

$$\begin{aligned} \boldsymbol{C}_{IJ} = \frac{1+\nu}{EA} &\left[\left(\frac{1}{1+\nu} P_{I1} P_{J1} + P_{I2} P_{J2} \right) \boldsymbol{e}_1 \otimes \boldsymbol{e}_1 - \frac{\nu}{1+\nu} P_{I1} P_{J2} \boldsymbol{e}_1 \otimes \boldsymbol{e}_2 \right. \\ &\left. - \frac{\nu}{1+\nu} P_{I2} P_{J1} \boldsymbol{e}_2 \otimes \boldsymbol{e}_1 + \left(P_{I1} P_{J1} + \frac{1}{1+\nu} P_{I2} P_{J2} \right) \boldsymbol{e}_2 \otimes \boldsymbol{e}_2 \right] \end{aligned} \tag{3.22}$$

为了推导方便，将式 (3.22) 简写为

$$\boldsymbol{C}_{IJ} = C_{I1J1} \boldsymbol{e}_1 \otimes \boldsymbol{e}_1 + C_{I1J2} \boldsymbol{e}_1 \otimes \boldsymbol{e}_2 + C_{I2J1} \boldsymbol{e}_2 \otimes \boldsymbol{e}_1 + C_{I2J2} \boldsymbol{e}_2 \otimes \boldsymbol{e}_2 \tag{3.23}$$

单元柔度矩阵 $\boldsymbol{C}_{IJ}$ 的矩阵形式为

$$\boldsymbol{C}_{IJ} = \frac{1+\nu}{EA} \left[\begin{array}{cc} \dfrac{1}{1+\nu} P_{I1} P_{J1} + P_{I2} P_{J2} & -\dfrac{\nu}{1+\nu} P_{I1} P_{J2} \\ -\dfrac{\nu}{1+\nu} P_{I2} P_{J1} & P_{I1} P_{J1} + \dfrac{1}{1+\nu} P_{I2} P_{J2} \end{array} \right]$$

$$\text{(单元节点局部码 } I, J = 1, 2, 3, 4) \tag{3.24}$$

式 (3.24) 为平面应力情况下的表达式；对平面应变问题，将式中 E 换为 $E/(1-\nu^2)$，ν 改为 $\nu/(1-\nu)$。

3.5　余能原理基面力元控制方程

在广义位移的推导中，单元面力是独立的变量，由平衡条件限制。因此，方程 (3.24) 只有在利用 Lagrange 乘子法将平衡条件放松后才可使用。

设弹性体划分为 n 个区 (或单元)A，则余能原理基面力元的控制方程是下列泛函的约束极值问题：

$$\varPi_{\mathrm{C}} = \sum_n \left(W_{\mathrm{C}}^{\mathrm{e}} - \int\limits_{\varGamma_u} \overline{\boldsymbol{u}} \cdot \boldsymbol{T}^{(\varGamma_u)} \mathrm{d}\varGamma \right) \tag{3.25}$$

式中, $W_{\mathrm{C}}^{\mathrm{e}}$ 为单元的余能; $\overline{u}$ 为位移边界 $\varGamma_u$ 上的给定位移; $T^{(\varGamma_u)}$ 为位移边界 $\varGamma_u$ 上作用的应力向量。

根据前面的推导, 若设 I 为单元上的任意一个边, T^I 为作用在该边中点上的单元面力, 则单元的余能泛函可写成单元面力 T 的显式表达形式

$$\varPi_{\mathrm{C}}^{\mathrm{e}}(T) = W_{\mathrm{C}}^{\mathrm{e}} - \overline{u}_I \cdot T^I \tag{3.26}$$

式中, $\overline{u}_I$ 为第 I 边中点的给定位移, 其表达式为

$$\overline{u}_I = \overline{u}_{I1}e_1 + \overline{u}_{I2}e_2 \tag{3.27}$$

约束条件为

$$\sum_{I=1}^{4} T^I = 0, \quad T^I \times P_I = 0 \quad (\text{在 } A \text{ 内}) \tag{3.28}$$

$$T^{\varGamma_\sigma} - \overline{F} = 0 \quad (\text{在 } \varGamma_\sigma \text{ 上}) \tag{3.29}$$

$$T^{(A_i)} + T^{(A_j)} = 0 \quad (\text{在 } \varGamma_{ij} \text{ 上}) \tag{3.30}$$

式中, $\varGamma_\sigma$ 表示已知应力边界; $\varGamma_{ij}$ 表示单元 A_i 与相邻单元 A_j 之间的边界; $T^{\varGamma_\sigma}$ 和 $\overline{F}$ 分别表示单元应力边界上的面力和已知面力。

利用 Lagrange 乘子法, 放松平衡条件约束, 则修正的泛函可写成

$$\varPi_{\mathrm{C}}^{\mathrm{e}^*}(T, \lambda, \lambda_3) = \varPi_{\mathrm{C}}^{\mathrm{e}}(T) + \lambda \left(\sum_{I=1}^{4} T^I \right) + \lambda_3 \left(T^I \times P_I \right) \tag{3.31}$$

式中, λ、λ_3 为 Lagrange 乘子, 其中 λ 的表达式可写为

$$\lambda = \lambda_1 e_1 + \lambda_2 e_2 \tag{3.32}$$

系统的修正泛函为

$$\varPi_{\mathrm{C}}^* = \sum_n \left[\varPi_{\mathrm{C}}^{\mathrm{e}^*}(T, \lambda, \lambda_3) \right] \tag{3.33}$$

由修正的余能原理, 泛函的驻值条件可写为

$$\delta \varPi_{\mathrm{C}}^* = \sum_n \left[\delta \varPi_{\mathrm{C}}^{\mathrm{e}^*}(T, \lambda, \lambda_3) \right] = 0 \tag{3.34}$$

由式 (3.34) 可以得到系统关于单元面力 T 和 Lagrange 乘子 λ、λ_3 的一组线性方程组

$$\partial \varPi_{\mathrm{C}}^*(T, \lambda, \lambda_3)/\partial T = 0, \quad \partial \varPi_{\mathrm{C}}^*(T, \lambda, \lambda_3)/\partial \lambda = 0, \quad \partial \varPi_{\mathrm{C}}^*(T, \lambda, \lambda_3)/\partial \lambda_3 = 0 \tag{3.35}$$

　　下面将详细地给出平面问题基面力元控制方程的显式表达式。从式 (3.35) 的第一式，并考虑到式 (3.33)、式 (3.31) 和式 (3.16)，可得

$$\frac{\partial W_{\mathrm{C}}^{\mathrm{e}}}{\partial \boldsymbol{T}^I} = \boldsymbol{C}_{IJ} \cdot \boldsymbol{T}^J \tag{3.36}$$

$$\frac{\partial \left(\lambda \sum\limits_{I=1}^{4} \boldsymbol{T}^I \right)}{\partial \boldsymbol{T}^I} = \lambda \tag{3.37}$$

$$\frac{\partial \lambda_3 \left(\boldsymbol{T}^I \times \boldsymbol{P}_I \right)}{\partial \boldsymbol{T}^I} = \lambda_3 \boldsymbol{\varepsilon} \cdot \boldsymbol{P}_I \tag{3.38}$$

式中，$\boldsymbol{\varepsilon}$ 为置换张量，其表达式可写为

$$\boldsymbol{\varepsilon} = \varepsilon^{\alpha\beta} \boldsymbol{e}_\alpha \otimes \boldsymbol{e}_\beta \tag{3.39}$$

　　根据置换符号 $\varepsilon^{\alpha\beta}$ 的性质，可将二维问题置换张量 $\boldsymbol{\varepsilon}$ 在直角坐标系下的表达式写为

$$\boldsymbol{\varepsilon} = \boldsymbol{e}_1 \otimes \boldsymbol{e}_2 - \boldsymbol{e}_2 \otimes \boldsymbol{e}_1 \tag{3.40}$$

将式 (3.40) 及式 (3.18) 的第二式代入式 (3.38)，则可得

$$\frac{\partial \lambda_3 \left(\boldsymbol{T}^I \times \boldsymbol{P}_I \right)}{\partial \boldsymbol{T}^I} = \lambda_3 \left(P_{I2} \boldsymbol{e}_1 - P_{I1} \boldsymbol{e}_2 \right) \tag{3.41}$$

由式 (3.35) 的第二式，并考虑到式 (3.33)、式 (3.31) 和式 (3.16)，可得

$$\frac{\partial W_{\mathrm{C}}^{\mathrm{e}}}{\partial \lambda} = 0 \tag{3.42}$$

$$\frac{\partial \left(\lambda \sum\limits_{I=1}^{4} \boldsymbol{T}^I \right)}{\partial \lambda} = \sum_{I=1}^{4} \boldsymbol{T}^I \tag{3.43}$$

$$\frac{\partial \lambda_3 \left(\boldsymbol{T}^I \times \boldsymbol{P}_I \right)}{\partial \lambda} = 0 \tag{3.44}$$

由式 (3.35) 的第三式，并考虑到式 (3.33)、式 (3.31) 和式 (3.16)，可得

$$\frac{\partial W_{\mathrm{C}}^{\mathrm{e}}}{\partial \lambda_3} = 0 \tag{3.45}$$

$$\frac{\partial \left(\lambda \sum\limits_{I=1}^{4} \boldsymbol{T}^I \right)}{\partial \lambda_3} = 0 \tag{3.46}$$

$$\frac{\partial \lambda_3 \left(\boldsymbol{T}^I \times \boldsymbol{P}_I \right)}{\partial \lambda_3} = \boldsymbol{T}^I \times \boldsymbol{P}_I \tag{3.47}$$

对单元之间的面力协调约束条件, 由计算机自动判断相邻单元, 并分别赋予两单元接触边上大小相等、方向相反的单元面力 $\boldsymbol{T}$ 和 $-\boldsymbol{T}$, 从而使这一约束条件得到满足。求解上述线性的余能基面力元控制方程组, 可得到各单元的面力 $\boldsymbol{T}$。

3.6 单元应力展开表达式

在求出单元面力 $\boldsymbol{T}$ 后, 单元应力 $\boldsymbol{\sigma}$ 可由下式计算得到:

$$\boldsymbol{\sigma} = \frac{1}{A} \boldsymbol{T}^I \otimes \boldsymbol{P}_I \tag{3.48}$$

将式 (3.17) 和式 (3.18) 代入式 (3.48), 并考虑到求和约定, 可将单元应力 $\boldsymbol{\sigma}$ 的展开式写为

$$\boldsymbol{\sigma} = \frac{1}{A} \sum_{I=1}^{4} \left[T^{I1} P_{I1} \boldsymbol{e}_1 \otimes \boldsymbol{e}_1 + T^{I1} P_{I2} \boldsymbol{e}_1 \otimes \boldsymbol{e}_2 + T^{I2} P_{I1} \boldsymbol{e}_2 \otimes \boldsymbol{e}_1 + T^{I2} P_{I2} \boldsymbol{e}_2 \otimes \boldsymbol{e}_2 \right] \tag{3.49}$$

单元应力 $\boldsymbol{\sigma}$ 的矩阵形式为

$$\boldsymbol{\sigma} = \frac{1}{A} \begin{bmatrix} \displaystyle\sum_{I=1}^{4} T^{I1} P_{I1} & \displaystyle\sum_{I=1}^{4} T^{I1} P_{I2} \\ \displaystyle\sum_{I=1}^{4} T^{I2} P_{I1} & \displaystyle\sum_{I=1}^{4} T^{I2} P_{I2} \end{bmatrix} \tag{3.50}$$

3.7 节点位移展开表达式

节点 I 的位移 $\boldsymbol{\delta}_I$ 可由所在单元的支配方程求得, 其表达式为

$$\boldsymbol{\delta}_I = \frac{\partial \Pi_{\mathrm{C}}^{\mathrm{e}^*} (\boldsymbol{T}, \boldsymbol{\lambda}, \lambda_3)}{\partial \boldsymbol{T}^I} \tag{3.51}$$

考虑式 (3.31)、式 (3.36)~式 (3.38), 可得到节点位移 $\boldsymbol{\delta}_I$ 的显式表达式

$$\boldsymbol{\delta}_I = \boldsymbol{C}_{IJ} \cdot \boldsymbol{T}^J + \boldsymbol{\lambda} + \lambda_3 \boldsymbol{\epsilon} \cdot \boldsymbol{P}_I \tag{3.52}$$

将式 (3.17)、式 (3.18)、式 (3.23)、式 (3.32) 和式 (3.40) 代入式 (3.52), 可得节点位移 $\boldsymbol{\delta}_I$ 的展开表达式

$$\begin{aligned} \boldsymbol{\delta}_I = {} & \left(C_{I1J1} T^{J1} + C_{I1J2} T^{J2} + \lambda_1 + \lambda_3 P_{I2} \right) \boldsymbol{e}_1 \\ & + \left(C_{I2J1} T^{J1} + C_{I2J2} T^{J2} + \lambda_2 - \lambda_3 P_{I1} \right) \boldsymbol{e}_2 \end{aligned} \tag{3.53}$$

3.8　数 值 算 例

3.8.1　分片检验算例

算例 3.1　常应力分片检验

该算例将对本章提出的平面 4 节点有限元模型进行分片检验。如图 3.3 所示为一块单宽的平面应力板单拉分片检验。

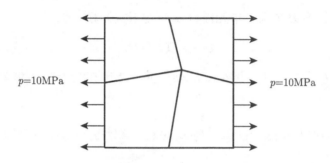

$p=10\text{MPa}$　　　　　　　　　　　　　　$p=10\text{MPa}$

图 3.3　平面方形板的常应力分片检验

该平板尺寸为 $10\text{m}\times10\text{m}$，弹性模量为 $E=1\text{MPa}$，泊松比分别取 $\nu=0.3$、0.499 和 0.5。有限元网格采用 4 个不规则单元剖分。

数值结果及其与精确解对比的结果列于表 3.1。

表 3.1　平面应力板的分片检验结果

分片检验	单拉应力 σ_x/MPa		
	$\nu=0.3$	$\nu=0.499$	$\nu=0.5$
本模型	10.0000	10.0000	10.0000
精确解	10	10	10

从表 3.1 可以看出，本模型在可压缩和不可压缩情况下均能通过分片检验。

3.8.2　纯剪问题算例

算例 3.2　矩形平板受纯剪问题算例

如图 3.4 所示，一平板受均布剪切荷载 $\tau_0=1$ 作用，其长度 $a=8$，宽度 $b=5$。为了研究方便，取弹性模量 $E=1$，$\nu=0.3$。计算中，左端采取固定约束，按平面应力问题考虑。采用具有边中节点的四边形单元剖分，如图 3.5 所示。

计算结果为，各单元剪应力分量均为 $\tau_{xy}=1$；平板右端部边界上各节点的位移值均为 $u_x=0$，$u_y=20.8$，与理论解完全相同。

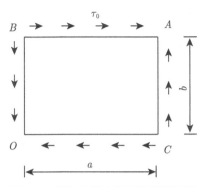

图 3.4　受均布剪力作用的矩形平板

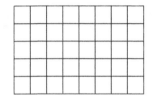

图 3.5　受均布剪力作用的矩形平板的有限元网格

3.8.3　厚壁圆筒受力分析算例

算例 3.3　内壁固定圆环受外壁分布剪力作用问题

如图 3.6 所示, 一圆环在内壁 $r = a$ 处被固定, 在外壁 $r = b$ 处承受分布剪力 τ_0 作用, 其中 $a = 1$, $b = 2$, $\tau_0 = 1$, $E = 1$, $\nu = 0.3$。

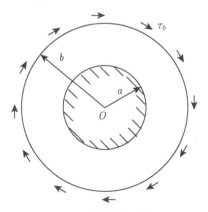

图 3.6　承受剪力作用的圆环

计算中取 $1/36$ 扇圆环, 即 $10°$ 区域圆环进行分析, 其结构左端为固定端约束, 右端受均布剪力 τ_0, 上下边界受 $\tau_s = b^2 \tau_0 / r^2$ (r 为上边界或下边界某点位置的坐标) 分布的剪力的作用, 按平面应力问题考虑, 采用四边形单元剖分, 如图 3.7 所示。

图 3.7　1/36 圆环的有限元网格

将计算所得的有限元应力和位移数值解, 以及与理论解 [99] 的比较列于表 3.2, 并绘于图 3.8。

表 3.2　1/36 圆环的应力解和位移解

位置 r/a	应力 $\tau_{r\theta}/\tau_0$		位移 u_θ/a	
	BFEM	理论解	BFEM	理论解
1.0278	3.7889	3.7865	0.2815	0.2852
1.3056	2.3487	2.3466	2.8271	2.8063
1.7500	1.3068	1.3061	6.2152	6.1286

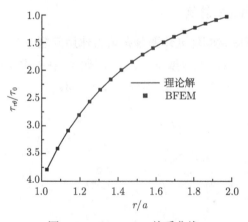

图 3.8　$r/a\text{-}\tau_{r\theta}/\tau_0$ 关系曲线

应该指出的是, 由于本章有限元网格剖分较为规则, 故给出的点的应力值均为按两单元平均法得到的结果。

结果表明, 采用本章算法的数值解与理论解吻合较好。

算例 3.4　厚壁圆桶承受内压作用问题

如图 3.9 所示, 一厚壁圆桶在内壁 $r=a$ 处承受内压 p_i 作用, 计算时取 1/4 结构, 按平面应变问题考虑, 取 $a=0.5$, $b=1$, $p_i=10$, $E=2\times10^5$, $\nu=0.3$, 采

用四边形单元剖分, 如图 3.10 所示。计算采用位移加载, 即由理论解[100](对应内压 $p_i = 10$) 确定的圆桶内边界位移作为给定位移。在本算例中, 内壁各边中节点的位置为 $r = 0.4996$, 故计算时取各节点位移为 $u_r = 4.7698 \times 10^{-5}$。

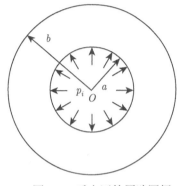

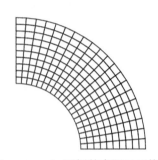

图 3.9　受内压的厚壁圆桶　　　　图 3.10　1/4 圆桶的有限元网格

计算所得应力和位移的数值解及其与理论解[100] 的比较绘于图 3.11 和图 3.12, 并列于表 3.3。

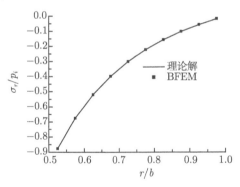

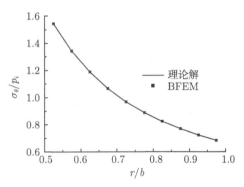

图 3.11　r/b-σ_r/p_i 关系曲线　　　　图 3.12　r/b-σ_θ/p_i 关系曲线

表 3.3　厚壁圆桶的应力解和位移解

位置 r/b	应力 σ_r/p_i		应力 σ_θ/p_i		位移 u_r/b	
	BFEM	理论解	BFEM	理论解	BFEM	理论解
0.5250	-0.8763	-0.8760	1.5439	1.5427	4.5979×10^{-5}	4.5820×10^{-5}
0.7250	-0.3001	-0.3008	0.9677	0.9675	3.6256×10^{-5}	3.6168×10^{-5}
0.8250	-0.1556	-0.1564	0.8232	0.8231	3.3485×10^{-5}	3.3413×10^{-5}

结果表明, 采用本章新算法的数值解与理论解[100] 吻合较好。

算例 3.5　外壁固定厚壁圆筒承受内压作用问题

如图 3.13 所示,厚壁圆筒在外壁 $r = b$ 处被固定,在内壁 $r = a$ 处承受内压 p_i 作用,其中 $a = 0.5$, $b = 1$, $p_i = 1$, $E = 1$, $\nu = 0.3$。计算时取 1/4 结构按平面应变问题考虑,其有限元网格如图 3.14 所示。

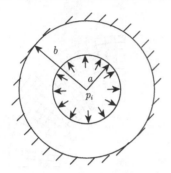
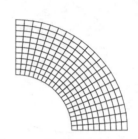

图 3.13　受内压的厚壁圆筒　　　　图 3.14　厚壁圆筒的有限元网格

计算所得径向应力 σ_r 和环向应力 σ_θ 的数值解及其与理论解[100]的比较列于表 3.4,并绘于图 3.15 和图 3.16;径向位移 u_r 的数值解以及与理论解[100]的比较列于表 3.5。

表 3.4　厚壁圆筒的应力解

位置 r/b	σ_r		σ_θ	
	本章解	理论解	本章解	理论解
0.5750	−0.8502	−0.8499	0.0802	0.0807
0.6750	−0.7224	−0.7223	−0.0476	−0.0470
0.7750	−0.6409	−0.6408	−0.1291	−0.1285
0.8750	−0.5857	−0.5856	−0.1843	−0.1837

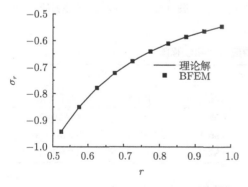
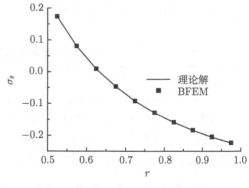

图 3.15　$r\text{-}\sigma_r$ 关系曲线　　　　图 3.16　$r\text{-}\sigma_\theta$ 关系曲线

表 3.5 厚壁圆桶的位移解

位置 r	数值解 u_r	理论解 u_r
0.5750	0.2337	0.2328
0.6750	0.1619	0.1613
0.7750	0.1034	0.1031
0.8750	0.0538	0.0536

结果表明,采用本章新算法的数值解与理论解[100]吻合较好。

3.8.4 曲梁受力分析算例

算例 3.6 悬臂曲梁顶端承受剪力作用问题

如图 3.17 所示,悬臂曲梁在上端承受水平剪力作用。计算时,取 $a = 1$, $b = 1.5$, $P = 1$, $E = 1$, $\nu = 0.3$,按平面应力问题考虑,有限元网格图如图 3.18 所示。

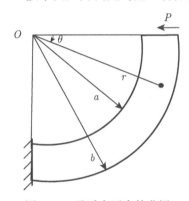

图 3.17 承受水平力的曲梁

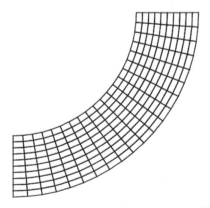

图 3.18 承受水平力的曲梁及有限元网格

计算所得径向应力 σ_r、环向应力 σ_θ 和剪应力 $\tau_{r\theta}$ 的数值解以及与理论解[101]的比较列于表 3.6,并绘于图 3.19 和图 3.20;径向位移 u_r 和环向位移 u_θ 的数值

解及其与理论解 [101] 的比较列于表 3.7。

表 3.6 曲梁的应力解

位置 (r, θ)	σ_r		σ_θ		$\tau_{r\theta}$	
	BFEM	理论解	BFEM	理论解	BFEM	理论解
$(1.025, 22.500)$	-0.3157	-0.3184	-12.5142	-12.3402	0.7641	0.7687
$(1.275, 40.500)$	-1.8101	-1.8063	1.8456	1.8251	2.1148	2.1149
$(1.425, 58.500)$	-0.9584	-0.9832	15.4932	15.3101	0.5751	0.6025

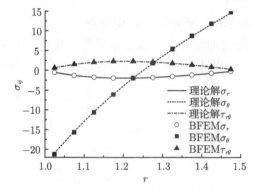

图 3.19 $\theta = 40.5°$ 的 $r\text{-}\sigma_{ij}$ 关系曲线

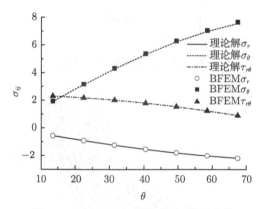

图 3.20 $r = 1.3250$ 的 $\theta\text{-}\sigma_{ij}$ 关系曲线

表 3.7 曲梁的位移解

位置 (r, θ)	u_r		u_θ	
	BFEM	理论解	BFEM	理论解
$(1.025, 0.000)$	-152.2307	-150.6779	63.7943	62.8793
$(1.275, 45.000)$	-53.5485	-52.8404	17.8563	17.4098
$(1.475, 58.500)$	-28.4764	-27.9973	23.2370	22.8114

3.8.5 单元计算精度分析算例

算例 3.7 单元计算精度分析

为了检验本模型的计算精度及对不同粗细网格的稳定性，针对 Cook 梁问题进行分析，如图 3.21 所示。计算参数为 $a = 44.0\mathrm{m}$, $b = 48.0\mathrm{m}$, $c = 44.0\mathrm{m}$, $d = 16.0\mathrm{m}$, $E = 1.0 \times 10^6\mathrm{Pa}$, $\nu = 1/3$, $F = 1.0\mathrm{N}$，厚度 $t = 1.0\mathrm{m}$。有限元网格如图 3.22 所示。

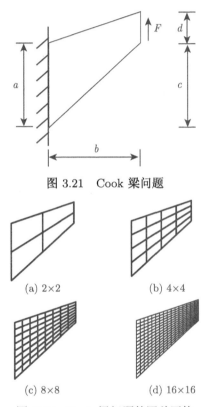

图 3.21 Cook 梁问题

(a) 2×2   (b) 4×4

(c) 8×8   (d) 16×16

图 3.22 Cook 梁问题的四种网格

Cook 梁右端中点位移的精确解为 $u_y^{\mathrm{exac}} = 23.91 \times 10^{-6}\mathrm{m}$[102]。数值结果及其与 4 节点等参元计算结果的对比结果列于表 3.8。

表 3.8 Cook 梁问题的解答

网格数	本章解与精确解之比	Q4 解与精确解之比
2×2	1.27	0.50
4×4	1.03	0.77
8×8	1.00	0.92
16×16	1.00	0.98

从表 3.8 可以看出，本模型具有良好的性能和稳定性。

算例 3.8　单元网格畸变的影响分析

如图 3.23 所示，受弯矩作用的悬臂梁，计算参数为 $E = 1500 \times 10^6 \text{Pa}$，$\nu = 0$，$L = 10\text{m}$，$b = 1\text{m}$，$h = 2\text{m}$，$M = 1000\text{N·m}$。自由端挠度的精确解为 $50 \times 10^{-6}\text{m}$。各种计算网格如图 3.24 所示。

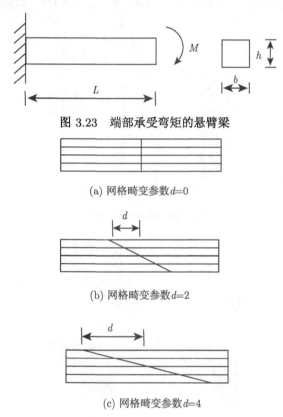

图 3.23　端部承受弯矩的悬臂梁

(a) 网格畸变参数 $d=0$

(b) 网格畸变参数 $d=2$

(c) 网格畸变参数 $d=4$

图 3.24　有限元网格

现将本算例的有限元分析精度列于表 3.9。

表 3.9　网格畸变对计算结果的影响

网格畸变参数 d	本章解与精确解之比	Q4 解与精确解之比
0.0	1.0000	0.2420
2.0	1.0872	0.0979
4.0	0.9464	0.0504

从表 3.9 可以看出，本模型具有较高的计算精度，且对单元长宽比的影响及网格的畸变不敏感。

3.9 本 章 小 结

1. 本章的主要工作及主要成果

多年以来, 由于余能原理有限元模型的复杂性和自身的不足, 其应用范围远不如势能原理有限元模型那样广泛。本章放弃了传统余能原理有限元的描述方法, 采用基线力概念, 推导出一种具有平面 4 节点的余能原理基面力元模型, 并结合经典的平面弹性理论问题, 针对该模型的计算稳定性及精度进行研究。

(1) 利用二维问题的基线力概念, 推导了平面 4 节点单元的柔度矩阵表达式

$$\boldsymbol{C}_{IJ} = \frac{1+\nu}{EA}\left[\left(\frac{1}{1+\nu}P_{I1}P_{J1}+P_{I2}P_{J2}\right)\boldsymbol{e}_1\otimes\boldsymbol{e}_1 - \frac{\nu}{1+\nu}P_{I1}P_{J2}\boldsymbol{e}_1\otimes\boldsymbol{e}_2\right.$$
$$\left. - \frac{\nu}{1+\nu}P_{I2}P_{J1}\boldsymbol{e}_2\otimes\boldsymbol{e}_1 + \left(P_{I1}P_{J1}+\frac{1}{1+\nu}P_{I2}P_{J2}\right)\boldsymbol{e}_2\otimes\boldsymbol{e}_2\right]$$

或

$$\boldsymbol{C}_{IJ} = \frac{1+\nu}{EA}\left[\begin{array}{cc} \dfrac{1}{1+\nu}P_{I1}P_{J1}+P_{I2}P_{J2} & -\dfrac{\nu}{1+\nu}P_{I1}P_{J2} \\ -\dfrac{\nu}{1+\nu}P_{I2}P_{J1} & P_{I1}P_{J1}+\dfrac{1}{1+\nu}P_{I2}P_{J2} \end{array}\right]$$

(单元节点局部码 $I, J = 1, 2, 3, 4$)

(2) 运用广义余能原理中的 Lagrange 乘子法, 推导出以基线力为基本未知量的二维线弹性问题的余能原理基面力单元法的支配方程, 编制出相应的余能原理二维基面力单元法 MATLAB 软件。支配方程的实质是单元之间及单元与支座之间的位移协调条件, 以及单元的平衡方程, 并隐含着物理方程。

(3) 给出余能原理基面力单元法的节点位移表达式

$$\boldsymbol{\delta}_I = \left(C_{I1J1}T^{J1}+C_{I1J2}T^{J2}+\lambda_1+\lambda_3 P_{I2}\right)\boldsymbol{e}_1 + \left(C_{I2J1}T^{J1}+C_{I2J2}T^{J2}+\lambda_2-\lambda_3 P_{I1}\right)\boldsymbol{e}_2$$

或

$$\boldsymbol{\delta}_I = \left\{\begin{array}{l} C_{I1J1}T^{J1}+C_{I1J2}T^{J2}+\lambda_1+\lambda_3 P_{I2} \\ C_{I2J1}T^{J1}+C_{I2J2}T^{J2}+\lambda_2-\lambda_3 P_{I1} \end{array}\right\}$$

(4) 较系统地研究了该模型对线弹性问题的适用性, 得到了大量的研究数据, 并将数值结果与理论解及势能原理有限元的结果进行了对比分析, 验证了该模型可行性, 找到了该模型的应用方法, 从而形成一种新型的有限元理论体系。

2. 余能原理基面力单元法的主要特点

(1) 有限元列式采用基面力表达。

(2) 单元柔度矩阵为积分显式表达式, 不必进行数值积分。

(3) 模型采用余能原理构造, 具有较高的应力计算精度。

3. 本章的主要结论

(1) 数值算例表明,基面力单元法及其 MATLAB 软件可以用于计算各种线弹性力学问题,其数值结果与理论解相吻合,从而验证了本章建立的数学模型的正确性和可行性。本研究提出的平面 4 节点余能原理有限元模型具有较高的计算精度,可计算接近不可压缩问题和不可压缩问题,对网格长宽比的影响及网格畸变不敏感。

(2) 基于基面力概念推导出的单元柔度矩阵表达式具有显式形式,其不仅表达简洁,各数学量具有明显的物理意义,且可使编程、计算简单易行,避免传统方法因采用数值积分而造成的精度损失。

(3) 这种基于余能原理的基面力单元法计算位移具有较简便的途径,可直接利用本章所列位移计算公式计算。

(4) 上述基面力单元法构造单元柔度矩阵的思想可进一步推广应用于梁、板、壳的几何大变形问题中去,具有较好的应用前景。

第4章 凸多边形网格的余能原理基面力单元法

在有限元法的发展和应用中，基于势能原理的位移协调元法占有绝对优势，特别是一些大型的有限元分析软件基本上都是采用位移协调元方法。但随着科学研究的不断深入以及材料科学的迅速发展，严重依赖网格的位移法有限元在分析涉及特大变形、奇异性或裂纹动态扩展等问题时遇到了许多困难。因此，探索可适应任意网格、畸变网格以及接触问题的有限元法是一些学者关注的问题。

本章将根据高玉臣给出的推导任意多面体单元柔度矩阵的思路 [17]，针对凸多边形余能原理基面力元模型问题，深入专项研究以基面力表示的凸多边形单元柔度矩阵、余能原理基面力元控制方程、节点位移具体表达式，研制凸多边形基面力单元法有限元 MATLAB 软件，并结合弹性理论的典型算例进行任意网格的数值计算，与理论解、位移模式有限元中的 Q4 单元解进行对比，验证凸多边形基面力元模型的正确性，分析并讨论凸多边形基面力元程序的计算性能。

4.1 凸多边形基面力元模型

如图 4.1 所示的凸多边形单元，当单元足够小时，假设应力均匀地分布在每一条边上，$I, J, K, L, M, \cdots, N$ 表示凸多边形的每条边，$\boldsymbol{T}^I, \boldsymbol{T}^J, \boldsymbol{T}^K, \boldsymbol{T}^L, \boldsymbol{T}^M, \cdots, \boldsymbol{T}^N$ 为作用在相应边中节点上面力的合力。

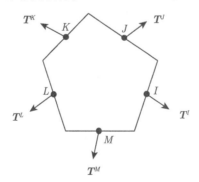

图 4.1 具有边中节点的凸多边形

单元余能 $W_{\mathrm{C}}^{\mathrm{e}}$ 的表达式可写为

$$W_{\mathrm{C}}^{\mathrm{e}} = \frac{1+\nu}{2EA} \left[\left(\boldsymbol{T}^I \cdot \boldsymbol{T}^J \right) p_{IJ} - \frac{\nu}{1+\nu} \left(\boldsymbol{T}^I \cdot \boldsymbol{P}_I \right)^2 \right] \tag{4.1}$$

式中, A 为单元的面积

$$\begin{cases} \boldsymbol{T}^I = T^{I1}\boldsymbol{e}_1 + T^{I2}\boldsymbol{e}_2 \\ \boldsymbol{T}^J = T^{J1}\boldsymbol{e}_1 + T^{J2}\boldsymbol{e}_2 \end{cases} \tag{4.2}$$

$$\begin{cases} \boldsymbol{P}_I = P_{I1}\boldsymbol{e}_1 + P_{I2}\boldsymbol{e}_2 \\ \boldsymbol{P}_J = P_{J1}\boldsymbol{e}_1 + P_{J2}\boldsymbol{e}_2 \end{cases} \tag{4.3}$$

由式 (4.1) 可以得到与 $\boldsymbol{T}^I$ 相应的广义位移

$$\boldsymbol{\delta}_I = \frac{\partial W_{\mathrm{C}}^{\mathrm{e}}}{\partial \boldsymbol{T}^I} = \boldsymbol{C}_{IJ} \cdot \boldsymbol{T}^J \tag{4.4}$$

式中, C_{IJ} 为凸多边形单元柔度矩阵, 其显式表达式为

$$\boldsymbol{C}_{IJ} = \frac{1+\nu}{EA}\left(p_{IJ}\boldsymbol{U} - \frac{\nu}{1+\nu}\boldsymbol{P}_I \otimes \boldsymbol{P}_J\right) \quad (\text{单元节点局部码 } I,J = 1,2,3,\cdots,N) \tag{4.5}$$

式中, U 为单位张量, 直角坐标系下的表达式为

$$\boldsymbol{U} = \boldsymbol{e}_1 \otimes \boldsymbol{e}_1 + \boldsymbol{e}_2 \otimes \boldsymbol{e}_2 \tag{4.6}$$

可得凸多边形单元柔度矩阵 C_{IJ} 的展开式

$$\begin{aligned} \boldsymbol{C}_{IJ} = {} & \frac{1}{EA}\left[(P_{I1}P_{J1} + (1+\nu)\,P_{I2}P_{J2})\,\boldsymbol{e}_1 \otimes \boldsymbol{e}_1 - \nu P_{I1}P_{J2}\boldsymbol{e}_1 \otimes \boldsymbol{e}_2\right] \\ & + \frac{1}{EA}\left[-\nu P_{I2}P_{J1}\boldsymbol{e}_2 \otimes \boldsymbol{e}_1 + ((1+\nu)\,P_{I1}P_{J1} + P_{I2}P_{J2})\,\boldsymbol{e}_2 \otimes \boldsymbol{e}_2\right] \end{aligned} \tag{4.7}$$

凸多边形单元柔度矩阵 C_{IJ} 的矩阵形式为

$$\boldsymbol{C}_{IJ} = \frac{1+\nu}{EA}\left[\begin{array}{cc} \dfrac{1}{1+\nu}P_{I1}P_{J1} + P_{I2}P_{J2} & -\dfrac{\nu}{1+\nu}P_{I1}P_{J2} \\[3mm] -\dfrac{\nu}{1+\nu}P_{I2}P_{J1} & P_{I1}P_{J1} + \dfrac{1}{1+\nu}P_{I2}P_{J2} \end{array}\right]$$

$$(\text{单元节点局部码 } I,J = 1,2,3,\cdots,N) \tag{4.8}$$

式 (4.8) 为平面应力情况下的表达式; 对平面应变问题, 将式中 E 换为 $E/(1-\nu^2)$, ν 换为 $\nu/(1-\nu)$。

凸多边形余能原理有限元的支配方程是下列泛函的约束极值问题:

$$\text{系统泛函}\quad \Pi_{\mathrm{C}} = \sum_n \left(W_{\mathrm{C}}^{\mathrm{e}} - \int_{\Gamma_u} \overline{\boldsymbol{u}} \cdot \boldsymbol{T}^{(\Gamma_u)}\mathrm{d}\Gamma\right) \tag{4.9}$$

式中, $\overline{\boldsymbol{u}}$ 为位移边界 Γ_u 上的给定位移。

约束条件为

$$
\begin{cases}
\sum\limits_{I=1}^{N} \boldsymbol{T}^I = \boldsymbol{0}, \boldsymbol{T}^I \times \boldsymbol{P}_I = \boldsymbol{0} & (\text{在 } A \text{ 内}) \\
\boldsymbol{T}^{\varGamma_\sigma} - \overline{\boldsymbol{F}} = \boldsymbol{0} & (\text{在 } \varGamma_\sigma \text{ 上}) \\
\boldsymbol{T}^{(A_i)} + \boldsymbol{T}^{(A_j)} = \boldsymbol{0} & (\text{在 } \varGamma_{ij} \text{ 上})
\end{cases}
\tag{4.10}
$$

利用 Lagrange 乘子法, 放松平衡条件约束, 则修正的泛函可写为

$$
\varPi_{\mathrm{C}}^{\mathrm{e}^*}(\boldsymbol{T}, \boldsymbol{\lambda}, \lambda_3) = \varPi_{\mathrm{C}}^{\mathrm{e}}(\boldsymbol{T}) + \boldsymbol{\lambda}\left(\sum_{I=1}^{4} \boldsymbol{T}^I\right) + \lambda_3\left(\boldsymbol{T}^I \times \boldsymbol{P}_I\right)
\tag{4.11}
$$

式中, $\boldsymbol{\lambda}$、λ_3 为 Lagrange 乘子, 其中 $\boldsymbol{\lambda}$ 的表达式可写为

$$
\boldsymbol{\lambda} = \lambda_1 \boldsymbol{e}_1 + \lambda_2 \boldsymbol{e}_2
\tag{4.12}
$$

由 n 个单元的修正泛函得到系统的修正泛函为

$$
\varPi_{\mathrm{C}}^* = \sum_n \left[\varPi_{\mathrm{C}}^{\mathrm{e}^*}(\boldsymbol{T}, \boldsymbol{\lambda}, \lambda_3)\right]
\tag{4.13}
$$

泛函的驻值条件可写为

$$
\delta\varPi_{\mathrm{C}}^* = \sum_n \left[\delta\varPi_{\mathrm{C}}^{\mathrm{e}^*}(\boldsymbol{T}, \boldsymbol{\lambda}, \lambda_3)\right] = 0
\tag{4.14}
$$

由式 (4.14) 可以得到系统关于单元面力 $\boldsymbol{T}$ 和 Lagrange 乘子 $\boldsymbol{\lambda}$、λ_3 的线性方程组

$$
\begin{cases}
\dfrac{\partial\varPi_{\mathrm{C}}^*(\boldsymbol{T}, \boldsymbol{\lambda}, \lambda_3)}{\partial\boldsymbol{T}} = 0 \\[3mm]
\dfrac{\partial\varPi_{\mathrm{C}}^*(\boldsymbol{T}, \boldsymbol{\lambda}, \lambda_3)}{\partial\boldsymbol{\lambda}} = 0 \\[3mm]
\dfrac{\partial\varPi_{\mathrm{C}}^*(\boldsymbol{T}, \boldsymbol{\lambda}, \lambda_3)}{\partial\lambda_3} = 0
\end{cases}
\tag{4.15}
$$

节点的位移 $\boldsymbol{\delta}_I$ 可直接由各单元的支配方程求得, 其表达式为

$$
\boldsymbol{\delta}_I = \frac{\partial\varPi_{\mathrm{C}}^{\mathrm{e}^*}(\boldsymbol{T}, \boldsymbol{\lambda}, \lambda_3)}{\partial\boldsymbol{T}^I}
\tag{4.16}
$$

节点位移 $\boldsymbol{\delta}_I$ 的显式表达式为

$$
\boldsymbol{\delta}_I = \boldsymbol{C}_{IJ} \cdot \boldsymbol{T}^J + \boldsymbol{\lambda} + \lambda_3 \boldsymbol{\varepsilon} \cdot \boldsymbol{P}_I
\tag{4.17}
$$

节点位移 $\boldsymbol{\delta}_I$ 的展开表达式为

$$
\begin{aligned}
\boldsymbol{\delta}_I =& \left(C_{I1J1}T^{J1} + C_{I1J2}T^{J2} + \lambda_1 + \lambda_3 P_{I2}\right)\boldsymbol{e}_1 \\
&+ \left(C_{I2J1}T^{J1} + C_{I2J2}T^{J2} + \lambda_2 - \lambda_3 P_{I1}\right)\boldsymbol{e}_2
\end{aligned}
\tag{4.18}
$$

4.2　凸多边形基面力元模型的应用

4.2.1　矩形平板受拉问题

目的: 验证本章的基面力元模型在单拉状态下, 采用凸多边形单元网格剖分时的应力和位移。

计算条件: 如图 4.2 所示, 矩形平板受均布拉力荷载作用, 采用具有边中节点的凸多边形剖分。矩形平板的长度为 $a = 8$, 宽度为 $b = 5$, 弹性模量为 $E = 1$, 泊松比 $\nu = 0$, 均布拉力 $q = 1$。

计算中采用具有边中节点的凸多边形单元剖分, 其有限元网格剖分如图 4.3 所示。

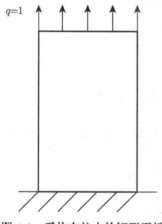

图 4.2　受均布拉力的矩形平板

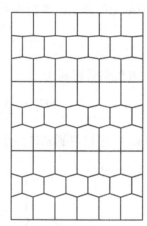

图 4.3　凸多边形网格剖分的矩形平板

(57 个单元, 162 个边中节点)

应力: 将应用本章方法所得各单元应力的 BFEM 解与理论解列于表 4.1。

表 4.1　受均布拉力作用的平板应力解

应力解 (单元号 1~57)	BFEM 解	理论解
σ_x	0.000	0.000
σ_y	1.000	1.000
τ_{xy}	0.000	0.000

由此可见, 在单向拉伸受力状态下, 矩形平板进行凸多边形单元剖分, 其计算所得各单元的应力数值解只有应力分量 $\sigma_y = 1.000$, 与理论解相同。

位移: 将应用本章方法所得矩形平板右边界上各边中节点和顶部边界上各边

中节点的位移值和理论解列于表 4.2。

表 4.2 受均布拉力作用的矩形平板位移的解

位置		位移			
		BFEM 解		理论解	
x	y	u_x	u_y	u_x	u_y
5.000	0.444	0.000	0.444	0.000	0.444
5.000	1.316	0.000	1.316	0.000	1.316
5.000	2.222	0.000	2.222	0.000	2.222
5.000	3.111	0.000	3.111	0.000	3.111
5.000	3.987	0.000	3.987	0.000	3.987
5.000	4.889	0.000	4.889	0.000	4.889
5.000	5.778	0.000	5.778	0.000	5.778
5.000	6.658	0.000	6.658	0.000	6.658
5.000	7.556	0.000	7.556	0.000	7.556
0.417	8.000	0.000	8.000	0.000	8.000
1.250	8.000	0.000	8.000	0.000	8.000
2.083	8.000	0.000	8.000	0.000	8.000
2.916	8.000	0.000	8.000	0.000	8.000
3.750	8.000	0.000	8.000	0.000	8.000
4.583	8.000	0.000	8.000	0.000	8.000

由此可见, 在单向拉伸受力状态下, 矩形平板进行凸多边形单元剖分, 其计算所得各节点位移数值解与理论解完全相同。

4.2.2 悬臂梁自由端受弯矩作用

如图 4.4 所示, 悬臂梁自由端受弯矩作用, 梁的长度为 $L = 10\mathrm{m}$, 宽度为 $b = 1\mathrm{m}$, 高度为 $h = 1\mathrm{m}$, 弹性模量 $E = 1 \times 10^6 \mathrm{Pa}$, 泊松比 $\nu = 0$, 作用弯矩为 $M = 1\mathrm{N \cdot m}$。

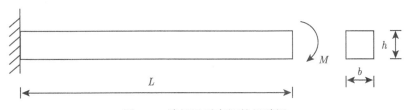

图 4.4 端部承受弯矩的悬臂梁

计算中采用具有边中节点的凸多边形单元剖分, 如图 4.5 所示。为了进行对比分析, 悬臂梁还采用传统 4 节点等参单元进行剖分, 如图 4.6 所示。

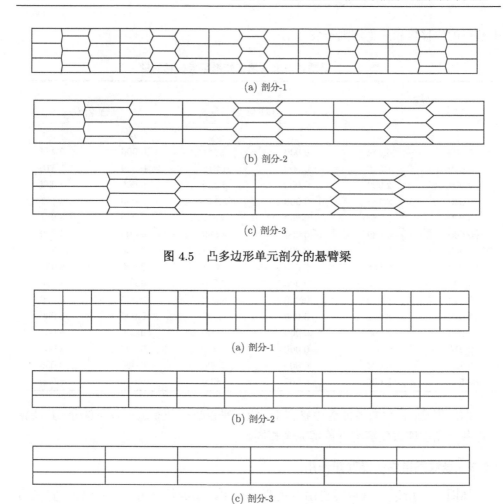

(a) 剖分-1

(b) 剖分-2

(c) 剖分-3

图 4.5   凸多边形单元剖分的悬臂梁

(a) 剖分-1

(b) 剖分-2

(c) 剖分-3

图 4.6   四边形单元剖分的悬臂梁

应用本章方法进行数值计算, 将悬臂梁自由端竖向位移的 BFEM 解、Q4 单元解及理论解列于表 4.3。

表 4.3   悬臂梁自由端竖向位移解 (单位: m)

网格剖分	$\nu/(\times 10^{-4})$		
	BFEM 解	Q4 解	理论解
剖分-1	−5.8279	−4.9101	−6.0000
剖分-2	−5.8376	−3.7106	−6.0000
剖分-3	−5.8712	−2.5119	−6.0000

从以上分析可以看出, 对于承受弯矩作用的悬臂梁, 其自由端竖向位移的 BFEM

解与理论解吻合较好,与 Q4 解相比,BFEM 解具有对单元长宽比影响小的优势。

4.2.3 悬臂梁自由端承受集中力

如图 4.7 所示,悬臂梁的自由端部承受集中力作用,梁的长度为 $L = 5\text{m}$,高度为 $h = 0.1\text{m}$,$b = 1\text{m}$,弹性模量为 $E = 1 \times 10^9 \text{Pa}$,泊松比 $\nu = 0$,作用集中力为 $P = 1\text{N}$。

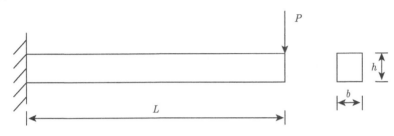

图 4.7 端部承受集中力的悬臂梁

计算中采用具有边中节点的凸多边形单元剖分,如图 4.8 所示。为了进行对比分析,悬臂梁还采用传统 4 节点等参单元进行剖分,如图 4.9 所示。

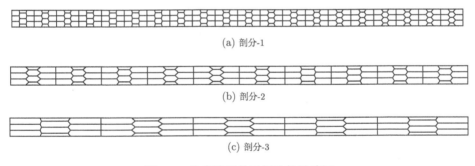

(a) 剖分-1

(b) 剖分-2

(c) 剖分-3

图 4.8 凸多边形单元剖分的悬臂梁

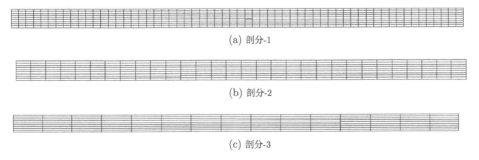

(a) 剖分-1

(b) 剖分-2

(c) 剖分-3

图 4.9 四边形单元剖分的悬臂梁

应用本章方法进行数值计算, 将悬臂梁自由端竖向位移的 BFEM 解、Q4 单元解及理论解列于表 4.4。

表 4.4　悬臂梁自由端竖向位移解　　　　　　　　　(单位: m)

网格剖分	$\nu/(\times 10^{-4})$		
	BFEM 解	Q4 解	理论解
剖分-1	-4.8120	-3.7122	-5.0000
剖分-2	-4.8476	-2.0935	-5.0000
剖分-3	-4.8313	-0.7629	-5.0000

从以上分析可以看出, 对于承受集中力作用的悬臂梁, 其自由端竖向位移的 BFEM 解与理论解吻合较好, 与 Q4 解相比, BFEM 解具有对单元长宽比影响小的优势。

4.2.4　悬臂梁承受均布荷载作用

如图 4.10 所示, 梁的长度为 $L = 10\mathrm{m}$, 高度为 $h = 1\mathrm{m}$, 宽度为 $b = 1\mathrm{m}$, 弹性模量 $E = 1 \times 10^6 \mathrm{Pa}$, 泊松比 $\nu = 0$, 作用均布荷载为 $q = 1\mathrm{N/m}$。梁悬臂端竖向位移理论解为 $1.5 \times 10^{-2}\mathrm{m}$。

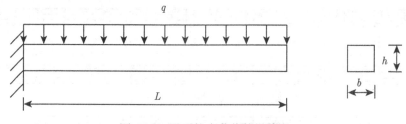

图 4.10　承受均布荷载的悬臂梁

计算中采用具有边中节点的凸多边形单元剖分, 如图 4.11 所示。为了进行对比分析, 悬臂梁还采用传统 4 节点等参单元进行剖分, 如图 4.12 所示。

应用本章方法进行数值计算, 将悬臂梁自由端竖向位移的 BFEM 解、Q4 单元解及理论解列于表 4.5。

从以上分析可以看出, 对于承受集中力作用的悬臂梁, 其自由端竖向位移的 BFEM 解与理论解吻合较好, 与 Q4 解相比, BFEM 解具有较高的精度。

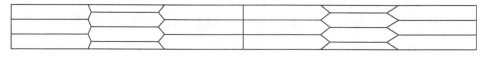

(a) 剖分-1

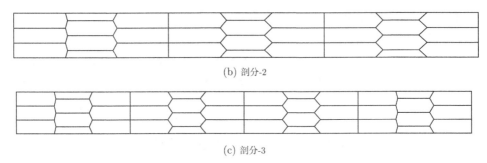

(b) 剖分-2

(c) 剖分-3

图 4.11 凸多边形单元剖分的悬臂梁

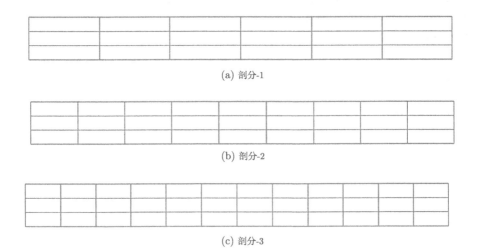

(a) 剖分-1

(b) 剖分-2

(c) 剖分-3

图 4.12 四边形单元剖分的悬臂梁

表 4.5 悬臂梁自由端竖向位移解 （单位: m）

网格剖分	$\nu/(\times 10^{-2})$		
	BFEM 解	Q4 解	理论解
剖分-1	−1.3715	−0.6381	−1.5000
剖分-2	−1.4295	−0.9378	−1.5000
剖分-3	−1.4471	−1.1239	−1.5000

4.3　本章小结

(1) 本章探索研究了针对任意凸多边形网格的余能原理基面力单元法，给出了控制方程和相关公式。

(2) 结合典型算例验证了凸多边形基面力元模型的正确性，分析并讨论了凸多边形基面力元程序计算性能。

(3) 数值结果表明：本章的凸多边形余能原理基面力元模型可以用于计算平面问题，其数值结果与理论解吻合较好，Q4 单元的计算结果随着单元长宽比的增大出现较大误差，不如本章 BFEM 解精度高，验证了本章数学模型的正确性和可行性。

(4) 研究发现：与传统的有限元法不同，适用于任意凸多边形网格的余能原理基面力元公式与平面 4 节点余能原理基面力元模型相同，即基面力单元法的公式可以适用于任意形状的网格。

(5) 同时研究也发现，对任意凸多边形网格的余能原理基面力元计算结果的精度要比平面 4 节点余能原理基面力元计算精度略低。只是基面力单元法对网格的依赖性要比传统的位移模式有限元小。

(6) 适用于任意凸多边形网格的余能原理基面力单元法的稳定性还有待于进一步深入研究。

第5章 凹多边形网格的余能原理基面力单元法

第 4 章介绍了凸多边形问题的余能原理基面力单元法, 分析并讨论了凸多边形基面力元程序计算性能。

本章将在高玉臣工作的基础上, 对任意网格中的凹多边形余能原理基面力单元法进行深入分析和讨论, 推导以基面力表示的凹多边形余能原理基面力元控制方程、节点位移的具体表达式, 研制凹多边形基面力单元法 MATLAB 软件, 并结合典型算例进行数值计算, 与理论解、位移模式有限元中的 Q4 单元解进行对比, 验证凹多边形基面力元模型的正确性, 分析并讨论凹多边形基面力元程序的计算性能。

5.1 凹多边形基面力元模型

如图 5.1 所示的凹多边形单元, 当单元足够小时, 假设应力均匀地分布在每一条边上, I, J, K, L, M, N 表示凹多边形的每条边, $\boldsymbol{T}^I$, $\boldsymbol{T}^J$, $\boldsymbol{T}^K$, $\boldsymbol{T}^L$, $\boldsymbol{T}^M$, $\boldsymbol{T}^N$ 为作用在相应边中节点上面力的合力。

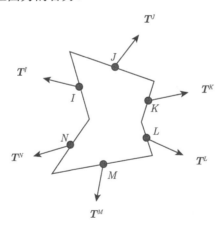

图 5.1 具有边中节点的凹多边形单元

单元余能 $W_{\mathrm{C}}^{\mathrm{e}}$ 的表达式可写为

$$W_{\mathrm{C}}^{\mathrm{e}} = \frac{1+\nu}{2EA}\left[\left(\boldsymbol{T}^I \cdot \boldsymbol{T}^J\right)p_{IJ} - \frac{\nu}{1+\nu}\left(\boldsymbol{T}^I \cdot \boldsymbol{P}_I\right)^2\right] \tag{5.1}$$

式中, A 为单元的面积

$$\begin{cases} \boldsymbol{T}^I = T^{I1}\boldsymbol{e}_1 + T^{I2}\boldsymbol{e}_2 \\ \boldsymbol{T}^J = T^{J1}\boldsymbol{e}_1 + T^{J2}\boldsymbol{e}_2 \end{cases} \tag{5.2}$$

$$\begin{cases} \boldsymbol{P}_I = P_{I1}\boldsymbol{e}_1 + P_{I2}\boldsymbol{e}_2 \\ \boldsymbol{P}_J = P_{J1}\boldsymbol{e}_1 + P_{J2}\boldsymbol{e}_2 \end{cases} \tag{5.3}$$

由式 (5.1) 可以得到与 $\boldsymbol{T}^I$ 相应的广义位移

$$\boldsymbol{\delta}_I = \frac{\partial W_{\mathrm{C}}^{\mathrm{e}}}{\partial \boldsymbol{T}^I} = \boldsymbol{C}_{IJ} \cdot \boldsymbol{T}^J \tag{5.4}$$

式中, C_{IJ} 为凹多边形单元柔度矩阵, 其显式表达式为

$$\boldsymbol{C}_{IJ} = \frac{1+\nu}{EA}\left(p_{IJ}\boldsymbol{U} - \frac{\nu}{1+\nu}\boldsymbol{P}_I \otimes \boldsymbol{P}_J\right) \quad (\text{单元节点局部码 } I, J = 1, 2, 3, \cdots, N) \tag{5.5}$$

式中, U 为单位张量, 直角坐标系下的表达式为

$$\boldsymbol{U} = \boldsymbol{e}_1 \otimes \boldsymbol{e}_1 + \boldsymbol{e}_2 \otimes \boldsymbol{e}_2 \tag{5.6}$$

凹多边形单元柔度矩阵 C_{IJ} 的展开式为

$$\begin{aligned} \boldsymbol{C}_{IJ} ={}& \frac{1}{EA}\left[\left(P_{I1}P_{J1} + (1+\nu)P_{I2}P_{J2}\right)\boldsymbol{e}_1 \otimes \boldsymbol{e}_1 - \nu P_{I1}P_{J2}\boldsymbol{e}_1 \otimes \boldsymbol{e}_2\right] \\ & + \frac{1}{EA}\left[-\nu P_{I2}P_{J1}\boldsymbol{e}_2 \otimes \boldsymbol{e}_1 + \left((1+\nu)P_{I1}P_{J1} + P_{I2}P_{J2}\right)\boldsymbol{e}_2 \otimes \boldsymbol{e}_2\right] \end{aligned} \tag{5.7}$$

凹多边形单元柔度矩阵 C_{IJ} 的矩阵形式为

$$\boldsymbol{C}_{IJ} = \frac{1+\nu}{EA}\begin{bmatrix} \dfrac{1}{1+\nu}P_{I1}P_{J1} + P_{I2}P_{J2} & -\dfrac{\nu}{1+\nu}P_{I1}P_{J2} \\[2mm] -\dfrac{\nu}{1+\nu}P_{I2}P_{J1} & P_{I1}P_{J1} + \dfrac{1}{1+\nu}P_{I2}P_{J2} \end{bmatrix}$$
$$(\text{单元节点局部码 } I, J = 1, 2, 3, \cdots, N) \tag{5.8}$$

式 (5.8) 为平面应力情况下的表达式; 对平面应变问题, 将式中 E 换为 $E/(1-\nu^2)$, ν 换为 $\nu/(1-\nu)$。

凹多边形余能原理有限元的支配方程是下列泛函的约束极值问题:

$$\text{系统泛函} \quad \Pi_{\mathrm{C}} = \sum_n \left(W_{\mathrm{C}}^{\mathrm{e}} - \int_{\Gamma_u} \overline{\boldsymbol{u}} \cdot \boldsymbol{T}^{(\Gamma_u)}\mathrm{d}\Gamma\right) \tag{5.9}$$

式中, $\overline{\boldsymbol{u}}$ 为位移边界 Γ_u 上的给定位移。

约束条件为

$$\begin{cases} \sum\limits_{I=1}^{N} \boldsymbol{T}^{I} = \boldsymbol{0}, \quad \boldsymbol{T}^{I} \times \boldsymbol{P}_I = \boldsymbol{0} & \text{(在 } A \text{ 内)} \\ \boldsymbol{T}^{\Gamma_\sigma} - \overline{\boldsymbol{F}} = \boldsymbol{0} & \text{(在 } \Gamma_\sigma \text{ 上)} \\ \boldsymbol{T}^{(A_i)} + \boldsymbol{T}^{(A_j)} = \boldsymbol{0} & \text{(在 } \Gamma_{ij} \text{ 上)} \end{cases} \tag{5.10}$$

利用 Lagrange 乘子法, 放松平衡条件约束, 则修正的泛函可写为

$$\Pi_{\mathrm{C}}^{\mathrm{e}^*}(\boldsymbol{T}, \boldsymbol{\lambda}, \lambda_3) = \Pi_{\mathrm{C}}^{\mathrm{e}}(\boldsymbol{T}) + \boldsymbol{\lambda}\left(\sum_{I=1}^{4} \boldsymbol{T}^{I}\right) + \lambda_3\left(\boldsymbol{T}^{I} \times \boldsymbol{P}_I\right) \tag{5.11}$$

式中, $\boldsymbol{\lambda}$、λ_3 为 Lagrange 乘子, 其中 $\boldsymbol{\lambda}$ 的表达式可写为

$$\boldsymbol{\lambda} = \lambda_1 \boldsymbol{e}_1 + \lambda_2 \boldsymbol{e}_2 \tag{5.12}$$

由 n 个单元的修正泛函得到系统的修正泛函为

$$\Pi_{\mathrm{C}}^* = \sum_{n} \left[\Pi_{\mathrm{C}}^{\mathrm{e}^*}(\boldsymbol{T}, \boldsymbol{\lambda}, \lambda_3) \right] \tag{5.13}$$

泛函的驻值条件可写为

$$\delta\Pi_{\mathrm{C}}^* = \sum_{n} \left[\delta\Pi_{\mathrm{C}}^{\mathrm{e}^*}(\boldsymbol{T}, \boldsymbol{\lambda}, \lambda_3) \right] = 0 \tag{5.14}$$

由式 (5.14) 可以得到系统关于单元面力 $\boldsymbol{T}$ 和 Lagrange 乘子 $\boldsymbol{\lambda}$、λ_3 的线性方程组

$$\begin{cases} \dfrac{\partial\Pi_{\mathrm{C}}^*(\boldsymbol{T}, \boldsymbol{\lambda}, \lambda_3)}{\partial \boldsymbol{T}} = 0 \\[3mm] \dfrac{\partial\Pi_{\mathrm{C}}^*(\boldsymbol{T}, \boldsymbol{\lambda}, \lambda_3)}{\partial \boldsymbol{\lambda}} = 0 \\[3mm] \dfrac{\partial\Pi_{\mathrm{C}}^*(\boldsymbol{T}, \boldsymbol{\lambda}, \lambda_3)}{\partial \lambda_3} = 0 \end{cases} \tag{5.15}$$

节点的位移 $\boldsymbol{\delta}_I$ 可直接由各单元的支配方程求得, 其表达式为

$$\boldsymbol{\delta}_I = \frac{\partial\Pi_{\mathrm{C}}^{\mathrm{e}^*}(\boldsymbol{T}, \boldsymbol{\lambda}, \lambda_3)}{\partial \boldsymbol{T}^{I}} \tag{5.16}$$

节点位移 $\boldsymbol{\delta}_I$ 的显式表达式为

$$\boldsymbol{\delta}_I = \boldsymbol{C}_{IJ} \cdot \boldsymbol{T}^{J} + \boldsymbol{\lambda} + \lambda_3 \boldsymbol{\varepsilon} \cdot \boldsymbol{P}_I \tag{5.17}$$

节点位移 $\boldsymbol{\delta}_I$ 的展开表达式为

$$\begin{aligned} \boldsymbol{\delta}_I = &\left(C_{I1J1}T^{J1} + C_{I1J2}T^{J2} + \lambda_1 + \lambda_3 P_{I2} \right) \boldsymbol{e}_1 \\ &+ \left(C_{I2J1}T^{J1} + C_{I2J2}T^{J2} + \lambda_2 - \lambda_3 P_{I1} \right) \boldsymbol{e}_2 \end{aligned} \tag{5.18}$$

5.2　凹多边形基面力元模型的应用

5.2.1　矩形平板受拉问题

如图 5.2 所示，矩形平板受均布拉力荷载作用，采用具有边中节点的凹多边形剖分。矩形平板的长度为 $a=8$，宽度为 $b=5$，弹性模量为 $E=1$，泊松比 $\nu=0$，均布拉力 $q=1$。

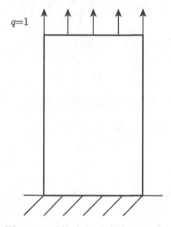

图 5.2　受均布拉力的矩形平板

计算中采用具有边中节点的凹多边形单元剖分，其有限元网格剖分如图 5.3 所示。

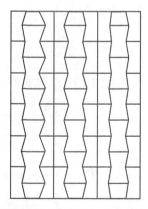

图 5.3　凹多边形网格剖分的矩形平板 (57 个单元，162 个边中节点)

应力：将应用本章方法所得各单元应力的 BFEM 解与理论解列于表 5.1 进行对比分析。

表 5.1   受均布拉力作用的平板应力解

应力解 (单元号 1~57)	BFEM 解	理论解
σ_x	0.000	0.000
σ_y	1.000	1.000
τ_{xy}	0.000	0.000

由此可见，在单向拉伸受力状态下，矩形平板进行凹多边形单元剖分，其计算所得各单元的应力数值解只有应力分量 $\sigma_y=1.000$，与理论解相同。

位移：将应用本章方法所得矩形平板右边界上各边中节点和顶部边界上各边中节点的位移值和理论解列于表 5.2。

表 5.2   受均布拉力作用的矩形平板位移的解

位置		位移			
		BFEM 解		理论解	
x	y	u_x	u_y	u_x	u_y
5.000	0.444	0.000	0.444	0.000	0.444
5.000	1.316	0.000	1.316	0.000	1.316
5.000	2.222	0.000	2.222	0.000	2.222
5.000	3.111	0.000	3.111	0.000	3.111
5.000	3.987	0.000	3.987	0.000	3.987
5.000	4.889	0.000	4.889	0.000	4.889
5.000	5.778	0.000	5.778	0.000	5.778
5.000	6.658	0.000	6.658	0.000	6.658
5.000	7.556	0.000	7.556	0.000	7.556
0.417	8.000	0.000	8.000	0.000	8.000
1.250	8.000	0.000	8.000	0.000	8.000
2.083	8.000	0.000	8.000	0.000	8.000
2.916	8.000	0.000	8.000	0.000	8.000
3.750	8.000	0.000	8.000	0.000	8.000
4.583	8.000	0.000	8.000	0.000	8.000

由此可见，在单向拉伸受力状态下，矩形平板进行凹多边形单元剖分，其计算所得各节点位移数值解与理论解完全相同。

5.2.2   悬臂梁自由端受弯矩作用

如图 5.4 所示，悬臂梁自由端受弯矩作用，梁的长度为 $L = 10\text{m}$，宽度为 $b = 1\text{m}$，高度为 $h = 1\text{m}$，弹性模量 $E = 1 \times 10^6\text{Pa}$，泊松比 $\nu = 0$，作用弯矩为 $M = 1\text{N·m}$。

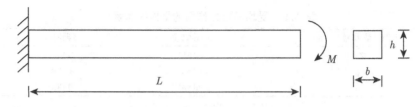

图 5.4 端部承受弯矩的悬臂梁

计算中采用具有边中节点的凹多边形单元剖分,如图 5.5 所示。为了进行对比分析,悬臂梁还采用传统 4 节点等参单元进行剖分,如图 5.6 所示。

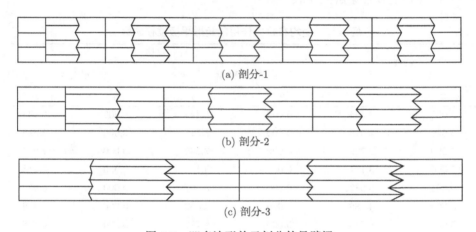

(a) 剖分-1

(b) 剖分-2

(c) 剖分-3

图 5.5 凹多边形单元剖分的悬臂梁

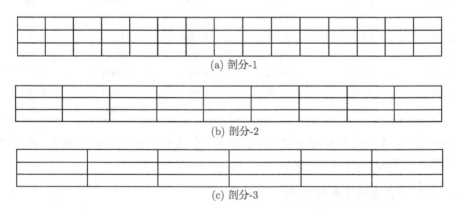

(a) 剖分-1

(b) 剖分-2

(c) 剖分-3

图 5.6 四边形单元剖分的悬臂梁

应用本章方法进行数值计算,将悬臂梁自由端竖向位移的 BFEM 解、Q4 单元解及理论解列于表 5.3。

表 5.3　悬臂梁自由端竖向位移解 　　　　　　　　　（单位: m）

网格剖分	$V/(\times 10^{-4})$		
	BFEM 解	Q4 解	理论解
剖分-1	−6.0379	−4.9101	−6.000
剖分-2	−6.0359	−3.7106	−6.000
剖分-3	−6.0339	−2.5119	−6.000

从以上分析可以看出，对于承受集中力作用的悬臂梁，其自由端竖向位移的 BFEM 解与理论解吻合较好，与 Q4 解相比，BFEM 解具有对单元网格长宽比依赖性小的特点。

5.2.3　悬臂梁自由端承受集中力

如图 5.7 所示，悬臂梁的自由端部承受集中力作用，梁的长度为 $L = 5\text{m}$，宽度为 $b = 1\text{mm}$，高度为 $h = 0.1\text{m}$，弹性模量 $E = 1 \times 10^9 \text{Pa}$，泊松比 $\nu = 0$，作用集中力为 $P = 1\text{N}$。

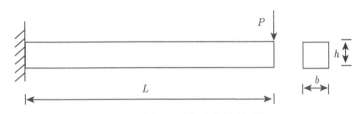

图 5.7　端部承受集中力的悬臂梁

计算中采用具有边中节点的凹多边形单元剖分，如图 5.8 所示。为了进行对比分析，悬臂梁还采用传统 4 节点等参单元进行剖分，如图 5.9 所示。

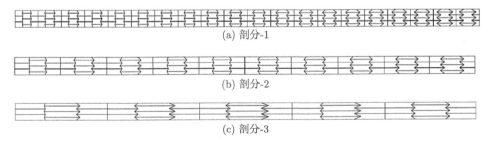

(a) 剖分-1

(b) 剖分-2

(c) 剖分-3

图 5.8　凹多边形单元剖分的悬臂梁

应用本章方法进行数值计算，将悬臂梁自由端竖向位移的 BFEM 解、Q4 单元解及理论解列于表 5.4。

从以上分析可以看出，对于承受集中力作用的悬臂梁，其自由端竖向位移的 BFEM 解与理论解吻合较好，与 Q4 解相比，BFEM 解具有对单元网格长宽比依赖性小的特点。

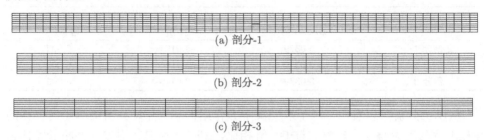

(a) 剖分-1

(b) 剖分-2

(c) 剖分-3

图 5.9　四边形单元剖分的悬臂梁

表 5.4　悬臂梁自由端竖向位移解　　　　　　　　　（单位: m）

网格剖分	$V/(\times 10^{-4})$		
	BFEM 解	Q4 解	理论解
剖分-1	−4.9734	−3.7122	−5.000
剖分-2	−5.0159	−2.0935	−5.000
剖分-3	−4.9787	−0.7629	−5.000

5.2.4　悬臂梁受均布荷载作用

如图 5.10 所示，梁的长度为 $L = 10$m，高度为 $h = 1$m，宽度为 $b = 1$m，弹性模量 $E = 1 \times 10^6$Pa，泊松比 $\nu = 0$，作用均布荷载为 $q = 1$N/m。梁悬臂端竖向位移理论解为 1.5×10^{-2}m。

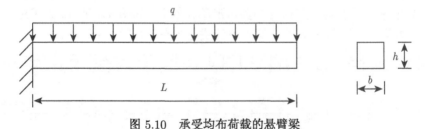

图 5.10　承受均布荷载的悬臂梁

计算中采用具有边中节点的凹多边形单元剖分，如图 5.11 所示。为了进行对比分析，悬臂梁还采用传统 4 节点等参单元进行剖分，如图 5.12 所示。

应用本章方法进行数值计算，将悬臂梁自由端竖向位移的 BFEM 解、Q4 单元解及理论解列于表 5.5。

从以上分析可以看出，对于承受集中力作用的悬臂梁，其自由端竖向位移的 BFEM 解与理论解吻合较好，与 Q4 解相比，BFEM 解具有对单元网格长宽比依赖性小的特点。

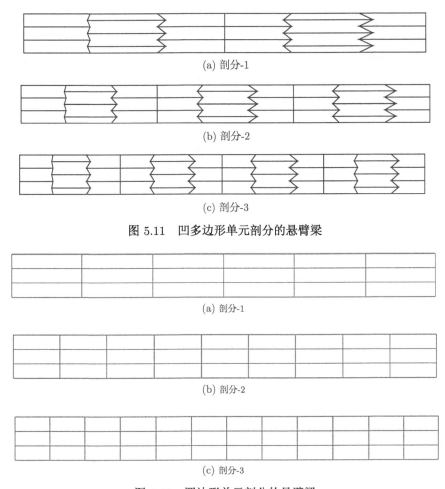

(a) 剖分-1

(b) 剖分-2

(c) 剖分-3

图 5.11 凹多边形单元剖分的悬臂梁

(a) 剖分-1

(b) 剖分-2

(c) 剖分-3

图 5.12 四边形单元剖分的悬臂梁

表 5.5 悬臂梁自由端竖向位移解 (单位: m)

网格剖分	$\nu/(\times 10^{-2})$		
	BFEM 解	Q4 解	理论解
剖分-1	−1.4148	−0.6381	−1.5000
剖分-2	−1.4742	−0.9378	−1.5000
剖分-3	−1.4946	−1.1239	−1.5000

5.3 本 章 小 结

(1) 本章针对凹多边形余能原理基面力元模型进行了研究, 并结合矩形平板受拉问题验证了凹多边形基面力元模型的正确性。

(2) 结合悬臂梁受不同荷载作用进行数值计算, 分析并讨论了凹多边形基面力元程序计算性能。

(3) 数值计算结果表明: 本章的凹多边形余能原理基面力元模型可以用于计算平面问题, 其数值结果与理论解吻合较好, Q4 单元的计算结果对单元长宽比较敏感, 会出现较大误差, 不如本章 BFEM 解精度高, 验证了本章模型和程序的正确性和可行性。

(4) 研究表明, 余能原理基面力元计算四边形网格的精度比任意凹多边形网格的高, 但基面力元对网格畸变的影响较小。

(5) 对于适用于凹多边形网格的余能原理基面力单元法的计算稳定性还需进一步研究。

第6章 二维几何非线性问题的余能原理基面力单元法

近年来，随着工程与材料科学的迅速发展，对数值模型的适用性、可靠性和非线性行为提出了新的更高的要求。但是，一些有限元法由于自身理论体系的复杂性，在非线性领域的应用受到各种因素的制约，远没有在线性领域的应用成熟，目前有限元法的进一步发展仍是国际计算力学界研究的热点问题。此外，由于上述有限元法均采用二阶张量的描述方法，因此在数学模型的推导和建立方面较为复杂，寻求有限元法的进一步突破较为困难。

近二十年来，高玉臣给出了弹性大变形新的描述方法，解决了一系列带有奇异点的代表性问题，提出了弹性大变形余能原理。2003 年，高玉臣基于基面力的概念，给出了推导空间任意多面体单元柔度矩阵显式表达式的思路，为基面力的概念在余能原理基面力元领域的应用奠定了理论基础。在高玉臣工作的基础上，作者基于基面力概念详细推导出空间任意多面体单元柔度矩阵的具体表达式，利用 Lagrange 乘子法推导出线弹性问题的余能原理基面力元控制方程，分别给出了四边形单元和任意多边形单元的应用算例。

本章将在上述工作的基础上，针对二维问题，给出基线力的定义，并进一步将基线力的概念应用于几何非线性有限元分析领域，给出了一种几何非线性平面 4 节点余能原理基面力元模型，对该基面力元模型的性能进行了数值分析。

6.1 基 本 公 式

考虑二维区域，变形前后的径矢分别用 $\boldsymbol{P}$、$\boldsymbol{Q}$ 表示，以 $x^{\alpha}(\alpha = 1, 2)$ 表示 Lagrange 随体坐标。对每个物质点建立以下两种标架：

$$\boldsymbol{P}_{\alpha} = \frac{\partial \boldsymbol{P}}{\partial x^{\alpha}}, \quad \boldsymbol{Q}_{\alpha} = \frac{\partial \boldsymbol{Q}}{\partial x^{\alpha}} \tag{6.1}$$

物质点的位移为

$$\boldsymbol{u} = \boldsymbol{Q} - \boldsymbol{P} \tag{6.2}$$

位移梯度为

$$\boldsymbol{u}_{\alpha} = \frac{\partial \boldsymbol{u}}{\partial x^{\alpha}} = \boldsymbol{Q}_{\alpha} - \boldsymbol{P}_{\alpha} \tag{6.3}$$

变形梯度张量可写为

$$F = Q_\alpha \otimes P^\alpha \tag{6.4}$$

式中, P^α 为 P_α 的共轭基; $\otimes$ 为并矢符号; 该式中隐含着求和约定。

为了描述 Q 点附近的应力状态, 在向量 $dx^1 Q_1$, $dx^2 Q_2$ 上作一个平行四边形微元, 如图 6.1 所示。将基线力定义为

$$T^\alpha = \frac{dT^\alpha}{dx^{\alpha+1}} \quad (dx^\alpha \to 0) \tag{6.5}$$

式中, dT^α 为第 α 边上的合力; 对角标约定 $3 = 1$。

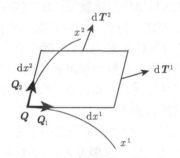

图 6.1　平面微元上的基线力

采用基线力作为基本未知量, 余能密度可写为

$$W_C = \frac{1}{\rho_0 A_P} T^\alpha \cdot u_\alpha - W \tag{6.6}$$

式中, W 为变形前的应变能密度; A_P 为变形前的基面

$$A_P = |P_1 \times P_2| \tag{6.7}$$

6.2　单元余能表达式

考虑变形梯度张量 F 的极分解, 可得

$$F = F_d \cdot F_r \tag{6.8}$$

式中, F_d 为纯变形张量; F_r 为转动张量。

$$F_d = Q_\alpha \otimes M^\alpha, \quad F_r = M_\alpha \otimes P^\alpha \tag{6.9}$$

其中, M_α 为中间标架, 其与变形前标架 P_α 和变形后标架 Q_α 的关系可写为

$$M_\alpha = P_\alpha + u_{r\alpha}, \quad Q_\alpha = M_\alpha + u_{d\alpha} \tag{6.10}$$

将式 (6.10) 的第一式和第二式相加, 并考虑到式 (6.3), 则有

$$u_\alpha = u_{d\alpha} + u_{r\alpha} \tag{6.11}$$

式中，$\boldsymbol{u}_{d\alpha}$ 为位移梯度的变形部分；$\boldsymbol{u}_{r\alpha}$ 为位移梯度的转动部分。

进一步根据式 (6.6) 和式 (6.11)，可将余能密度分为变形和转动两部分：

$$W_C = W_{Cd} + W_{Cr} \tag{6.12}$$

式中，W_{Cd} 为余能密度中的变形部分，W_{Cr} 为余能密度中的转动部分，两部分的表达式可分别写为

$$W_{Cd} = \frac{1}{\rho_0 A_P} \boldsymbol{T}^\alpha \cdot \boldsymbol{u}_{d\alpha} - W, \qquad W_{Cr} = \frac{1}{\rho_0 A_P} \boldsymbol{T}^\alpha \cdot \boldsymbol{u}_{r\alpha} \tag{6.13}$$

对线弹性各向同性材料，余能密度的变形部分 W_{Cd} 可用基线力 $\boldsymbol{T}^\alpha$ 的不变量 J_{1T} 和 J_{2T} 表示：

$$W_{Cd} = \frac{1}{2\rho_0 E} \left[(1 + \nu) J_{2T} - \nu J_{1T}^2 \right] \tag{6.14}$$

式中，E 和 ν 分别为材料的弹性模量和泊松比；J_{1T} 和 J_{2T} 为基线力 $\boldsymbol{T}^\alpha$ 的不变量。J_{1T} 和 J_{2T} 可用基线力和中间标架 $\boldsymbol{M}_\alpha$ 表示，即可写为

$$J_{1T} = \frac{1}{A_P} \boldsymbol{T}^\alpha \cdot \boldsymbol{M}_\alpha, \quad J_{2T} = \frac{1}{A_P^2} \left(\boldsymbol{T}^\alpha \cdot \boldsymbol{T}^\beta \right) m_{\alpha\beta} \tag{6.15}$$

式中

$$m_{\alpha\beta} = \boldsymbol{M}_\alpha \cdot \boldsymbol{M}_\beta \tag{6.16}$$

中间标架与变形前标架还存在下面的关系：

$$\boldsymbol{M}_\alpha \cdot \boldsymbol{M}_\alpha = \boldsymbol{P}_\alpha \cdot \boldsymbol{P}_\beta = p_{\alpha\beta} \tag{6.17}$$

式中，$p_{\alpha\beta}$ 为变形前构形中的度量张量。

现在考虑如图 6.2 所示的平面 4 节点单元。令 I, J, K, L 表示平面 4 节点单元的各个边，$\boldsymbol{T}^I, \boldsymbol{T}^J, \boldsymbol{T}^K, \boldsymbol{T}^L$ 为作用在各边中点上面力的合力，简称为单元面力。

将单元余能 W_C^e 分解为变形部分 W_{Cd}^e 和转动部分 W_{Cr}^e，并把式 (6.15)~式 (6.17) 代入式 (6.14)，可推导得到单元余能的变形部分表达式

$$W_{Cd}^e = \frac{1 + \nu}{2E A_0} \left[(\boldsymbol{T}^I \cdot \boldsymbol{T}^J) p_{IJ} - \frac{\nu}{1 + \nu} (\boldsymbol{T}^I \cdot \boldsymbol{M}_I)^2 \right] \tag{6.18}$$

式中，I、J 分别为单元的第 I 个边和第 J 个边，且 $I, J = 1, 2, 3, 4$；A_0 为单元的面积；$\boldsymbol{T}^I$、$\boldsymbol{T}^J$ 分别为作用在单元第 I 边和第 J 边中点处的单元面力；p_{IJ} 为 I 边和 J 边中点变形前径矢 $\boldsymbol{P}_I$ 和 $\boldsymbol{P}_J$ 的点积；$\boldsymbol{M}_I$ 为第 I 边中点的中间径矢，其表达式为

$$\boldsymbol{M}_I = M \boldsymbol{P}_I \tag{6.19}$$

其中，M 为由 P_I 到 M_I 的转动张量，其表达式为

$$M = \cos\theta\,(e_1 \otimes e_1 + e_2 \otimes e_2) + \sin\theta\,(e_1 \otimes e_2 - e_2 \otimes e_1) \tag{6.20}$$

$$P_I = P_{I1}e_1 + P_{I2}e_2 \tag{6.21}$$

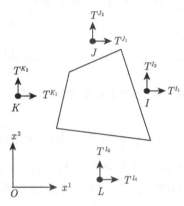

图 6.2　平面 4 节点单元

单元的余能转动部分表达式可写为

$$W_{\mathrm{Cr}}^{\mathrm{e}} = \int_{A_0} \rho_0 W_{\mathrm{Cr}}\mathrm{d}A_0 \tag{6.22}$$

将式 (6.13) 的第二式代入式 (6.22)，可得

$$W_{\mathrm{Cr}}^{\mathrm{e}} = \int_{A_0} \frac{1}{A_P} T^{\alpha} \cdot u_{\mathrm{r}\alpha}\mathrm{d}A_0 \tag{6.23}$$

利用高斯定理，则式 (6.23) 可写为

$$W_{\mathrm{Cr}}^{\mathrm{e}} = \int_{\Gamma_0} T \cdot u_{\mathrm{r}}\mathrm{d}\Gamma_0 \tag{6.24}$$

式中，Γ_0 为单元的整个边界；T 为单元边界上的面力；u_r 为单元边界位移的转动部分。

　　当单元足够小时，假设应力均匀地分布在每一边上，则由式 (6.24) 可推导出单元余能转动部分的积分显式表达式

$$W_{\mathrm{Cr}}^{\mathrm{e}} = T^I \cdot u_{\mathrm{r}I} \tag{6.25}$$

式中

$$u_{\mathrm{r}I} = M_I - P_I \tag{6.26}$$

将式 (6.19) 代入式 (6.26)，可得到单元每一边中点位移的转动部分

$$\boldsymbol{u}_{rI} = (\boldsymbol{M} - \boldsymbol{U}) \, \boldsymbol{P}_I \tag{6.27}$$

式中, $\boldsymbol{U}$ 为单位张量。

6.3 修正的余能原理

设弹性体划分为 n 个区 A_0(或单元 A_0)，则余能原理基面力元的支配方程是下列泛函的约束极值问题:

$$\Pi_C = \sum_n \left(W_C^e - \int_{\Gamma_u} \overline{\boldsymbol{u}} \cdot \boldsymbol{T}^{(\Gamma_u)} \mathrm{d}\Gamma \right) \tag{6.28}$$

式中, $\overline{\boldsymbol{u}}$ 为位移边界 Γ_u 上的给定位移; $\boldsymbol{T}^{(\Gamma_u)}$ 为位移边界 Γ_u 上作用的应力向量; W_C^e 为单元的余能，其亦可以分解为变形部分和转动部分:

$$W_C^e = W_{Cd}^e + W_{Cr}^e \tag{6.29}$$

根据前面的推导，若设 I 为单元上的任意一个边, $\boldsymbol{T}^I$ 为作用在该边中点上的单元面力，则单元的余能泛函可写成单元面力 $\boldsymbol{T}$ 和单元转角 θ 的显式表达形式

$$\Pi_C^e(\boldsymbol{T}, \theta) = W_{Cd}^e + W_{Cr}^e - \overline{\boldsymbol{u}}_I \cdot \boldsymbol{T}^I \tag{6.30}$$

若 $\overline{\boldsymbol{u}}_I = \boldsymbol{0}$，则式 (6.30) 可写为

$$\Pi_C^e(\boldsymbol{T}, \theta) = W_{Cd}^e + W_{Cr}^e \tag{6.31}$$

约束条件为

$$\sum_{I=1}^{4} \boldsymbol{T}^I = \boldsymbol{0} \quad (在 A_0 内) \tag{6.32}$$

$$\boldsymbol{T}^{\Gamma_\sigma} - \overline{\boldsymbol{F}} = \boldsymbol{0} \quad (在 \Gamma_\sigma 上) \tag{6.33}$$

$$\boldsymbol{T}^{(A_i)} + \boldsymbol{T}^{(A_j)} = \boldsymbol{0} \quad (在 \Gamma_{ij} 上) \tag{6.34}$$

式中, Γ_σ 表示单元的已知应力边界; Γ_{ij} 表示单元 A_i 与相邻单元 A_j 之间的边界; $\boldsymbol{T}^{\Gamma_\sigma}$ 和 $\overline{\boldsymbol{F}}$ 分别表示单元应力边界上的面力和已知面力。

利用 Lagrange 乘子法，放松平衡条件约束，则修正的泛函可写成

$$\Pi_C^{e^*}(\boldsymbol{T}, \theta, \boldsymbol{\lambda}) = \Pi_C^e(\boldsymbol{T}, \theta) + \boldsymbol{\lambda} \left(\sum_{I=1}^{4} \boldsymbol{T}^I \right) \tag{6.35}$$

式中, $\boldsymbol{\lambda} = [\lambda_1, \lambda_2]$ 为 Lagrange 乘子。

系统的修正泛函为

$$\Pi_{\mathrm{C}}^* = \sum_n \left[\Pi_{\mathrm{C}}^{\mathrm{e}*}(\boldsymbol{T}, \theta, \boldsymbol{\lambda}) \right] \tag{6.36}$$

由修正的余能原理, 泛函的驻值条件可写

$$\delta\Pi_{\mathrm{C}}^* = \sum_n \left[\delta\Pi_{\mathrm{C}}^{\mathrm{e}*}(\boldsymbol{T}, \theta, \boldsymbol{\lambda}) \right] = 0 \tag{6.37}$$

由式 (6.37) 可以得到系统关于单元面力 $\boldsymbol{T}$、单元转角 θ 以及 Lagrange 乘子 $\boldsymbol{\lambda}$ 的一组非线性方程组

$$\frac{\partial\Pi_{\mathrm{C}}^*(\boldsymbol{T}, \theta, \boldsymbol{\lambda})}{\partial\boldsymbol{T}} = 0, \quad \frac{\partial\Pi_{\mathrm{C}}^*(\boldsymbol{T}, \theta, \boldsymbol{\lambda})}{\partial\theta} = 0, \quad \frac{\partial\Pi_{\mathrm{C}}^*(\boldsymbol{T}, \theta, \boldsymbol{\lambda})}{\partial\boldsymbol{\lambda}} = 0 \tag{6.38}$$

下面将详细地给出二维问题余能原理基面力元的非线性控制方程显式表达式。从式 (6.38) 的第一式, 并考虑到式 (6.36)、式 (6.35)、式 (6.30)、式 (6.25) 和式 (6.18), 可得

$$\frac{\partial W_{\mathrm{Cd}}^{\mathrm{e}}}{\partial\boldsymbol{T}^I} = \frac{1+\nu}{EA_0} \left[p_{IJ}\boldsymbol{U} - \frac{\nu}{1+\nu}\boldsymbol{M}_I \otimes \boldsymbol{M}_J \right] \cdot \boldsymbol{T}^J \tag{6.39}$$

其中

$$\boldsymbol{M}_I = (P_{I1}\cos\theta + P_{I2}\sin\theta)\,\boldsymbol{e}_1 + (-P_{I1}\sin\theta + P_{I2}\cos\theta)\,\boldsymbol{e}_2 \tag{6.40}$$

$$\boldsymbol{M}_J = (P_{J1}\cos\theta + P_{J2}\sin\theta)\,\boldsymbol{e}_1 + (-P_{J1}\sin\theta + P_{J2}\cos\theta)\,\boldsymbol{e}_2 \tag{6.41}$$

$$\frac{\partial W_{\mathrm{Cr}}^{\mathrm{e}}}{\partial\boldsymbol{T}^I} = (\boldsymbol{M} - \boldsymbol{U})\,\boldsymbol{P}_I \tag{6.42}$$

$$\frac{\partial\left(\boldsymbol{\lambda}\sum\limits_{I=1}^{4}\boldsymbol{T}^I\right)}{\partial\boldsymbol{T}^I} = \boldsymbol{\lambda} \tag{6.43}$$

由式 (6.38) 的第一式, 并考虑到式 (6.36)、式 (6.35)、式 (6.30)、式 (6.25) 和式 (6.18), 可得

$$\frac{\partial W_{\mathrm{Cd}}^{\mathrm{e}}}{\partial\theta} = -\frac{\nu}{EV_0} \left(\boldsymbol{T}^I \cdot \boldsymbol{M}_I \right) \cdot \left(\boldsymbol{T}^J \cdot \frac{\mathrm{d}\boldsymbol{M}_J}{\mathrm{d}\theta} \right) \tag{6.44}$$

$$\frac{\mathrm{d}\boldsymbol{M}_J}{\mathrm{d}\theta} = (-P_{J1}\sin\theta + P_{J2}\cos\theta)\,\boldsymbol{e}_1 - (P_{J1}\cos\theta + P_{J2}\sin\theta)\,\boldsymbol{e}_2 \tag{6.45}$$

$$\frac{\partial W_{\mathrm{Cr}}^{\mathrm{e}}}{\partial\theta} = \boldsymbol{T}^I \frac{\mathrm{d}\boldsymbol{M}}{\mathrm{d}\theta} \boldsymbol{P}_I \tag{6.46}$$

$$\frac{\partial\left(\lambda\sum_{I=1}^{4}\boldsymbol{T}^{I}\right)}{\partial\theta}=0 \tag{6.47}$$

由式 (6.38) 的第一式，并考虑到式 (6.36)、式 (6.35)、式 (6.30)、式 (6.25) 和式 (6.18)，可得

$$\frac{\partial W_{\mathrm{Cd}}^{\mathrm{e}}}{\partial\boldsymbol{\lambda}}=0 \tag{6.48}$$

$$\frac{\partial W_{\mathrm{Cr}}^{\mathrm{e}}}{\partial\boldsymbol{\lambda}}=0 \tag{6.49}$$

$$\frac{\partial\left(\lambda\sum_{I=1}^{4}\boldsymbol{T}^{I}\right)}{\partial\boldsymbol{\lambda}}=\sum_{I=1}^{4}\boldsymbol{T}^{I} \tag{6.50}$$

对单元之间的面力协调约束条件，由计算机自动判断相邻单元，并分别赋予两单元接触边上以大小相等、方向相反的单元面力 $\boldsymbol{T}$ 和 $-\boldsymbol{T}$，从而使这一约束条件得到满足。利用高斯–牛顿迭代法，求解上述非线性余能基面力元控制方程组，可得到单元面力 $\boldsymbol{T}$ 和单元的转角 θ。

6.4 单元应力表达式

在求出单元面力 $\boldsymbol{T}$ 后，各单元应力可由下式计算:

$$\boldsymbol{\sigma}=\frac{1}{V}\boldsymbol{T}^{I}\otimes\boldsymbol{Q}_{I} \tag{6.51}$$

式中，$\boldsymbol{T}^{I}$ 为平面 4 节点单元第 I 边上的单元面力; $\boldsymbol{Q}_{I}$ 为变形后单元第 I 边中点的径矢; V 为变形后的单元体积。

6.5 节点位移表达式

在本方法中，节点位移可方便地利用各单元的支配方程求得，其表达式为

$$\boldsymbol{\delta}_{I}=\frac{\partial\Pi_{\mathrm{C}}^{\mathrm{e}^{*}}(\boldsymbol{T},\theta,\boldsymbol{\lambda})}{\partial\boldsymbol{T}^{I}} \tag{6.52}$$

考虑式 (6.30)、式 (6.35)、式 (6.39)、式 (6.42) 和式 (6.43)，可得到节点位移的显式表达式

$$\boldsymbol{\delta}_{I}=\frac{1+\nu}{EA_{0}}\left[p_{IJ}\boldsymbol{U}-\frac{\nu}{1+\nu}\boldsymbol{M}_{I}\otimes\boldsymbol{M}_{J}\right]\cdot\boldsymbol{T}^{J}+\boldsymbol{M}_{I}-\boldsymbol{P}_{I}+\boldsymbol{\lambda} \tag{6.53}$$

6.6　数　值　算　例

6.6.1　常应力分片检验算例

算例 6.1　单拉分片检验

这是一个单拉分片检验算例, 曾由吴长春等研究过 [103]。该算例将对本章提出的平面 4 节点基面力元模型进行单拉情况下的常应力分片检验。如图 6.3 所示, 一块单宽的平面应力/应变板, 尺寸为 10×10, 弹性模量为 $E = 10^7$, 泊松比分别取 $\nu = 0.3$、0.499 和 0.5。单元网格采用 4 个不规则单元剖分。

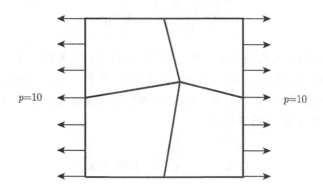

图 6.3　平面应力/应变方形板 (10×10) 的单拉分片检验

考虑单拉分片检验, 其数值结果及其与精确解对比的结果列于表 6.1。

表 6.1　平面应力/应变板的单拉分片检验结果

单拉分片检验	单拉应力 σ_x	
	平面应力	平面应变
本模型	10.0000	10.0000
精确解	10	10

从表 6.1 可见, 本模型可以反映平面应力或平面应变以及不可压缩情况下的常拉应力分片检查。本章结果与文献 [103] 算法的结果相同。

算例 6.2　纯剪分片检验

这是一个纯剪分片检验算例, 曾由吴长春等研究过 [103]。该算例将对本章提出的平面 4 节点基面力元模型进行纯剪情况下的分片检验。如图 6.4 所示, 一块单宽的平面应力/应变板, 尺寸为 10×10, 弹性模量为 $E = 10^7$, 泊松比分别取 $\nu = 0.3$、0.499 和 0.5。单元网格采用 4 个不规则单元剖分。

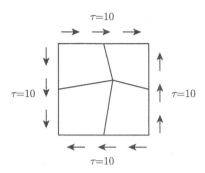

图 6.4　平面应力/应变方形板 (10×10) 的纯剪分片检验

考虑纯剪检验, 数值结果及其与精确解对比的结果列于表 6.2。从表 6.2 可见,
本模型可以反映平面应力或平面应变以及不可压缩情况下的常剪应力分片检查。本
章结果与文献 [103] 算法的结果相同。

表 6.2　平面应力/应变板的纯剪分片检验结果

纯剪分片检验	纯剪应力 τ_{xy}	
	平面应力	平面应变
本模型	10.0000	10.0000
精确解	10	10

6.6.2　小变形分析算例

算例 6.3　Cook 梁问题

这是一个模型计算性能检验算例, 曾由 Kim 等研究过 [102]。为了检验本模型对
小变形情况的适用性, 以及对不同粗细网格的稳定性, 针对 Cook 梁问题进行分析,
如图 6.5 所示。计算参数为 $a = 44.0$, $b = 48.0$, $c = 44.0$, $d = 16.0$, $E = 10^6$, $\nu = 1/3$,
$F = 1.0$, 厚度 $t = 1.0$。单元网格如图 6.6 所示。精确解为 $u_y^{\text{exac}} = 23.91$[102]。

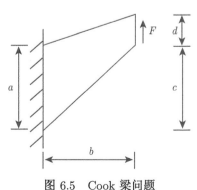

图 6.5　Cook 梁问题

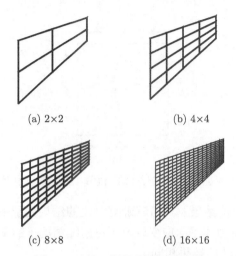

(a) 2×2   (b) 4×4

(c) 8×8   (d) 16×16

图 6.6   Cook 梁问题的四种网格

数值结果及其与 4 节点等参元对比的结果列于表 6.3。

表 6.3   Cook 梁问题的无量纲解答

单元尺寸	本模型	Q4 模型
2×2	1.27	0.50
4×4	1.03	0.77
8×8	1.00	0.92
16×16	1.00	0.98

从表 6.3 可以看出，本模型具有良好的性能和稳定性。

算例 6.4   梁弯曲问题

这是一个模型受网格畸变影响的算例，曾由龙驭球等利用小变形模型研究过[74]，如图 6.7 所示，受弯矩作用的悬臂梁，计算参数为 $E = 1.5 \times 10^8$，$\nu = 0$，$L = 10$，$b = 1$，$h = 2$，$M = 1$。自由端挠度的理论解为 0.5×10^{-6}。在本算例中将讨论单元长宽比以及网格畸变对悬臂梁自由端挠度计算精度的影响，并与理论解以及 4 节点等参单元 Q4 的解答进行对比。各种计算网格如图 6.8 所示，计算分析精度如表 6.4 和表 6.5 所示。

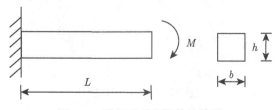

图 6.7   端部承受弯矩的悬臂梁

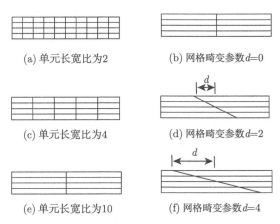

图 6.8 单元网格

表 6.4 单元长宽比对计算精度的影响

单元长宽比	本章解	Q4 解
2	1.0000	0.9038
4	1.0000	0.7094
10	1.0000	0.2842

表 6.5 网格畸变对计算结果的影响

网格畸变参数 d	本章解	Q4 解
0	1.0000	0.2420
2	0.9542	0.0979
4	0.6908	0.0504

从表中可以看出，本模型具有较高的计算精度，且对网格的畸变不敏感。

6.6.3 直梁大转动分析算例

算例 6.5 悬臂直梁 $90°$ 大转动分析

这是一个柔性梁的经典算例，曾由 Bathe 等研究过 [104,105]。如图 6.9 所示，一悬臂梁的自由端部受弯矩作用。梁长度 $L = 12\mathrm{m}$，宽度 $b = 1\mathrm{m}$，高度 $h = 1\mathrm{m}$，弹性模量 $E = 1800\mathrm{N/m}^2$，弯矩 $M = 0.5\pi EI/L = 19.6350\mathrm{N\cdot m}$。

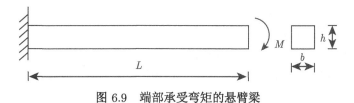

图 6.9 端部承受弯矩的悬臂梁

　　该算例将检验本章提出的基面力元列式在大位移、大转动情况下的有效性和可靠性。计算时，按平面应力问题考虑，利用四边形单元基面力元网格剖分，采用迭代法，进行一次加载分析。

　　下面将用本章方法计算所得悬臂梁自由端的无量纲水平位移值 u/L、无量纲竖向位移值 v/L 与无量纲荷载 $k = 2ML/(\pi EI)$ 的关系，以及与理论解[106]的比较列于表 6.6，将该柔性梁的变形形貌绘于图 6.10。从表 6.6 可见，本章解与理论解十分吻合。从图 6.10 可见，当梁端部的弯矩达到 $M = 0.5\pi EI/L$ 时，悬臂梁端部大转动的角度达到 90°，与理论解一致，说明本章提出的基面力元列式对大位移、大转动问题是可靠的，且具有较高的计算精度。

表 6.6　悬臂梁的荷载－位移关系

荷载 k	u/L		v/L	
	本章解	理论解	本章解	理论解
0.2	0.0164	0.0164	0.1558	0.1558
0.4	0.0645	0.0645	0.3040	0.3040
0.6	0.1416	0.1416	0.4375	0.4374
0.8	0.2432	0.2432	0.5501	0.5500
1.0	0.3635	0.3634	0.6367	0.6366

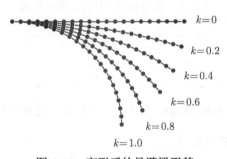

图 6.10　变形后的悬臂梁形貌

　　Bathe 等[104]曾利用非线性势能原理有限元方法，分别采用 5 个梁单元和 20 个梁单元，共进行了 90 步加载，用增量法计算分析了悬臂梁端部旋转 90° 的情况。Crivelli 和 Felippa[107]在研究一种三维的非线性 Timoshenko 梁单元时计算过该问题，其取 10 个梁单元，分 4 级增量加载。而在本算例的计算时，采用一步加载的大荷载步，即可分析 90° 大转动问题。

算例 6.6　悬臂直梁 360° 大转动分析

　　这是一个柔性梁的经典算例，曾由 Lo 等研究过[108]。如图 6.11 所示，一悬臂梁的自由端部受弯矩作用。梁的长度为 $L = 12\text{m}$，宽度为 $b = 1\text{m}$，高度为 $h = 1\text{m}$，

弹性模量为 $E = 1800\text{N/m}$, 弯矩为 $M = 2\pi EI/L = 78.5398\text{N·m}$。

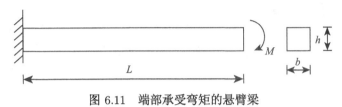

图 6.11 端部承受弯矩的悬臂梁

该算例将检验本章提出的基面力元模型在大位移、大转动情况下的有效性和可靠性。计算时, 按平面应力问题考虑, 利用平面 4 节点单元网格剖分, 采用迭代法, 进行一次加载分析。下面将用本模型计算所得悬臂梁自由端的水平位移、竖向位移、转角与荷载的关系, 以及与理论解[106] 的比较绘于图 6.12, 将该柔性梁的变形形貌绘于图 6.13。

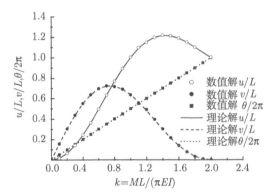

图 6.12 悬臂梁的荷载–位移曲线

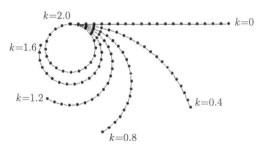

图 6.13 变形后的悬臂梁形貌

从图 6.12 可见, 本章解与理论解吻合较好。从图 6.13 可见, 当梁端部的弯矩达到 $M = 2\pi EI/L$ 时, 悬臂梁弯成一个圆, 端部大转动的角度达到 2π, 与理论解一致, 说明本章提出的基面力元模型对大位移、大转动问题是有效和可靠的。

Lo [108] 在研究三维 3 节点梁单元公式时计算过该二维的悬臂梁大转动问题,

其利用四个 3 节点梁单元进行计算，当计算到 $M = 1.8\pi EI/L$ 时，悬臂梁弯成一个圆，这与理论解及本章解偏差较大。

我国学者黄文、李明瑞和黄文彬 [109] 曾研究过该问题及相关问题，只是算例的计算参数不同，该文中采用 10 个梁单元，加载步长取 $\Delta M = 50$，当梁端部弯矩 $M_0 = 2199.6$ 时，悬臂梁弯成一个圆。而在本章算例中，采用一步加载的大荷载步，且使用的是平面单元。

通过本算例研究及国内外一些几何非线性势能原理有限元法算例的对比可以看出，本章提出的基于余能原理的几何非线性基面力单元法可以用于分析大位移、大转动、小应变问题。虽然本章方法采用的是块体单元，但在大转动情况下仍具有较高的计算精度。同时也可以看出，利用平面单元计算杆件问题所用的单元数较多，今后应进一步研究基于基面力概念的梁单元。

6.6.4　曲梁大转动分析算例

算例 6.7　悬臂曲梁大转动分析

如图 6.14 所示，一悬臂曲梁的自由端部受弯矩作用。曲梁的半径为 $R = 100\text{m}$，圆心角为 $90°$，截面高度为 $h = 1\text{m}$，弹性模量为 $E = 2000\text{N/m}^2$，作用弯矩为 $M = 2EI/R = 3.3333\text{N·m}$。该算例研究本模型在解决曲梁大位移、大转动问题的有效性和可靠性。计算时，按平面应力问题考虑，进行平面 4 节点单元剖分，采用迭代法，进行一次加载分析。

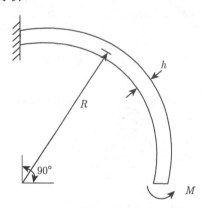

图 6.14　端部承受弯矩的曲梁

下面将用本模型计算所得悬臂梁自由端的水平位移 $u/(0.5\pi R)$、竖向位移值 $v/(0.5\pi R)$ 与荷载 $k = 2MR/(5EI)$ 的关系绘于图 6.15，将该柔性曲梁的变形形貌绘于图 6.16。

从图 6.16 可见，当梁端部的弯矩达到 $k = 0.8$ 时，悬臂梁端部的大转动角度达到 π，与理论解一致，说明本章基面力元列式可用于分析大位移、大转动问题。

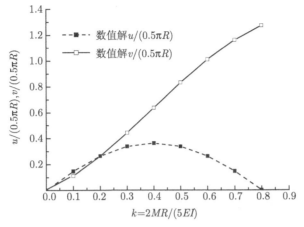

图 6.15 曲梁的荷载–位移曲线

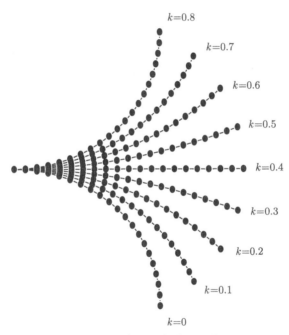

图 6.16 变形后的曲梁形貌

算例 6.8 悬臂曲梁 $360°$ 大转动分析

如图 6.17 所示，一悬臂曲梁的自由端部受弯矩作用。曲梁的半径为 $R = 100\text{m}$，圆心角为 $180°$，截面高度为 $h = 1\text{m}$，弹性模量为 $E = 2000\text{N/m}^2$，作用弯矩为 $M = 2EI/R = 3.3333\text{N·m}$。该算例研究本章基面力元列式在解决曲梁大位移、大转动问题的有效性和可靠性。计算时，按平面应力问题考虑，进行四边形单元剖分，采用迭代法, 进行一次加载分析。

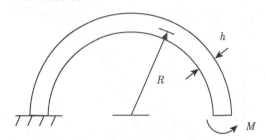

图 6.17　端部承受弯矩的曲梁

下面将用本章方法计算所得悬臂梁自由端的无量纲水平位移 $u/(\pi R)$、无量纲竖向位移 $v/(\pi R)$ 与无量纲荷载 $k = 4MR/(5EI)$ 的关系列于表 6.7, 将该柔性曲梁的变形形貌绘于图 6.18。

表 6.7　曲梁的荷载−位移关系

k	$u/(\pi R)$	$v/(\pi R)$
0.4	−0.0002	0.6366
0.8	−0.6379	0.9997
1.2	−1.2741	0.6348
1.6	−1.2732	−0.0001

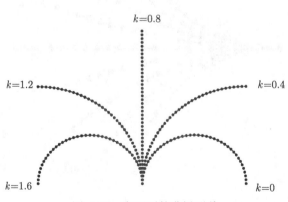

图 6.18　变形后的曲梁形貌

从表 6.7 和图 6.18 可见, 当施加荷载到 $k = 0.8$ 时, 曲梁变为直梁; 当继续施加荷载到 $k = 1.6$ 时, 曲梁反向弯曲, 其当前位形与初始位形对称, 完成 360° 转角的大转动, 与理论解吻合, 说明本章基面力元列式可以在大荷载步下分析大位移、大转动问题。

算例 6.9　悬臂曲梁 540° 大转动分析

如图 6.19 所示, 一悬臂曲梁的自由端部受弯矩作用。曲梁的半径为 $R = 100\text{m}$,

圆心角为 180°，截面高度为 $h = 1\text{m}$，弹性模量为 $E = 2000\text{N/m}^2$，作用弯矩为 $M = 3EI/R = 5\text{N·m}$。

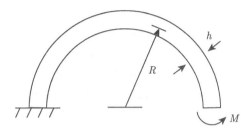

图 6.19　端部承受弯矩的曲梁

该算例研究本章基面力元列式在解决曲梁大位移、大转动问题的有效性和可靠性。计算时，按平面应力问题考虑，进行四边形单元剖分，采用迭代法，进行一次加载分析。下面将用本章方法计算所得悬臂梁自由端的无量纲水平位移 $u/(\pi R)$、无量纲竖向位移 $v/(\pi R)$ 与无量纲荷载 $k = 4MR/(5EI)$ 的关系列于表 6.8，将该柔性曲梁的变形形貌绘于图 6.20。

表 6.8　曲梁的荷载－位移关系

k	$u/(\pi R)$	$v/(\pi R)$
0.4	-0.0002	0.6366
0.8	-0.6379	0.9997
1.2	-1.2741	0.6348
1.6	-1.2732	-0.0001
2.0	-0.8748	-0.2158
2.4	-0.6456	0.0503

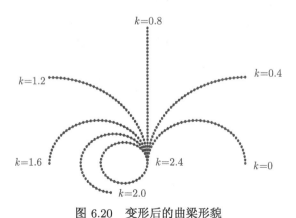

图 6.20　变形后的曲梁形貌

从表 6.8 和图 6.20 可见，当施加荷载到 $k = 0.8$ 时，曲梁变为直梁；当继续施

加荷载到 $k = 1.6$ 时, 曲梁反向弯曲, 其当前位形与初始位形对称; 当施加荷载到 $k = 2.4$ 时, 曲梁端部完成 $540°$ 转角的大转动, 弯成一个圆, 与理论解吻合, 说明本章基面力元列式可以在大荷载步下分析大位移、大转动问题。

我国学者李明瑞[110]曾研究过该问题。该文中采用梁单元, 在梁端部共施加 6 个荷载 (弯矩) 步, 将曲梁先弯成直线, 再弯成一个圆。而在本章算例中, 采用一步加载的大荷载步, 且使用平面单元即可完成曲梁端部的 $540°$ 大转动问题。

通过本章进行的针对一些几何非线性的典型算例研究工作表明, 本章提出的基于高玉臣提出的弹性大变形余能原理的几何非线性基面力单元法, 可以计算大位移、大转动、小位移问题, 且与势能原理大变形有限元相比具有较好的收敛性。

6.6.5　单元长宽比影响分析算例

算例 6.10　单元长宽比影响分析

如图 6.21 所示, 一悬臂梁的自由端部受集中力作用, 梁的长度为 $L = 5\mathrm{m}$, 高度为 $h = 0.1\mathrm{m}$, b 取单位宽度, 弹性模量为 $E = 3 \times 10^6 \mathrm{N/m^2}$, 集中力为 $P = 50\mathrm{N}$。

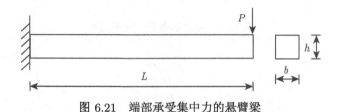

图 6.21　端部承受集中力的悬臂梁

为了检验本模型受单元长宽比的影响程度, 分别采用长宽比为 $9, 15, 30$ 和 45 的平面 4 节点单元网格剖分。非线性运算采用迭代法, 进行一次加载分析。

下面将在不同长宽比情况下, 计算所得悬臂梁自由端的无量纲竖向位移 v/L 和无量纲荷载 $k = PL^2/(EI)$ 的关系列于表 6.9, 将梁的变形形貌绘于图 6.22。

表 6.9　单元长宽比的影响

单元的长宽比	荷载 k					
	0.5	1.0	2.0	3.0	4.0	5.0
9	0.164	0.305	0.497	0.607	0.673	0.716
15	0.164	0.305	0.497	0.606	0.672	0.716
30	0.164	0.304	0.496	0.605	0.671	0.714
45	0.164	0.304	0.495	0.603	0.669	0.712

从表 6.9 可见, 本章提出的基面力元列式在各种单元长宽比情况下的计算结果十分相近, 说明该模型对单元长宽比变化的影响不敏感, 且在单元长宽比较大的情

况下，还可以得到满意的计算精度。

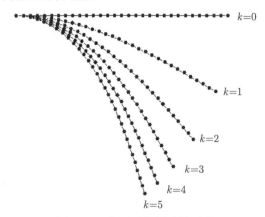

图 6.22　变形后的悬臂梁形貌

6.6.6　泊松比的影响分析算例

算例 6.11　泊松比的影响分析

如图 6.23 所示，一悬臂梁受均布荷载作用。梁的长度为 $L = 10\mathrm{m}$，宽度为 $b = 1\mathrm{m}$，高度为 $h = 1\mathrm{m}$，弹性模量为 $E = 1.2 \times 10^4 \mathrm{N/m^2}$，泊松比分别取 $\nu = 0$ 和 $\nu = 0.2$，作用荷载集度为 $p = 10\mathrm{N/m}$。

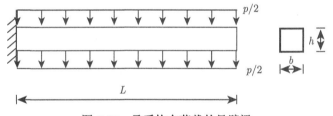

图 6.23　承受均布荷载的悬臂梁

从式 (6.39) 可知，当泊松比取 $\nu = 0$ 时，单元的余能变形部分与中间标架无关。为了进一步考察本章模型及程序中涉及泊松比部分的正确性，本章进行了针对性的计算研究，对不同的泊松比取值状态进行分析。计算时，采用四边形网格剖分，非线性运算利用迭代法，进行一次加载分析。

下面将在不同泊松比情况下，计算所得悬臂梁自由端的无量纲竖向位移值 v/L 与无量纲荷载值 $k = pL^3/(EI)$ 的关系列于表 6.10，并绘于图 6.24；将数值计算结果 ($\nu = 0.2$) 与理论解 [106,111] 的对比绘于图 6.25；将梁的变形形貌绘于图 6.26。数值计算结果表明：采用本章方法的数值计算结果与理论解相吻合，其中泊松比取 $\nu = 0.2$ 的计算结果较泊松比取 $\nu = 0$ 时的计算结果略有增大，说明本章方法及程序在计算大变形时可以反映泊松比的影响。

表 6.10　悬臂梁的荷载－竖向位移关系

k	v/L	
	$\nu = 0.0$	$\nu = 0.2$
2	0.2307	0.2311
4	0.4152	0.4162
6	0.5459	0.5474
8	0.6358	0.6376
10	0.6985	0.7005

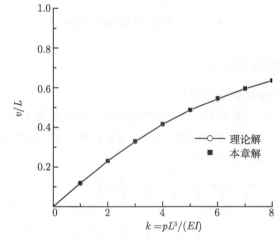

图 6.24　悬臂梁的荷载–竖向位移曲线

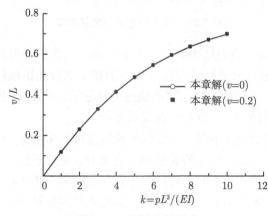

图 6.25　泊松比的影响

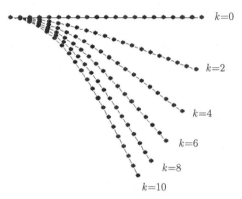

图 6.26 变形后的悬臂梁形貌

6.7 本章小结

1. 本章的主要工作及主要成果

本章针对二维问题,将基面力概念应用于几何非线性有限元分析领域,利用高玉臣提出的弹性大变形余能原理建立了基面力元模型,将弹性大变形状况下的单元余能分解为变形部分和转动部分,推导了用基线力表述的,可描述大位移、大转动、小应变情况的余能表达式的具体形式。在此基础上,采用广义余能原理中的 Lagrange 乘子法推导出基线力表示的余能原理基面力元支配方程,编制出以基线力为基本未知量的余能原理几何非线性基面力元分析程序,结合几何非线性问题典型算例进行数值研究和讨论,验证该基面力元模型的正确性和可行性。

(1) 针对二维问题,利用基线力概念,推导了大位移、大转动情况下单元余能的变形部分表达式和转动部分表达式

$$W_{\text{Cd}}^{\text{e}} = \frac{1+\nu}{2EA_0} \left[(\boldsymbol{T}^I \cdot \boldsymbol{T}^J) p_{IJ} - \frac{\nu}{1+\nu} (\boldsymbol{T}^I \cdot \boldsymbol{M}_I)^2 \right]$$

$$W_{\text{Cr}}^{\text{e}} = \boldsymbol{T}^I \cdot (\boldsymbol{M} - \boldsymbol{U}) \, \boldsymbol{P}_I$$

(2) 运用广义余能原理中的 Lagrange 乘子法,推导出以基线力为基本未知量的几何非线性问题余能原理基面力单元法的支配方程。

(3) 研制出基于基线力概念的几何非线性问题余能原理基面力元 MATLAB 软件。

(4) 给出余能原理基面力元的节点位移表达式

$$\boldsymbol{\delta}_I = \frac{1+\nu}{EA_0} \left[p_{IJ} \boldsymbol{U} - \frac{\nu}{1+\nu} \boldsymbol{M}_I \otimes \boldsymbol{M}_J \right] \cdot \boldsymbol{T}^J + \boldsymbol{M}_I - \boldsymbol{P}_I + \boldsymbol{\lambda}$$

(5) 较系统地研究了本章几何非线性余能原理基面力元公式对大位移、大转角问题的适用性，得到了大量的研究数据，并将数值结果与理论解及国内外一些学者利用几何非线性势能原理有限元的计算结果进行了对比分析，验证了该基面力元模型的可靠性，同时亦验证了高玉臣弹性大变形余能原理的正确性和可行性，从而形成一种新型的几何非线性余能原理基面力单元法。

2. 本章模型的主要特点

(1) 有限元列式采用基面力概念进行张量推导和并矢表达，编程计算利用矩阵运算。

(2) 单元余能表达式分解为变形部分和转动部分分别表达。

(3) 利用 Lagrange 乘子法和高玉臣提出的大变形余能原理，推导出一种基于基面力概念的几何非线性基面力元的控制方程的显式表达式。

(4) 给出计算余能原理基面力元单元应力和节点位移的积分显式表达式。

3. 本章的主要结论

(1) 数值算例表明，本章基于高玉臣提出的弹性大变形余能原理和 Lagrange 乘子法的弹性大变形余能原理基面力元方法及其 MATLAB 软件可以用于计算几何非线性问题，其数值结果与理论解相吻合，从而验证了本章建立的数学模型的正确性和可行性。本章提出的平面 4 节点余能原理基面力元模型可以用于大位移、大转动问题分析，且计算精度较高、收敛性较好，对网格长宽比的影响不敏感，可以进行大荷载步计算。

(2) 与传统的有限元模型不同，本模型以基线力为状态变量，推导出单元余能的显式表达式，基于基面力概念推导出的几何非线性余能原理基面力元公式表达简洁，各数学量具有明显的物理意义，且可使编程、计算简单易行，避免传统方法因采用数值积分而造成的精度损失。

(3) 基于余能原理的几何非线性平面基面力单元法计算位移具有较简便的途径，可直接利用本章公式计算。

(4) 上述基于余能原理的几何非线性平面基面力单元法及其软件可进一步推广应用于板、壳的几何大变形问题，具有较好的应用前景。

第7章 凸多边形网格的几何非线性基面力单元法

本章根据弹性大变形余能原理，推导了基于几何非线性余能原理基面力单元法的凸多边形单元余能表达式、余能原理基面力元控制方程及节点位移的显式表达式。

结合几何非线性余能原理凸多边形基面力元模型，研制几何非线性凸多边形单元基面力单元法的 MATLAB 程序，并结合悬臂梁受不同荷载的小变形问题进行数值计算，与理论解、线弹性凸多边形 BFEM 解、位移模式有限元中的 Q4 单元解对比，验证几何非线性凸多边形单元基面力元模型在计算小变形问题中的可靠性，并对几何非线性凸多边形单元基面力元程序的计算性能进行分析、讨论。

采用几何非线性余能原理凸多边形单元基面力单元法的 MATLAB 程序对悬臂梁受不同荷载的几何非线性问题进行数值计算，并与理论解对比，给出悬臂梁的变形形貌图，验证凸多边形单元基面力元模型在计算大位移、大转动问题中的可靠性，并对几何非线性凸多边形单元基面力元程序的计算性能进行分析、讨论。

7.1 凸多边形网格的几何非线性基面力元模型

7.1.1 大变形问题的余能密度表达式

采用基面力 $\boldsymbol{T}^k$ 作为基本未知量，则余能密度可写为

$$W_{\mathrm{C}} = \frac{1}{\rho_0 A_p} \boldsymbol{T}^k \cdot \boldsymbol{u}_k - W \tag{7.1}$$

式中，W 为物体变形前的应变能密度；$\boldsymbol{u}_k$ 为位移梯度。

余能密度可以由两部分来表示，即

$$W_{\mathrm{C}} = W_{\mathrm{C}} + W_{\mathrm{C}} \tag{7.2}$$

式中，$\underset{\mathrm{d}}{W_{\mathrm{C}}}$ 表示余能中的变形部分，$\underset{\mathrm{r}}{W_{\mathrm{C}}}$ 表示余能中的旋转部分。

根据式 (7.1)，可得

$$\underset{\mathrm{d}}{W_{\mathrm{C}}} = \frac{1}{\rho_0 A_p} \boldsymbol{T}^k \cdot \underset{\mathrm{d}}{\boldsymbol{u}_k} - W \tag{7.3}$$

$$\underset{\mathrm{r}}{W_{\mathrm{C}}} = \frac{1}{\rho_0 A_p} \boldsymbol{T}^k \cdot \underset{\mathrm{r}}{\boldsymbol{u}_k} \tag{7.4}$$

注意，势能 W 只是 $\boldsymbol{u}_k$ 的函数，所以 $\underset{\text{r}}{W_{\text{C}}}$ 表示 W_{C} 中与微元旋转有关的部分，$\underset{\text{d}}{W_{\text{C}}}$ 表示与微元旋转无关的部分。

对于各向同性材料，可以得到 $\underset{\text{d}}{W_{\text{C}}}$ 的简单形式，即

$$\underset{\text{d}}{W_{\text{C}}} = \frac{1}{2\rho_0 E}\left[(1+\nu)J_{2T} - \nu J_{1T}^2\right] \tag{7.5}$$

式中，E 为弹性模量；ν 为泊松比；J_{1T} 和 J_{2T} 为 $\boldsymbol{T}^k$ 的不变量。其中，用基面力 $\boldsymbol{T}^k$ 与中间标架 $\boldsymbol{M}_k$ 可以表示 $\boldsymbol{T}^k$ 的不变量 J_{1T} 和 J_{2T}，即

$$J_{1T} = \frac{1}{A_p}\boldsymbol{T}^k \cdot \boldsymbol{M}_k \tag{7.6}$$

$$J_{2T} = \frac{1}{A_p^2}\left(\boldsymbol{T}^k \cdot \boldsymbol{T}^l\right)m_{kl} \tag{7.7}$$

式中

$$m_{kl} = \boldsymbol{M}_k \cdot \boldsymbol{M}_l \tag{7.8}$$

7.1.2　凸多边形单元余能表达式

考虑如图 7.1 所示的凸多边形单元。I、J、K、L、$\cdots$、N 分别表示多边形的每条边，$\boldsymbol{T}^I$、$\boldsymbol{T}^J$、$\boldsymbol{T}^K$、$\boldsymbol{T}^L$、$\cdots$、$\boldsymbol{T}^N$ 表示作用在每条边上的面力。因此单元余能 W_{C}^{e} 可以分解为变形部分 $\underset{\text{d}}{W_{\text{C}}^{\text{e}}}$ 和转动部分 $\underset{\text{r}}{W_{\text{C}}^{\text{e}}}$，即

$$W_{\text{C}}^{\text{e}} = \underset{\text{d}}{W_{\text{C}}^{\text{e}}} + \underset{\text{r}}{W_{\text{C}}^{\text{e}}} \tag{7.9}$$

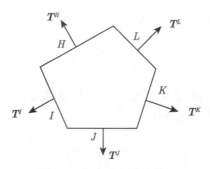

图 7.1　任意凸多边形单元

1. 单元余能的变形部分 $\underset{\text{d}}{W_{\text{C}}^{\text{e}}}$

将式 (7.6)~ 式 (7.8) 代入式 (7.5)，可以推导得单元余能的变形部分的表达式

$$\underset{\text{d}}{W_{\text{C}}^{\text{e}}} = \frac{1+\nu}{2EA_0}\left[\left(\boldsymbol{T}^k \cdot \boldsymbol{T}^l\right)P_{kl} - \frac{\nu}{1+\nu}\left(\boldsymbol{T}^k \cdot \boldsymbol{M}_k\right)^2\right] \tag{7.10}$$

式中, $\boldsymbol{T}^k$、$\boldsymbol{T}^l$ 分别表示作用在单元第 k 边和第 l 边边中点的单元面力; $\boldsymbol{M}_k$ 为第 k 边中点的中间径矢。

此外

$$P_{kl} = \boldsymbol{P}_k \cdot \boldsymbol{P}_l \tag{7.11}$$

$$\boldsymbol{M}_k = \boldsymbol{P}_k + \underset{r}{\boldsymbol{u}_k} \tag{7.12}$$

因此

$$\boldsymbol{M}_k = \boldsymbol{M} \cdot \boldsymbol{P}_k \tag{7.13}$$

式中, $\boldsymbol{M}$ 为坐标的转动张量, 在平面直角坐标系中, 其表达式为

$$\boldsymbol{M} = \cos\theta \left(\boldsymbol{e}_1 \otimes \boldsymbol{e}_1 + \boldsymbol{e}_2 \otimes \boldsymbol{e}_2 \right) + \sin\theta \left(\boldsymbol{e}_1 \otimes \boldsymbol{e}_2 - \boldsymbol{e}_2 \otimes \boldsymbol{e}_1 \right) \tag{7.14}$$

其中, θ 为单元转角。

2. 单元余能的转动部分 $\underset{r}{W_{\mathrm{C}}^{\mathrm{e}}}$

单元余能的转动部分的表达式可写为

$$\underset{r}{W_{\mathrm{C}}^{\mathrm{e}}} = \int_{A_0} \rho_0 \underset{r}{W_{\mathrm{C}}} A_0 \tag{7.15}$$

将式 (7.4) 代入式 (7.15), 可以得到

$$\underset{r}{W_{\mathrm{C}}^{\mathrm{e}}} = \int_{A_0} \frac{1}{A_p} \boldsymbol{T}^k \cdot \underset{r}{\boldsymbol{u}_k} \, \mathrm{d}A_0 \tag{7.16}$$

根据高斯定理, 则式 (7.16) 又可写为

$$\underset{r}{W_{\mathrm{C}}^{\mathrm{e}}} = \int_{R_0} \boldsymbol{T}^k \cdot \boldsymbol{u}_{\mathrm{r}} \mathrm{d}R_0 \tag{7.17}$$

式中, R_0 为单元的外边界; $\boldsymbol{T}$ 表示单元边界上的面力; $\boldsymbol{u}_{\mathrm{r}}$ 表示单元边界上转动部分的位移。

由式 (7.17) 可以推导出单元余能转动部分的表达式, 即

$$\underset{r}{W_{\mathrm{C}}^{\mathrm{e}}} = \boldsymbol{T}^k \cdot \underset{r}{\boldsymbol{u}_k} \tag{7.18}$$

式中

$$\underset{r}{\boldsymbol{u}_k} = \boldsymbol{M}_k - \boldsymbol{P}_k \tag{7.19}$$

将式 (7.13) 代入式 (7.19)，可得到单元每一条边边中点位移的转动部分表达式

$$\underset{\mathrm{r}}{\boldsymbol{u}_k} = (\boldsymbol{M} - \boldsymbol{U}) \, \boldsymbol{P}_k \tag{7.20}$$

式中，$\boldsymbol{U}$ 为单位张量。

将式 (7.20) 代入式 (7.18)，可进一步推导得平面单元余能的转动部分表达式

$$\underset{\mathrm{r}}{W_{\mathrm{C}}^{\mathrm{e}}} = \boldsymbol{T}^k \cdot (\boldsymbol{M} - \boldsymbol{U}) \cdot \boldsymbol{P}_k \tag{7.21}$$

7.1.3　凸多边形单元余能原理基面力元的控制方程

现考虑一个受外力作用且处于平衡状态的二维弹性结构，将该弹性结构划分为 n 个区域 A，则泛函的约束极值问题即为余能原理基面力元的控制方程。

系统泛函

$$\Pi_{\mathrm{C}} = \sum_n \left(W_{\mathrm{C}}^{\mathrm{e}} - \int_{R_u} \boldsymbol{u} \cdot \boldsymbol{T}^{(R_u)} \mathrm{d}R \right) \tag{7.22}$$

当单元足够小时，假定应力 $\boldsymbol{T}^{(R_u)}$ 均匀地分布在每一条边上，那么单元的余能泛函可以写为单元面力 $\boldsymbol{T}$ 和单元转角 θ 的显式表达式

$$\Pi_{\mathrm{C}}^{\mathrm{e}} (\boldsymbol{T}, \theta) = \underset{\mathrm{d}}{W_{\mathrm{C}}^{\mathrm{e}}} + \underset{\mathrm{r}}{W_{\mathrm{C}}^{\mathrm{e}}} - \boldsymbol{u}_k \cdot \boldsymbol{T}^k \tag{7.23}$$

将式 (7.10)、式 (7.21) 代入式 (7.23)，则式 (7.23) 可进一步写成

$$\Pi_{\mathrm{C}}^{\mathrm{e}} (\boldsymbol{T}, \theta) = \frac{1+\nu}{2EA_0} \left[\left(\boldsymbol{T}^k \cdot \boldsymbol{T}^l \right) P_{kl} - \frac{\nu}{1+\nu} \left(\boldsymbol{T}^k \cdot \boldsymbol{M}_k \right)^2 \right]$$
$$+ \boldsymbol{T}^k \cdot (\boldsymbol{M} - \boldsymbol{U}) \cdot \boldsymbol{P}_k - \boldsymbol{u}_k \cdot \boldsymbol{T}^k \tag{7.24}$$

上述应用的约束条件为

$$\begin{cases} \sum \boldsymbol{T}^k = \boldsymbol{0}, \quad \boldsymbol{T}^k \times \boldsymbol{Q}_k = \boldsymbol{0} & (\text{在 } A \text{ 内}) \\ \boldsymbol{T}^{R_\sigma} - \boldsymbol{F} = \boldsymbol{0} & (\text{在 } R_\sigma \text{ 上}) \\ \boldsymbol{T}^{(A_i)} + \boldsymbol{T}^{(A_j)} = \boldsymbol{0} & (\text{在 } R_{ij} \text{ 上}) \end{cases} \tag{7.25}$$

式中，R_σ 表示已知应力边界；R_{ij} 表示单元 A_i 和相邻单元 A_j 之间的边界；$\boldsymbol{T}^{R_\sigma}$ 和 $\boldsymbol{F}$ 分别表示单元应力边界上的面力和已知面力。

利用 Lagrange 乘子法，放松约束平衡条件，则新的系统泛函为

$$\Pi_{\mathrm{C}}^{\mathrm{e}^*} (\boldsymbol{T}, \theta, \boldsymbol{\mu}) = \Pi_{\mathrm{C}}^{\mathrm{e}} (\boldsymbol{T}, \theta) + \boldsymbol{\mu} \left(\sum \boldsymbol{T}^k \right) \tag{7.26}$$

式中，$\boldsymbol{\mu}$ 为 Lagrange 乘子，$\boldsymbol{\mu} = [\mu_1, \mu_2]$。

修正的系统泛函为

$$\Pi_{\mathrm{C}}^* = \sum_n \left[\Pi_{\mathrm{C}}^{\mathrm{e}^*} (\boldsymbol{T}, \theta, \boldsymbol{\mu}) \right] \tag{7.27}$$

根据修正的余能原理，系统泛函的驻值条件可写成

$$\delta \Pi_{\mathrm{C}}^* = \sum_n \left[\delta \Pi_{\mathrm{C}}^{\mathrm{e}^*} (\boldsymbol{T}, \theta, \boldsymbol{\mu}) \right] \tag{7.28}$$

因此，由上述条件可得到与系统有关的单元面力 $\boldsymbol{T}$、单元转角 θ 以及 Lagrange 乘子 $\boldsymbol{\mu}$ 的非线性方程组

$$\begin{cases} \dfrac{\partial \Pi_{\mathrm{C}}^* (\boldsymbol{T}, \theta, \boldsymbol{\mu})}{\partial \boldsymbol{T}} = 0 \\[3mm] \dfrac{\partial \Pi_{\mathrm{C}}^* (\boldsymbol{T}, \theta, \boldsymbol{\mu})}{\partial \theta} = 0 \\[3mm] \dfrac{\partial \Pi_{\mathrm{C}}^* (\boldsymbol{T}, \theta, \boldsymbol{\mu})}{\partial \boldsymbol{\mu}} = 0 \end{cases} \tag{7.29}$$

式 (7.29) 是弹性系统的相容方程和位移边界条件，即系统的余能原理非线性基面力元的支配方程。

根据式 (7.26)、式 (7.23)、式 (7.21)、式 (7.10) 及式 (7.29) 中的第一个公式可推导得非线性控制方程的显式表达式

$$\frac{\partial W_{\mathrm{C}}^{\mathrm{e}}}{\partial \boldsymbol{T}^k} = \frac{1+\nu}{EA_0} \left[P_{kl}\boldsymbol{U} - \frac{\nu}{1+\nu} \boldsymbol{M}_k \otimes \boldsymbol{M}_l \right] \cdot \boldsymbol{T}^l \tag{7.30}$$

式中

$$\boldsymbol{M}_l = \boldsymbol{M} \cdot \boldsymbol{P}_l \tag{7.31}$$

$$\frac{\partial W_{\mathrm{C}}^{\mathrm{e}}}{\partial \boldsymbol{T}^k} = (\boldsymbol{M} - \boldsymbol{U}) \cdot \boldsymbol{P}_k \tag{7.32}$$

$$\frac{\partial \left(\sum \boldsymbol{\mu} \boldsymbol{T}^k \right)}{\partial \boldsymbol{T}^k} = \boldsymbol{\mu} \tag{7.33}$$

因此，根据式 (7.26)、式 (7.23)、式 (7.21)、式 (7.10) 及式 (7.29) 中的第二个公式可推导得其中

$$\frac{\partial W_{\mathrm{C}}^{\mathrm{e}}}{\partial \theta} = \frac{\nu}{EA_0} \left(\boldsymbol{T}^k \cdot \boldsymbol{M}_k \right) \left(\boldsymbol{T}^l \frac{\mathrm{d}\boldsymbol{M}_l}{\mathrm{d}\theta} \right) \tag{7.34}$$

而

$$\frac{\mathrm{d}\boldsymbol{M}_l}{\mathrm{d}\theta} = (-P_{l1}\sin\theta + P_{l2}\cos\theta)\,\boldsymbol{e}_1 - (P_{l1}\cos\theta + P_{l2}\sin\theta)\,\boldsymbol{e}_2 \tag{7.35}$$

将式 (7.35) 代入式 (7.34)，可得

$$\frac{\partial W_{\mathrm{C}}^{\mathrm{e}}}{\partial\theta} = -\frac{\nu}{EA_0}\left[\boldsymbol{T}_x^k\left(P_{kx}\cos\theta + P_{ky}\sin\theta\right) + \boldsymbol{T}_y^k\left(-P_{kx}\sin\theta + P_{ky}\cos\theta\right)\right]$$
$$\cdot\left[\boldsymbol{T}_x^l\left(-P_{lx}\sin\theta + P_{ly}\cos\theta\right) + \boldsymbol{T}_y^l\left(-P_{lx}\cos\theta - P_{ly}\sin\theta\right)\right] \tag{7.36}$$

$$\frac{\partial W_{\mathrm{C}}^{\mathrm{e}}}{\partial\theta} = \boldsymbol{T}^k\cdot\frac{\mathrm{d}\boldsymbol{M}}{\mathrm{d}\theta}\cdot\boldsymbol{P}_k \tag{7.37}$$

$$\frac{\partial\left(\mu\sum\boldsymbol{T}^k\right)}{\partial\theta} = 0 \tag{7.38}$$

此外，根据式 (7.26)、式 (7.23)、式 (7.21)、式 (7.10) 及式 (7.29) 中的第二个公式，可推导得

$$\frac{\partial W_{\mathrm{C}}^{\mathrm{e}}}{\partial\boldsymbol{\mu}} = 0 \tag{7.39}$$

$$\frac{\partial W_{\mathrm{C}}^{\mathrm{e}}}{\partial\boldsymbol{\mu}} = 0 \tag{7.40}$$

$$\frac{\partial\left(\mu\sum\boldsymbol{T}^k\right)}{\partial\mu} = \sum\boldsymbol{T}^k \tag{7.41}$$

7.1.4　凸多边形单元的节点位移表达式

利用各单元的控制方程可以求得平面单元的节点位移，即

$$\boldsymbol{\delta}_k = \frac{\partial\Pi_{\mathrm{C}}^{\mathrm{e}^*}\left(\boldsymbol{T}, \theta, \boldsymbol{\mu}\right)}{\partial\boldsymbol{T}^k} \tag{7.42}$$

式 (7.42) 还可进一步写为

$$\boldsymbol{\delta}_k = \frac{\partial\Pi_{\mathrm{C}}^{\mathrm{e}}\left(\boldsymbol{T}, \theta\right)}{\partial\boldsymbol{T}^k} + \frac{\partial\left(\mu\sum\boldsymbol{T}^k\right)}{\partial\boldsymbol{T}^k}$$
$$= \frac{\partial\left(W_{\mathrm{C}}^{\mathrm{e}} + W_{\mathrm{C}}^{\mathrm{e}} - \boldsymbol{u}_k\cdot\boldsymbol{T}^k\right)}{\partial\boldsymbol{T}^k} + \boldsymbol{\mu} \tag{7.43}$$

若 $\boldsymbol{u}_k = \boldsymbol{0}$，将式 (7.26) 代入式 (7.42)，并结合式 (7.24)，可得到节点位移的显式表达式

$$\boldsymbol{\delta}_k = \frac{1+\nu}{EA_0} \left[P_{kl}\boldsymbol{U} - \frac{\nu}{1+\nu}\boldsymbol{M}_k \otimes \boldsymbol{M}_l \right] \cdot \boldsymbol{T}^l + \boldsymbol{M}_k - \boldsymbol{P}_k + \boldsymbol{\mu} \tag{7.44}$$

7.1.5 几何非线性余能原理凸多边形网格基面力元程序简介

本书作者根据前面推导的凸多边形网格几何非线性基面力单元法列式，并运用 MATLAB 语言编制出适用于凸多边形网格的几何非线性余能原理基面力元程序，可以对大转角、大位移等几何非线性问题进行计算。

1. 凸多边形网格基面力元程序的主程序框图 (图 7.2)

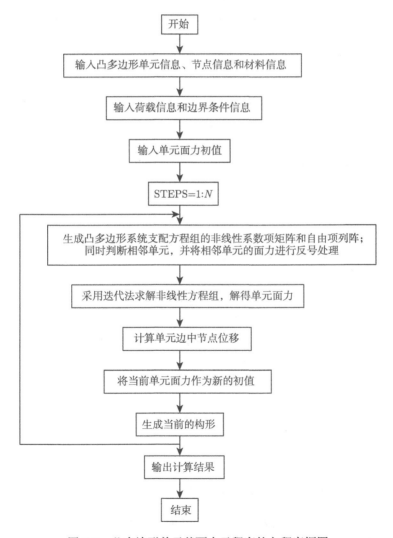

图 7.2 凸多边形单元基面力元程序的主程序框图

2. 凸多边形网格基面力元程序性能

(1) 该程序采用迭代法进行几何非线性问题的计算。

(2) 该程序可进行任意凸多边形网格的计算。

(3) 该程序可对位移进行后处理，生成变形后的结构中各点的位置坐标。

7.2　利用几何非线性凸多边形基面力元求解小变形问题

算例 7.1　悬臂梁自由端承受集中荷载作用问题

如图 7.3 所示，一悬臂梁的端部承受集中荷载作用。梁的长度为 $L = 20\mathrm{m}$，高度为 $h = 1\mathrm{m}$，宽度 b 取单位宽度，弹性模量为 $E = 1 \times 10^6 \mathrm{N/m^2}$，泊松比为 $\nu = 0$，作用在梁上的集中力为 $P = 1\mathrm{N}$。悬臂梁自由端挠度的理论解为 $-3.2 \times 10^{-2}\mathrm{m}$。

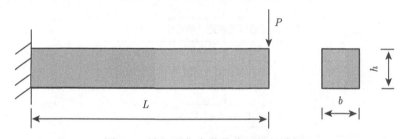

图 7.3　端部受集中荷载作用的悬臂梁

计算中采用任意凸多边形单元剖分，剖分的单元数分别取为 30、40、50，其单元网格剖分如图 7.4～图 7.6 所示。

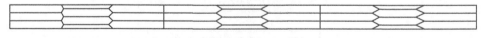

图 7.4　凸多边形网格剖分的悬臂梁 (30 个单元，87 个边中节点)

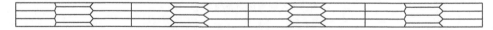

图 7.5　凸多边形网格剖分的悬臂梁 (40 个单元，115 个边中节点)

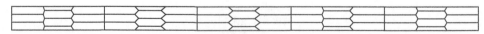

图 7.6　凸多边形网格剖分的悬臂梁 (50 个单元，143 个边中节点)

下面将采用平面几何非线性凸多边形基面力单元法的程序计算在不同的单元网格剖分下的悬臂梁自由端的挠度，将几何非线性 BFEM 解、线弹性凸多边形

BFEM 解、位移模式有限元中的 Q4 单元解与理论解进行对比,并将数值结果列于表 7.1,关系曲线绘于图 7.7。

表 7.1 自由端承受集中荷载的悬臂梁的竖向位移解

剖分单元数	$v/(\times 10^{-2}\mathrm{m})$			
	几何非线性 BFEM 解	线弹性 BFEM 解	Q4 解	理论解
30	−3.0446	−3.0447	−0.9236	−3.2000
40	−3.0712	−3.0713	−1.3413	−3.2000
50	−3.0837	−3.0838	−1.6963	−3.2000

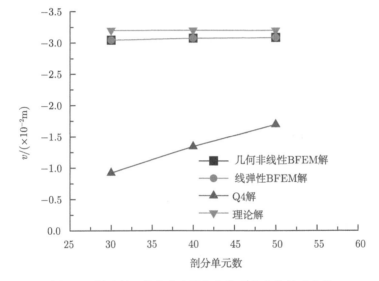

图 7.7 剖分单元数和自由端竖向位移的变化关系曲线

从表 7.1 及图 7.7 可以看出,对较大单元长宽比情况,采用平面几何非线性凸多边形基面力单元法的程序计算自由端承受集中荷载的悬臂梁的挠度时,其数值计算结果与理论解、线弹性凸多边形 BFEM 解仍基本吻合,且计算稳定性较好,而位移模式有限元中的 Q4 单元解的计算结果差别较大,从而验证了几何非线性凸多边形基面力元模型及程序的可靠性及性能。

算例 7.2 悬臂梁端部承受弯矩作用问题

如图 7.8 所示,悬臂梁的自由端承受弯矩作用。梁的长度为 $L = 10\mathrm{m}$,高度为 $h = 2\mathrm{m}$,宽度 b 取单位宽度,弹性模量为 $E = 1500 \times 10^6 \mathrm{N/m}^2$,泊松比为 $\nu = 0$,作用在梁上的集中力为 $M = 1000\mathrm{N \cdot m}$。悬臂梁自由端挠度的理论解为 $-50 \times 10^{-6}\mathrm{m}$。

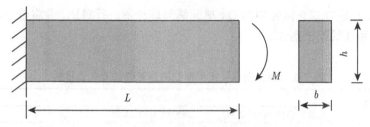

图 7.8　端部受弯矩作用的悬臂梁

计算中采用任意凸多边形单元剖分,剖分的单元数分别取为 10、20、30,其单元网格剖分如图 7.9~ 图 7.11 所示。

图 7.9　凸多边形网格剖分的悬臂梁 (10 个单元,31 个边中节点)

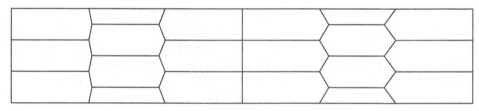

图 7.10　凸多边形网格剖分的悬臂梁 (20 个单元,56 个边中节点)

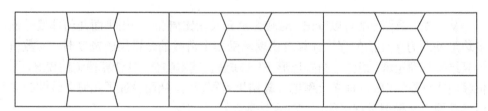

图 7.11　凸多边形网格剖分的悬臂梁 (30 个单元,87 个边中节点)

下面将采用平面几何非线性凸多边形基面力单元法的程序计算在不同的单元网格剖分下的悬臂梁自由端的挠度,将几何非线性 BFEM 解、线弹性 BFEM 解、位移模式有限元中的 Q4 单元解与理论解进行对比,并将数值结果列于表 7.2,关系曲线绘于图 7.12。

表 7.2　自由端承受弯矩作用的悬臂梁的竖向位移解

剖分单元数	$v/(\times 10^{-6}\text{m})$			
	几何非线性 BFEM 解	线弹性 BFEM 解	Q4 解	理论解
10	−49.2510	−49.2510	−20.9302	−50.0000
20	−48.9507	−48.9507	−37.1134	−50.0000
30	−48.7004	−48.7004	−43.3155	−50.0000

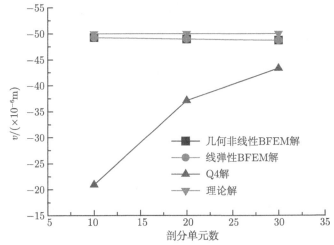

图 7.12　剖分单元数和自由端竖向位移的变化关系曲线

从表 7.2 及图 7.12 可以看出，对较大单元长宽比情况，采用平面几何非线性凸多边形基面力单元法的程序计算自由端承受弯矩的悬臂梁的挠度时，其数值计算结果与理论解、线弹性 BFEM 解基本吻合，且计算稳定性较好，而位移模式有限元中的 Q4 单元解的计算结果差别较大，从而验证了几何非线性凸多边形基面力元模型和程序的可靠性及性能。

算例 7.3　悬臂梁承受均布荷载作用问题

如图 7.13 所示，悬臂梁承受均布荷载作用。梁的长度为 $L = 10\text{m}$，高度为 $h = 1\text{m}$，宽度 b 取单位宽度，弹性模量为 $E = 1 \times 10^6 \text{N/m}^2$，泊松比为 $\nu = 0$，作用在梁上的均布荷载为 $q = 1\text{N/m}^2$。悬臂梁自由端挠度的理论解为 $-1.5 \times 10^{-2}\text{m}$。

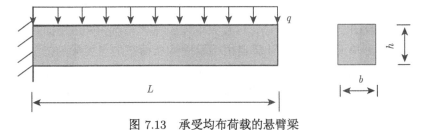

图 7.13　承受均布荷载的悬臂梁

计算中采用任意凸多边形单元剖分，剖分的单元数分别取为 30、40、50，其单元网格剖分如图 7.14~ 图 7.16 所示。

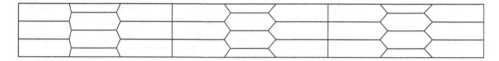

图 7.14　凸多边形网格剖分的悬臂梁 (30 个单元, 87 个边中节点)

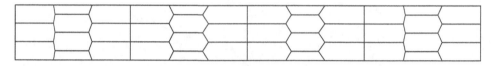

图 7.15　凸多边形网格剖分的悬臂梁 (40 个单元, 115 个边中节点)

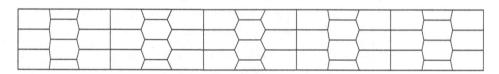

图 7.16　凸多边形网格剖分的悬臂梁 (50 个单元, 143 个边中节点)

下面将采用平面几何非线性凸多边形基面力单元法的程序计算在不同的单元网格剖分下的悬臂梁自由端的挠度，将几何非线性 BFEM 解、线弹性 BFEM 解、位移模式有限元中的 Q4 单元解与理论解进行对比，并将数值结果列于表 7.3，关系曲线绘于图 7.17。

表 7.3　承受均布荷载作用的悬臂梁竖向位移解

剖分单元数	$v/(\times 10^{-2} \text{m})$			
	几何非线性 BFEM 解	线弹性 BFEM 解	Q4 解	理论解
30	−1.4299	−1.4295	−0.9378	−1.5000
40	−1.4474	−1.4471	−1.1239	−1.5000
50	−1.4548	−1.4545	−1.2379	−1.5000

从表 7.3 及图 7.17 可以看出，对较大单元长宽比情况，采用平面几何非线性凸多边形基面力单元法的程序计算自由端承受均布荷载的悬臂梁的挠度时，其数值计算结果与理论解、线弹性 BFEM 解基本吻合，且计算稳定性较好，而位移模式有限元中的 Q4 单元解的计算结果差别较大，从而验证了几何非线性凸多边形基面力元模型和程序的可靠性及性能。

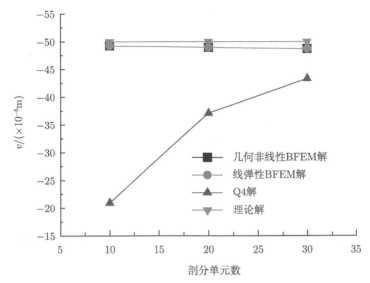

图 7.17　剖分单元数和自由端竖向位移的变化关系曲线

7.3　利用凸多边形基面力元求解大位移大转动问题

算例 7.4　方形平板单拉

如图 7.18 所示的一个单位厚度的方形平板，承受均布拉力荷载作用，采用任意凸多边形单元的网格进行剖分。板的尺寸为 10×10，弹性模量为 $E = 10^6$，泊松比为 $\nu = 0$，均布拉力为 $q = 1$。

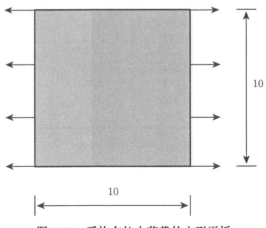

图 7.18　受均布拉力荷载的方形平板

计算中采用凸多边形单元进行剖分，其单元网格剖分如图 7.19 所示。

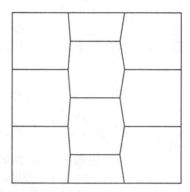

图 7.19　凸多边形网格剖分的方形平板 (10 个单元, 31 个边中节点)

将均布拉力荷载作用下计算所得的方形平板各单元应力值和各点位移值的 BFEM 解与理论解列于表 7.4 和表 7.5。

表 7.4　平板受均布拉力作用的应力解

位置 (单元号)	应力					
	BFEM 解 (凹多边形单元)			理论解		
	σ_x	σ_y	τ_{xy}	σ_x	σ_y	τ_{xy}
1~10	1.0000	0.0000	0.0000	1.0000	0.0000	0.0000

表 7.5　平板受均布拉力作用的位移解

位置		位移$/(\times 10^{-6}\mathrm{m})$			
		BFEM 解		理论解	
x	y	u_x	u_y	u_x	u_y
3.333	3.333	1.667	0.000	1.667	0.000
3.333	6.667	1.667	0.000	1.667	0.000
3.333	10.000	1.667	0.000	1.667	0.000
5.000	1.667	5.000	0.000	5.000	0.000
5.000	5.000	5.000	0.000	5.000	0.000
5.000	8.333	5.000	0.000	5.000	0.000
5.000	10.000	5.000	0.000	5.000	0.000
6.667	3.333	8.333	0.000	8.333	0.000
6.667	6.667	8.333	0.000	8.333	0.000
6.667	10.000	8.333	0.000	8.333	0.000
10.000	1.667	10.000	0.000	10.000	0.000
10.000	5.000	10.000	0.000	10.000	0.000
10.000	8.333	10.000	0.000	10.000	0.000
10.000	10.000	10.000	0.000	10.000	0.000

由此可见, 在均布拉力荷载作用状态下, 采用任意凸多边形单元网格剖分的方形平板, 其计算得到的各点位移值和各单元应力值的 BFEM 解与理论解完全相同, 具有较高的精度。

算例 7.5   方形平板纯剪

如图 7.20 所示的一个单位厚度的方形平板, 承受均布剪力荷载作用, 采用任意凸多边形单元的网格进行剖分。板的尺寸为 10×10, 弹性模量为 $E = 10^5$, 泊松比为 $\nu = 0.3$, 均布剪力为 $\tau = 1$。

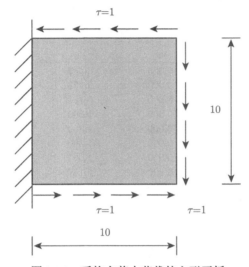

图 7.20   受均布剪力荷载的方形平板

计算中采用凸多边形单元进行剖分, 其单元网格剖分如图 7.21 所示。

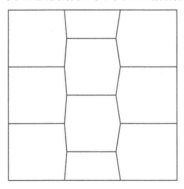

图 7.21   凸多边形网格剖分的方形平板 (10 个单元, 31 个边中节点)

将均布剪力荷载作用下计算所得的方形平板各单元应力值和各点位移值的 BFEM 解与理论解列于表 7.6 和表 7.7。

表 7.6　平板受均布剪力作用的应力解

位置 (单元号)	应力					
	BFEM 解 (凹多边形单元)			理论解		
	σ_x	σ_y	τ_{xy}	σ_x	σ_y	τ_{xy}
1~10	0.0000	0.0000	1.0000	0.0000	0.0000	1.0000

表 7.7　平板受均布剪力作用的位移解

位置		位移/($\times 10^{-4}$m)			
		BFEM 解		理论解	
x	y	u_x	u_y	u_x	u_y
3.333	3.333	0.000	0.433	0.000	0.433
3.333	6.667	0.000	0.433	0.000	0.433
3.333	10.000	0.000	0.433	0.000	0.433
5.000	1.667	0.000	1.300	0.000	1.300
5.000	5.000	0.000	1.300	0.000	1.300
5.000	8.333	0.000	1.300	0.000	1.300
5.000	10.000	0.000	1.300	0.000	1.300
6.667	3.333	0.000	2.167	0.000	2.167
6.667	6.667	0.000	2.167	0.000	2.167
6.667	10.000	0.000	2.167	0.000	2.167
10.000	1.667	0.000	2.600	0.000	2.600
10.000	5.000	0.000	2.600	0.000	2.600
10.000	8.333	0.000	2.600	0.000	2.600
10.000	10.000	0.000	2.600	0.000	2.600

由此可见, 在均布剪力荷载作用状态下, 采用任意凸多边形单元网格剖分的方形平板, 其计算得到的各点位移值和各单元应力值的 BFEM 解与理论解完全相同, 具有较高的精度。

算例 7.6　悬臂梁端部受集中荷载的大位移问题

如图 7.22 所示, 悬臂梁的自由端受集中荷载。梁的长度为 $L = 5$m, 高度为 $h = 0.1$m, 宽度 b 取单位宽度, 弹性模量为 $E = 3 \times 10^6$N/m^2, 泊松比为 $\nu = 0$, 作用在梁上的集中力为 $P = 50$N。计算时, 按照平面应力问题进行考虑, 采用迭代法一次加载分析。

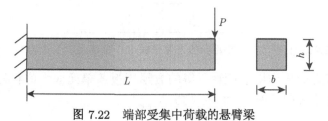

图 7.22　端部受集中荷载的悬臂梁

计算中采用任意凸多边形单元剖分, 其单元网格剖分如图 7.23 所示。

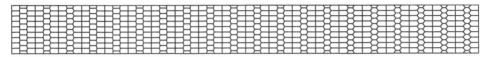

图 7.23 凸多边形网格剖分的悬臂梁 (560 个单元, 1529 个边中节点)

下面将采用非线性凸多边形基面力元方法计算得到的悬臂梁自由端的无量纲水平位移 u/L 值和无量纲竖向位移 v/L 值与无量纲荷载 $k = PL^2/(EI)$ 值的关系, 以及与理论解 [104] 的对比结果列于表 7.8, 并绘于图 7.24 和图 7.25, 将该悬臂梁的变形形貌绘于图 7.26。

表 7.8 自由端承受集中荷载的悬臂梁的荷载–位移关系

$k = \dfrac{PL^2}{EI}$	u/L		v/L	
	本章解	理论解	本章解	理论解
0.5	0.015	0.016	0.160	0.162
1.0	0.055	0.056	0.300	0.302
2.0	0.157	0.160	0.489	0.494
3.0	0.250	0.255	0.600	0.603
4.0	0.324	0.329	0.666	0.670
5.0	0.383	0.388	0.711	0.714

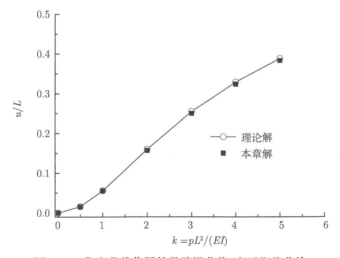

图 7.24 集中荷载作用的悬臂梁荷载–水平位移曲线

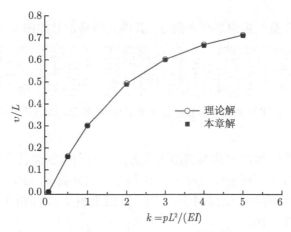

图 7.25　集中荷载作用的悬臂梁荷载–竖向位移曲线

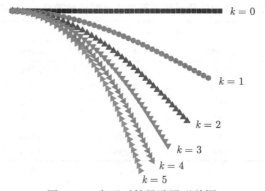

图 7.26　变形后的悬臂梁形貌图

从表 7.8 和图 7.24、图 7.25 可以看出，对于端部承受集中荷载的悬臂梁，采用任意凸多边形单元的基面力单元法进行计算，其自由端水平位移的 BFEM 解和竖向位移的 BFEM 解与理论解基本吻合。

算例 7.7　悬臂梁承受均布荷载作用的大转动问题

如图 7.27 所示，悬臂梁承受均布荷载作用。梁的长度为 $L = 10\mathrm{cm}$，宽度为 $b = 1\mathrm{cm}$，高度为 $h = 1\mathrm{cm}$，弹性模量为 $E = 1.2 \times 10^4 \mathrm{N/cm^2}$，泊松比分别取为 $\nu = 0$

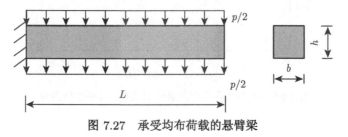

图 7.27　承受均布荷载的悬臂梁

和 $\nu = 0.2$,作用在梁上的荷载集度为 $p = 10\text{N/cm}$。计算时,按平面应力问题进行考虑,采用迭代法一次加载分析。

计算中采用凸多边形单元剖分,其单元网格剖分如图 7.28 所示。

图 7.28 凸多边形网格剖分的悬臂梁 (280 个单元,769 个边中节点)

下面采用非线性凸多边形基面力元方法将泊松比分别取 $\nu = 0$ 和 $\nu = 0.2$ 时计算所得的悬臂梁自由端的无量纲竖向位移 v/L 值与无量纲荷载 $k = PL^3/(EI)$ 值的关系列于表 7.9,并绘于图 7.29,将该悬臂梁的变形形貌 $(\nu = 0)$ 绘于图 7.30。

表 7.9 承受均布荷载作用的悬臂梁的荷载–竖向位移关系

$k = \dfrac{pL^3}{EI}$	v/L	
	$\nu = 0$	$\nu = 0.2$
2	0.2370	0.2367
4	0.4238	0.4240
6	0.5539	0.5548
8	0.6421	0.6437
10	0.7033	0.7051

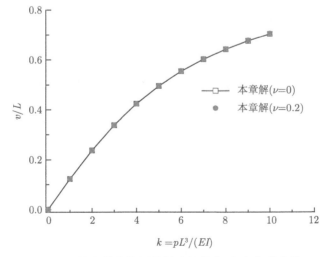

图 7.29 均布荷载作用的悬臂梁荷载–竖向位移曲线

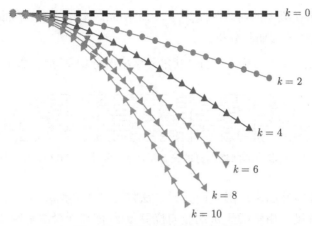

图 7.30　变形后的悬臂梁形貌图

　　从表 7.9 和图 7.29 可以看出，取泊松比 $\nu = 0$ 和 $\nu = 0.2$ 时的计算结果基本吻合，其中泊松比 $\nu = 0.2$ 时竖向位移的计算结果比泊松比 $\nu = 0$ 时竖向位移的计算结果略大。由此可得，采用非线性凸多边形基面力元方法在计算大变形问题时可反映泊松比不同对结果的影响。

7.4　本 章 小 结

　　(1) 针对平面问题，本章给出了几何非线性余能原理凸多边形基面力元模型，推导出平面问题中的凸多边形单元余能表达式、基面力元控制方程表达式及节点位移的显式表达式；给出凸多边形网格基面力元程序的主程序流程图，介绍了该程序的计算性能。本章的几何非线性凸多边形单元基面力元模型为以后进行大位移、大转角等大变形问题的研究奠定了理论基础。

　　(2) 基于几何非线性凸多边形单元基面力单元法的 MATLAB 程序对悬臂梁受不同荷载的小变形问题进行数值计算，计算结果与理论解、线弹性 BFEM 解基本吻合，而位移模式有限元中的 Q4 单元解差别较大，验证了几何非线性凸多边形基面力元模型在计算小变形问题中的可靠性，且几何非线性 BFEM 解对单元网格不敏感，Q4 单元解随网格剖分数的增减而变化较大，说明几何非线性凸多边形单元基面力元程序具有较好的计算性能。

　　(3) 研究了凸多边形基面力元模型在几何非线性问题中的应用，结合方形平板受拉、受剪问题验证了几何非线性余能原理在凸多边形单元模型中应用的可靠性。采用本章模型，结合悬臂梁受不同荷载作用进行数值计算，并对此模型的计算性能进行分析、讨论。数值计算结果表明：采用凸多边形单元同样可以对大位移、大转角等平面非线性问题进行解答，其数值结果与理论解吻合较好，且能正确地绘出悬臂梁的变形形貌图,从而验证了本章基面力理论、模型及程序的可行性和性能。

(4) 研究表明,基面力单元法对于不同形状的网格均具有适用性,且具有统一的模型公式。

(5) 适用于凸多边形网格的几何非线性余能原理基面力单元法还需要进一步深入研究。

第8章 凹多边形网格的几何非线性基面力单元法

本章探索了推导几何非线性凹多边形网格基面力元的可行性。根据弹性大变形余能原理及几何非线性凸多边形网格基面力元模型，推导基于几何非线性余能原理基面力单元法的凹多边形单元余能表达式、余能原理基面力元控制方程及节点位移的显式表达式。

结合几何非线性余能原理凹多边形基面力元模型，研制几何非线性凹多边形单元基面力单元法的 MATLAB 程序，并结合悬臂梁受不同荷载的小变形问题进行数值计算，与理论解、线弹性 BFEM 解、位移模式有限元中的 Q4 单元解对比，验证几何非线性凹多边形单元基面力元模型在计算小变形问题中的可靠性，并对几何非线性凹多边形单元基面力元程序的计算性能进行分析、讨论。

采用位移协调有限元法对大变形问题进行计算往往会遇到网格畸变的问题，本章采用几何非线性余能原理凹多边形单元基面力单元法的 MATLAB 程序对悬臂梁受不同荷载的几何非线性问题进行数值计算，并与理论解对比，给出悬臂梁的变形形貌图，验证凹多边形单元基面力元模型在计算几何非线性问题中的可靠性，并对几何非线性凹多边形单元基面力元程序的计算性能进行分析、讨论。

8.1 凹多边形网格的几何非线性基面力元模型

8.1.1 大变形问题的余能密度表达式

采用基面力 $\boldsymbol{T}^k$ 作为基本未知量，则余能密度可写为

$$W_{\mathrm{C}} = \frac{1}{\rho_0 A_p} \boldsymbol{T}^k \cdot \boldsymbol{u}_k - W \tag{8.1}$$

式中，W 为物体变形前的应变能密度；$\boldsymbol{u}_k$ 为位移梯度。

第 6 章已给出余能密度的表示部分，即

$$W_{\mathrm{C}} = W_{\mathrm{C}} + W_{\mathrm{C}} \tag{8.2}$$

式中，W_{C} 表示余能中的变形部分，W_{C} 表示余能中的旋转部分。

根据式 (8.1)，可得

$$W_{\mathrm{d}}^{\mathrm{C}} = \frac{1}{\rho_0 A_p} \boldsymbol{T}^k \cdot \boldsymbol{u}_{\mathrm{d} k} - W \tag{8.3}$$

$$W_{\mathrm{r}}^{\mathrm{C}} = \frac{1}{\rho_0 A_p} \boldsymbol{T}^k \cdot \boldsymbol{u}_{\mathrm{r} k} \tag{8.4}$$

注意，势能 W 只是 $\boldsymbol{u}_{\mathrm{d} k}$ 的函数，所以 $W_{\mathrm{r}}^{\mathrm{C}}$ 表示 W_{C} 中与微元旋转有关的部分，$W_{\mathrm{d}}^{\mathrm{C}}$ 表示与微元旋转无关的部分。

对于各向同性材料，可以得到 $W_{\mathrm{d}}^{\mathrm{C}}$ 的简单形式，即

$$W_{\mathrm{d}}^{\mathrm{C}} = \frac{1}{2\rho_0 E} \left[(1 + \nu) J_{2T} - \nu J_{1T}^2 \right] \tag{8.5}$$

式中，E 为弹性模量；ν 为泊松比；J_{1T} 和 J_{2T} 为 $\boldsymbol{T}^k$ 的不变量。其中，用基面力 $\boldsymbol{T}^k$ 与中间标架 $\boldsymbol{M}_k$ 可以表示 $\boldsymbol{T}^k$ 的不变量 J_{1T} 和 J_{2T}，即

$$J_{1T} = \frac{1}{A_p} \boldsymbol{T}^k \cdot \boldsymbol{M}_k \tag{8.6}$$

$$J_{2T} = \frac{1}{A_p^2} \left(\boldsymbol{T}^k \cdot \boldsymbol{T}^l \right) m_{kl} \tag{8.7}$$

式中

$$m_{kl} = \boldsymbol{M}_k \cdot \boldsymbol{M}_l \tag{8.8}$$

8.1.2 凹多边形单元余能表达式

考虑如图 8.1 所示的凹多边形单元。I、J、K、L、M、N 分别表示多边形的每条边，$\boldsymbol{T}^I$、$\boldsymbol{T}^J$、$\boldsymbol{T}^K$、$\boldsymbol{T}^L$、$\boldsymbol{T}^M$、$\boldsymbol{T}^N$ 表示作用在每条边上的面力。因此单元余能 $W_{\mathrm{C}}^{\mathrm{e}}$ 可以分解为为变形部分 $W_{\mathrm{d}}^{\mathrm{Ce}}$ 和转动部分 $W_{\mathrm{r}}^{\mathrm{Ce}}$，即

$$W_{\mathrm{C}}^{\mathrm{e}} = W_{\mathrm{d}}^{\mathrm{Ce}} + W_{\mathrm{r}}^{\mathrm{Ce}} \tag{8.9}$$

1. 单元余能的变形部分 $W_{\mathrm{d}}^{\mathrm{Ce}}$

将式 (8.6)~ 式 (8.8) 代入式 (8.5)，可以推导得单元余能的变形部分的表达式

$$W_{\mathrm{d}}^{\mathrm{Ce}} = \frac{1 + \nu}{2EA_0} \left[\left(\boldsymbol{T}^k \cdot \boldsymbol{T}^l \right) P_{kl} - \frac{\nu}{1 + \nu} \left(\boldsymbol{T}^k \cdot \boldsymbol{M}_k \right)^2 \right] \tag{8.10}$$

式中，$\boldsymbol{T}^k$、$\boldsymbol{T}^l$ 分别表示作用在单元第 k 边和第 l 边中点的单元面力；$\boldsymbol{M}_k$ 为第 k 边中点的中间径矢。

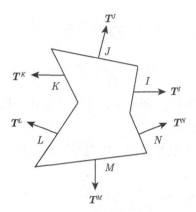

图 8.1　任意凹多边形单元

此外

$$P_{kl} = \boldsymbol{P}_k \cdot \boldsymbol{P}_l \tag{8.11}$$

$$\boldsymbol{M}_k = \boldsymbol{P}_k + \underset{\mathrm{r}}{\boldsymbol{u}_k} \tag{8.12}$$

因此

$$\boldsymbol{M}_k = \boldsymbol{M} \cdot \boldsymbol{P}_k \tag{8.13}$$

式中，$\boldsymbol{M}$ 为坐标的转动张量，在平面直角坐标系中，其表达式为

$$\boldsymbol{M} = \cos\theta\,(\boldsymbol{e}_1 \otimes \boldsymbol{e}_1 + \boldsymbol{e}_2 \otimes \boldsymbol{e}_2) + \sin\theta\,(\boldsymbol{e}_1 \otimes \boldsymbol{e}_2 - \boldsymbol{e}_2 \otimes \boldsymbol{e}_1) \tag{8.14}$$

其中，θ 为单元转角。

2. 单元余能的转动部分 $\underset{\mathrm{r}}{W_{\mathrm{C}}^{\mathrm{e}}}$

单元余能的转动部分的表达式可写为

$$\underset{\mathrm{r}}{W_{\mathrm{C}}^{\mathrm{e}}} = \int_{A_0} \rho_0\, \underset{\mathrm{r}}{W_{\mathrm{C}}}\, A_0 \tag{8.15}$$

将式 (8.4) 代入式 (8.15)，可以得到

$$\underset{\mathrm{r}}{W_{\mathrm{C}}^{\mathrm{e}}} = \int_{A_0} \frac{1}{A_p}\boldsymbol{T}^k \cdot \underset{\mathrm{r}}{\boldsymbol{u}_k}\, \mathrm{d}A_0 \tag{8.16}$$

根据高斯定理，则式 (8.16) 又可写为

$$\underset{\mathrm{r}}{W_{\mathrm{C}}^{\mathrm{e}}} = \int_{R_0} \boldsymbol{T}^k \cdot \boldsymbol{u}_{\mathrm{r}}\mathrm{d}R_0 \tag{8.17}$$

式中, R_0 为单元的外边界; $\boldsymbol{T}$ 表示单元边界上的面力; $\boldsymbol{u}_{\mathrm{r}}$ 表示单元边界上转动部分的位移。

由式 (8.17) 可以推导出单元余能转动部分的表达式, 即

$$\underset{\mathrm{r}}{W_{\mathrm{C}}^{\mathrm{e}}} = \boldsymbol{T}^k \cdot \underset{\mathrm{r}}{\boldsymbol{u}_k} \tag{8.18}$$

式中

$$\underset{\mathrm{r}}{\boldsymbol{u}_k} = \boldsymbol{M}_k - \boldsymbol{P}_k \tag{8.19}$$

将式 (8.13) 代入式 (8.19), 可得到单元每一条边边中点位移的转动部分表达式

$$\underset{\mathrm{r}}{\boldsymbol{u}_k} = (\boldsymbol{M} - \boldsymbol{U}) \, \boldsymbol{P}_k \tag{8.20}$$

式中, $\boldsymbol{U}$ 为单位张量。

将式 (8.20) 代入式 (8.18), 可进一步推导得平面单元余能的转动部分表达式

$$
\begin{aligned}
\underset{\mathrm{r}}{W_{\mathrm{C}}^{\mathrm{e}}} =& \boldsymbol{T}^k \cdot (\boldsymbol{M} - \boldsymbol{U}) \cdot \boldsymbol{P}_k \\
=& \sum_{k=1}^n \begin{bmatrix} T_x^k & T_y^k \end{bmatrix} \cdot \begin{bmatrix} \cos\theta - 1 & \sin\theta \\ -\sin\theta & \cos\theta - 1 \end{bmatrix} \cdot \begin{bmatrix} P_{kx} \\ P_{ky} \end{bmatrix} \\
=& \sum_{k=1}^n \begin{bmatrix} T_x^k & T_y^k \end{bmatrix} \cdot \begin{bmatrix} P_{kx}\left(\cos\theta - 1\right) + P_{ky}\sin\theta \\ -P_{kx}\sin\theta + P_{ky}\left(\cos\theta - 1\right) \end{bmatrix} \\
=& \sum_{k=1}^n T_x^k \left[P_{kx}\left(\cos\theta - 1\right) + P_{ky}\sin\theta \right] \\
& + \sum_{k=1}^n T_y^k \left[-P_{kx}\sin\theta + P_{ky}\left(\cos\theta - 1\right) \right]
\end{aligned} \tag{8.21}
$$

8.1.3 凹多边形单元余能原理基面力元的控制方程

现考虑一个受外力作用且处于平衡状态的二维弹性结构, 将该弹性结构划分为 n 个区域 A, 则泛函的约束极值问题即为余能原理基面力元的控制方程。

系统泛函

$$\Pi_{\mathrm{C}} = \sum_n \left(W_{\mathrm{C}}^{\mathrm{e}} - \int_{R_u} \boldsymbol{u} \cdot \boldsymbol{T}^{(R_u)} \mathrm{d}R \right) \tag{8.22}$$

当单元足够小时, 假定应力 $\boldsymbol{T}^{(R_u)}$ 均匀地分布在每一条边上, 那么单元的余能泛函可以写为单元面力 $\boldsymbol{T}$ 和单元转角 θ 的显式表达式

$$\Pi_{\mathrm{C}}^{\mathrm{e}}\left(\boldsymbol{T},\theta\right) = \underset{\mathrm{d}}{W_{\mathrm{C}}^{\mathrm{e}}} + \underset{\mathrm{r}}{W_{\mathrm{C}}^{\mathrm{e}}} - \boldsymbol{u}_k \cdot \boldsymbol{T}^k \tag{8.23}$$

将式 (8.10)、式 (8.21) 代入式 (8.23), 则式 (8.23) 可进一步写成

$$\Pi_{\mathrm{C}}^{\mathrm{e}}\left(\boldsymbol{T},\theta\right) = \frac{1+\nu}{2EA_0}\left[\left(\boldsymbol{T}^k \cdot \boldsymbol{T}^l\right)P_{kl} - \frac{\nu}{1+\nu}\left(\boldsymbol{T}^k \cdot \boldsymbol{M}_k\right)^2\right]$$
$$+ \boldsymbol{T}^k \cdot (\boldsymbol{M} - \boldsymbol{U}) \cdot \boldsymbol{P}_k - \boldsymbol{u}_k \cdot \boldsymbol{T}^k \tag{8.24}$$

上述应用的约束条件为

$$\begin{cases} \sum \boldsymbol{T}^k = \boldsymbol{0}, \quad \boldsymbol{T}^k \times \boldsymbol{Q}_k = \boldsymbol{0} & (\text{在 } A \text{ 内}) \\ \boldsymbol{T}^{R_\sigma} - \boldsymbol{F} = \boldsymbol{0} & (\text{在 } R_\sigma \text{ 上}) \\ \boldsymbol{T}^{(A_i)} + \boldsymbol{T}^{(A_j)} = \boldsymbol{0} & (\text{在 } R_{ij} \text{ 上}) \end{cases} \tag{8.25}$$

式中, R_σ 表示已知应力边界; R_{ij} 表示单元 A_i 和相邻单元 A_j 之间的边界; $\boldsymbol{T}^{R_\sigma}$ 和 $\boldsymbol{F}$ 分别表示单元应力边界上的面力和已知面力。

利用 Lagrange 乘子法, 放松约束平衡条件, 则新的系统泛函为

$$\Pi_{\mathrm{C}}^{\mathrm{e}^*}\left(\boldsymbol{T},\theta,\boldsymbol{\mu}\right) = \Pi_{\mathrm{C}}^{\mathrm{e}}\left(\boldsymbol{T},\theta\right) + \boldsymbol{\mu}\left(\sum \boldsymbol{T}^k\right) \tag{8.26}$$

式中, $\boldsymbol{\mu}$ 为 Lagrange 乘子, $\boldsymbol{\mu} = [\mu_1, \mu_2]$。

修正的系统泛函为

$$\Pi_{\mathrm{C}}^* = \sum_n \left[\Pi_{\mathrm{C}}^{\mathrm{e}^*}\left(\boldsymbol{T},\theta,\boldsymbol{\mu}\right)\right] \tag{8.27}$$

根据修正的余能原理, 系统泛函的驻值条件可写成

$$\delta\Pi_{\mathrm{C}}^* = \sum_n \left[\delta\Pi_{\mathrm{C}}^{\mathrm{e}^*}\left(\boldsymbol{T},\theta,\boldsymbol{\mu}\right)\right] \tag{8.28}$$

因此, 由上述条件可得到与系统有关的单元面力 $\boldsymbol{T}$、单元转角 θ 以及 Lagrange 乘子 $\boldsymbol{\mu}$ 的非线性方程组

$$\begin{cases} \dfrac{\partial \Pi_{\mathrm{C}}^*\left(\boldsymbol{T},\theta,\boldsymbol{\mu}\right)}{\partial \boldsymbol{T}} = 0 \\[3mm] \dfrac{\partial \Pi_{\mathrm{C}}^*\left(\boldsymbol{T},\theta,\boldsymbol{\mu}\right)}{\partial \theta} = 0 \\[3mm] \dfrac{\partial \Pi_{\mathrm{C}}^*\left(\boldsymbol{T},\theta,\boldsymbol{\mu}\right)}{\partial \boldsymbol{\mu}} = 0 \end{cases} \tag{8.29}$$

式 (8.29) 是弹性系统的相容方程和位移边界条件, 即系统的余能原理非线性基面力元的支配方程。

根据式 (8.26)、式 (8.23)、式 (8.21)、式 (8.10) 及式 (8.29) 中的第一个公式可推导得非线性控制方程的显式表达式

$$\frac{\partial W_{\mathrm{C}}^{\mathrm{e}}}{\partial \boldsymbol{T}^k} = \frac{1+\nu}{EA_0}\left[P_{kl}\boldsymbol{U} - \frac{\nu}{1+\nu}\boldsymbol{M}_k \otimes \boldsymbol{M}_l\right]\cdot \boldsymbol{T}^l \tag{8.30}$$

式中

$$\boldsymbol{M}_l = \boldsymbol{M}\cdot\boldsymbol{P}_l \tag{8.31}$$

$$\frac{\partial W_{\mathrm{C}}^{\mathrm{e}}}{\partial \boldsymbol{T}^k} = (\boldsymbol{M} - \boldsymbol{U})\cdot\boldsymbol{P}_k \tag{8.32}$$

$$\frac{\partial\left(\sum \boldsymbol{\mu}\boldsymbol{T}^k\right)}{\partial \boldsymbol{T}^k} = \boldsymbol{\mu} \tag{8.33}$$

因此, 根据式 (8.26)、式 (8.23)、式 (8.21)、式 (8.10) 及式 (8.29) 中的第二个公式可推导得其中

$$\frac{\partial W_{\mathrm{C}}^{\mathrm{e}}}{\partial\theta} = \frac{\nu}{EA_0}\left(\boldsymbol{T}^k\cdot\boldsymbol{M}_k\right)\left(\boldsymbol{T}^l\frac{\mathrm{d}\boldsymbol{M}_l}{\mathrm{d}\theta}\right) \tag{8.34}$$

而

$$\frac{\mathrm{d}\boldsymbol{M}_l}{\mathrm{d}\theta} = (-P_{l1}\sin\theta + P_{l2}\cos\theta)\,\boldsymbol{e}_1 - (P_{l1}\cos\theta + P_{l2}\sin\theta)\,\boldsymbol{e}_2 \tag{8.35}$$

将式 (8.35) 代入式 (8.34), 可得

$$\frac{\partial W_{\mathrm{C}}^{\mathrm{e}}}{\partial\theta} = -\frac{\nu}{EA_0}\left[\boldsymbol{T}_x^k\left(P_{kx}\cos\theta + P_{ky}\sin\theta\right) + \boldsymbol{T}_y^k\left(-P_{kx}\sin\theta + P_{ky}\cos\theta\right)\right]$$
$$\cdot\left[\boldsymbol{T}_x^l\left(-P_{lx}\sin\theta + P_{ly}\cos\theta\right) + \boldsymbol{T}_y^l\left(-P_{lx}\cos\theta - P_{ly}\sin\theta\right)\right] \tag{8.36}$$

$$\frac{\partial W_{\mathrm{C}}^{\mathrm{e}}}{\partial\theta} = \boldsymbol{T}^k\cdot\frac{\mathrm{d}\boldsymbol{M}}{\mathrm{d}\theta}\cdot\boldsymbol{P}_k \tag{8.37}$$

$$\frac{\partial\left(\boldsymbol{\mu}\sum \boldsymbol{T}^k\right)}{\partial\theta} = 0 \tag{8.38}$$

此外, 根据式 (8.26)、式 (8.23)、式 (8.21)、式 (8.10) 及式 (8.29) 中的第二个公式, 可推导得

$$\frac{\partial W_{\mathrm{C}}^{\mathrm{e}}}{\partial \boldsymbol{\mu}} = 0 \tag{8.39}$$

$$\frac{\partial W_{\mathrm{C}}^{\mathrm{e}}}{\partial \boldsymbol{\mu}} = 0 \tag{8.40}$$

$$\frac{\partial \left(\boldsymbol{\mu} \sum \boldsymbol{T}^k\right)}{\partial \boldsymbol{\mu}} = \sum \boldsymbol{T}^k \tag{8.41}$$

8.1.4　凹多边形单元的节点位移表达式

利用各单元的控制方程可以求得平面单元的节点位移，即

$$\boldsymbol{\delta}_k = \frac{\partial \Pi_{\mathrm{C}}^*\left(\boldsymbol{T}, \theta, \boldsymbol{\mu}\right)}{\partial \boldsymbol{T}^k} \tag{8.42}$$

式 (8.42) 还可进一步写为

$$\begin{aligned}
\boldsymbol{\delta}_k &= \frac{\partial \Pi_{\mathrm{C}}^{\mathrm{e}}\left(\boldsymbol{T}, \theta\right)}{\partial \boldsymbol{T}^k} + \frac{\partial \left(\boldsymbol{\mu} \sum \boldsymbol{T}^k\right)}{\partial \boldsymbol{T}^k} \\
&= \frac{\partial \left(W_{\mathrm{C}}^{\mathrm{e}} + W_{\mathrm{C}}^{\mathrm{e}} - \boldsymbol{u}_k \cdot \boldsymbol{T}^k\right)}{\partial \boldsymbol{T}^k} + \boldsymbol{\mu}
\end{aligned} \tag{8.43}$$

若 $\boldsymbol{u}_k = 0$，将式 (8.26) 代入式 (8.42)，并结合式 (8.24)，可得到节点位移的显式表达式

$$\boldsymbol{\delta}_k = \frac{1+\nu}{EA_0}\left[P_{kl}\boldsymbol{U} - \frac{\nu}{1+\nu}\boldsymbol{M}_k \otimes \boldsymbol{M}_l\right] \cdot \boldsymbol{T}^l + \boldsymbol{M}_k - \boldsymbol{P}_k + \boldsymbol{\mu} \tag{8.44}$$

8.1.5　几何非线性余能原理凹多边形网格基面力元程序简介

作者根据前面推导的凹多边形单元的几何非线性基面力单元法列式，并运用 MATLAB 语言编制出适用于凹多边形单元的几何非线性余能原理基面力元程序，可进一步对大转角、大位移等几何非线性问题进行计算。

1. 凹多边形网格基面力元程序的主程序框图 (图 8.2)

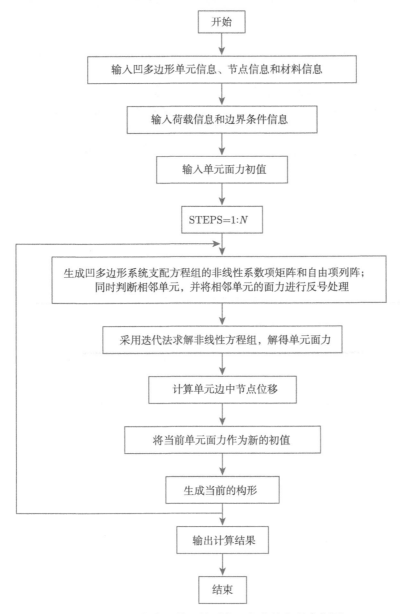

图 8.2 凹多边形单元基面力元程序的主程序框图

2. 凹多边形网格基面力元程序性能

(1) 该程序采用迭代法进行几何非线性问题的计算。

(2) 该程序可进行任意凹多边形网格的计算。

(3) 该程序可对位移进行后处理，生成变形后的结构中各点的位置坐标。

8.2　利用几何非线性凹多边形基面力元求解小变形问题

算例 8.1　悬臂梁端部承受集中荷载作用问题

如图 8.3 所示，悬臂梁的自由端承受集中荷载作用。梁的长度为 $L = 20\text{m}$，高度为 $h = 1\text{m}$，宽度 b 取单位宽度，弹性模量为 $E = 1 \times 10^6 \text{N/m}^2$，泊松比为 $\nu = 0$，作用在梁上的集中力为 $P = 1\text{N}$。悬臂梁自由端挠度的理论解为 $-3.2 \times 10^{-2}\text{m}$。

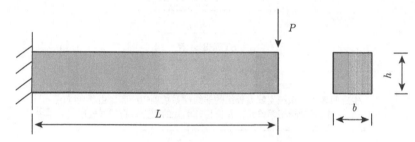

图 8.3　端部受集中荷载作用的悬臂梁

计算中采用任意凹多边形单元剖分，剖分的单元数分别取为 30、40、50，其单元网格剖分如图 8.4~ 图 8.6 所示。

图 8.4　凹多边形网格剖分的悬臂梁 (30 个单元，87 个边中节点)

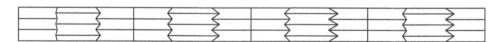

图 8.5　凹多边形网格剖分的悬臂梁 (40 个单元，115 个边中节点)

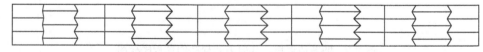

图 8.6　凹多边形网格剖分的悬臂梁 (50 个单元，143 个边中节点)

下面将采用平面几何非线性凹多边形基面力单元法的程序计算在不同的单元网格剖分下的悬臂梁自由端的挠度，将几何非线性 BFEM 解、线弹性 BFEM 解、位移模式有限元中的 Q4 单元解与理论解进行对比，并将数值结果列于表 8.1，关系曲线绘于图 8.7。

表 8.1　自由端承受集中荷载的悬臂梁的竖向位移解

剖分单元数	$v/(\times 10^{-2}\mathrm{m})$			
	几何非线性 BFEM 解	线弹性 BFEM 解	Q4 解	理论解
30	−3.1346	−3.1347	−0.9236	−3.2000
40	−3.1726	−3.1726	−1.3413	−3.2000
50	−3.1904	−3.1904	−1.6963	−3.2000

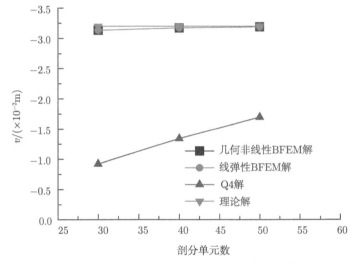

图 8.7　剖分单元数和自由端竖向位移的变化关系曲线

从表 8.1 及图 8.7 可以看出，对较大单元长宽比情况，采用平面几何非线性凹多边形基面力单元法的程序计算自由端承受集中荷载的悬臂梁的挠度时，其数值计算结果与理论解、线弹性 BFEM 解基本吻合，且计算稳定性较好，而位移模式有限元中的 Q4 单元解的计算结果差别较大，从而验证了几何非线性凹多边形基面力元模型及程序的可靠性和计算性能。

算例 8.2　悬臂梁端部承受弯矩作用问题

如图 8.8 所示，悬臂梁的自由端承受弯矩作用。梁的长度为 $L = 10\mathrm{m}$，高度为 $h = 2\mathrm{m}$，宽度 b 取单位宽度，弹性模量为 $E = 1500 \times 10^{6}\mathrm{N/m^2}$，泊松比为 $\nu = 0$，作用在梁上的集中力为 $M = 1000\mathrm{N \cdot m}$。悬臂梁自由端挠度的理论解为 $-50 \times 10^{-6}\mathrm{m}$。

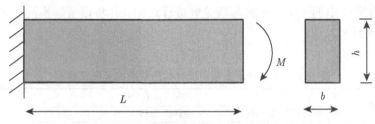

图 8.8   端部受弯矩作用的悬臂梁

计算中采用任意凹多边形单元剖分, 剖分的单元数分别取为 10、20、30, 其单元网格剖分如图 8.9~ 图 8.11 所示。

图 8.9   凹多边形网格剖分的悬臂梁 (10 个单元, 31 个边中节点)

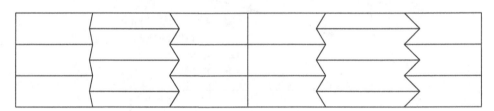

图 8.10   凹多边形网格剖分的悬臂梁 (20 个单元, 56 个边中节点)

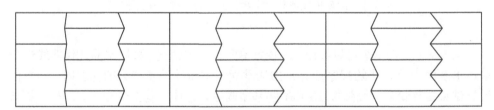

图 8.11   凹多边形网格剖分的悬臂梁 (30 个单元, 87 个边中节点)

下面将采用平面几何非线性凹多边形基面力单元法的程序计算在不同的单元网格剖分下的悬臂梁自由端的挠度, 将几何非线性 BFEM 解、线弹性 BFEM 解、位移模式有限元中的 Q4 单元解与理论解进行对比, 并将数值结果列于表 8.2, 关系曲线绘于图 8.12。

表 8.2　自由端承受弯矩作用的悬臂梁的竖向位移解

剖分单元数	$v/(\times 10^{-6}\text{m})$			
	几何非线性 BFEM 解	线弹性 BFEM 解	Q4 解	理论解
10	-50.3440	-50.3440	-20.9302	-50.0000
20	-50.3555	-50.3554	-37.1134	-50.0000
30	-50.3468	-50.3468	-43.3155	-50.0000

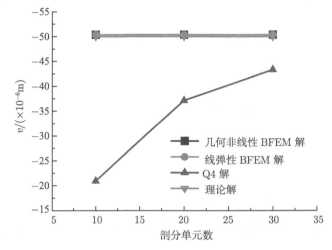

图 8.12　剖分单元数和自由端竖向位移的变化关系曲线

从表 8.2 及图 8.12 可以看出,对较大单元长宽比情况,采用平面几何非线性凹多边形基面力单元法的程序计算自由端承受弯矩的悬臂梁的挠度时,其数值计算结果与理论解、线弹性 BFEM 解基本吻合,且计算稳定性较好,而位移模式有限元中的 Q4 单元解的计算结果差别较大,从而验证了几何非线性凹多边形基面力元模型及程序的可靠性和计算性能。

算例 8.3　悬臂梁承受均布荷载作用问题

如图 8.13 所示,悬臂梁承受均布荷载作用。梁的长度为 $L = 10\text{m}$,高度为 $h = 1\text{m}$,宽度 b 取单位宽度,弹性模量为 $E = 1 \times 10^6 \text{N/m}^2$,泊松比为 $\nu = 0$,作用在梁上的均布荷载为 $q = 1\text{N/m}^2$。悬臂梁自由端挠度的理论解为 $-1.5 \times 10^{-2}\text{m}$。

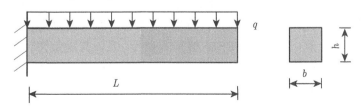

图 8.13　承受均布荷载的悬臂梁

计算中采用任意凹多边形单元剖分，剖分的单元数分别取为 30、40、50，其单元网格剖分如图 8.14～图 8.16 所示。

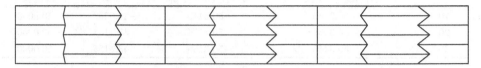

图 8.14　凹多边形网格剖分的悬臂梁 (30 个单元, 87 个边中节点)

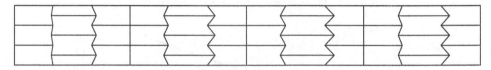

图 8.15　凹多边形网格剖分的悬臂梁 (40 个单元, 115 个边中节点)

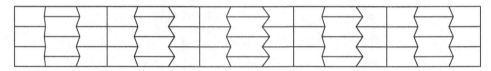

图 8.16　凹多边形网格剖分的悬臂梁 (50 个单元, 143 个边中节点)

下面将采用平面几何非线性凹多边形基面力单元法的程序计算在不同的单元网格剖分下的悬臂梁自由端的挠度，将几何非线性 BFEM 解、线弹性 BFEM 解、位移模式有限元中的 Q4 单元解与理论解进行对比，并将数值结果列于表 8.3，关系曲线绘于图 8.17。

表 8.3　承受均布荷载作用的悬臂梁竖向位移解

剖分单元数	$v/(\times 10^{-2}\text{m})$			
	几何非线性 BFEM 解	线弹性 BFEM 解	Q4 解	理论解
30	-1.4746	-1.4742	-0.9378	-1.5000
40	-1.4949	-1.4946	-1.1239	-1.5000
50	-1.5043	-1.5040	-1.2379	-1.5000

从表 8.3 及图 8.17 可以看出，对较大单元长宽比情况，采用平面几何非线性凹多边形基面力单元法的程序计算自由端承受均布荷载的悬臂梁的挠度时，其数值计算结果与理论解、线弹性 BFEM 解基本吻合，且计算稳定性较好，而位移模式有限元中的 Q4 单元解的计算结果差别较大，从而验证了几何非线性凹多边形基面力元模型及程序的可靠性和性能。

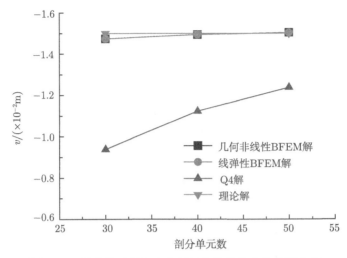

图 8.17   剖分单元数和自由端竖向位移的变化关系曲线

8.3   利用凹多边形基面力元求解大位移大转动问题

算例 8.4   方形平板单拉

如图 8.18 所示的一个单位厚度的方形平板, 承受均布拉力荷载作用, 采用任意凹多边形单元的网格进行剖分。板的尺寸为 10×10, 弹性模量为 $E = 10^6$, 泊松比为 $\nu = 0$, 均布拉力为 $q = 1$。

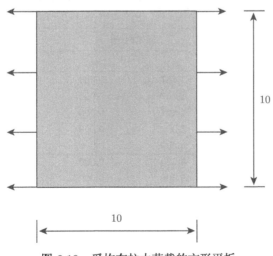

图 8.18   受均布拉力荷载的方形平板

计算中采用凹多边形单元进行剖分, 其基面力元网格剖分如图 8.19 所示。

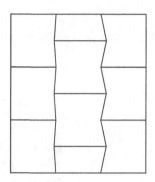

图 8.19　凹多边形网格剖分的方形平板 (10 个单元，31 个边中节点)

　　将均布拉力荷载作用下计算所得的方形平板各单元应力值和各点位移值的 BFEM 解与理论解列于表 8.4 和表 8.5。

表 8.4　平板受均布拉力作用的应力解

位置 (单元号)	应力					
	BFEM 解 (凹多边形单元)			理论解		
	σ_x	σ_y	τ_{xy}	σ_x	σ_y	τ_{xy}
1~10	1.0000	0.0000	0.0000	1.0000	0.0000	0.0000

表 8.5　平板受均布拉力作用的位移解

位置		位移$/(\times 10^{-6}\mathrm{m})$			
		BFEM 解		理论解	
x	y	u_x	u_y	u_x	u_y
3.333	3.333	1.667	0.000	1.667	0.000
3.333	6.667	1.667	0.000	1.667	0.000
3.333	10.000	1.667	0.000	1.667	0.000
5.000	1.667	5.000	0.000	5.000	0.000
5.000	5.000	5.000	0.000	5.000	0.000
5.000	8.333	5.000	0.000	5.000	0.000
5.000	10.000	5.000	0.000	5.000	0.000
6.667	3.333	8.333	0.000	8.333	0.000
6.667	6.667	8.333	0.000	8.333	0.000
6.667	10.000	8.333	0.000	8.333	0.000
10.000	1.667	10.000	0.000	10.000	0.000
10.000	5.000	10.000	0.000	10.000	0.000
10.000	8.333	10.000	0.000	10.000	0.000
10.000	10.000	10.000	0.000	10.000	0.000

由此可见，在均布拉力荷载作用状态下，采用任意凹多边形单元网格剖分的方形平板，其计算得到的各点位移值和各单元应力值的 BFEM 解与理论解完全相同，具有较高的精度。

算例 8.5　方形平板纯剪

如图 8.20 所示的一个单位厚度的方形平板，承受均布剪力荷载作用，采用任意凹多边形单元的网格进行剖分。板的尺寸为 10×10，弹性模量为 $E = 10^5$，泊松比为 $\nu = 0.3$，均布剪力为 $\tau = 1$。

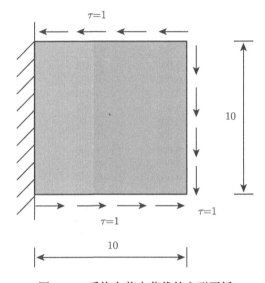

图 8.20　受均布剪力荷载的方形平板

计算中采用凹多边形单元进行剖分，其基面力元网格剖分如图 8.21 所示。

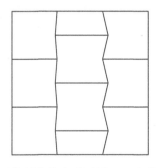

图 8.21　凹多边形网格剖分的方形平板 (10 个单元，31 个边中节点)

将均布剪力荷载作用下计算所得的方形平板各单元应力值和各点位移值的 BFEM 解与理论解列于表 8.6 和表 8.7。

表 8.6　平板受均布剪力作用的应力解

位置 (单元号)	应力					
	BFEM 解 (凹多边形单元)			理论解		
	σ_x	σ_y	τ_{xy}	σ_x	σ_y	τ_{xy}
1~10	0.0000	0.0000	1.0000	0.0000	0.0000	1.0000

表 8.7　平板受均布剪力作用的位移解

位置		位移/($\times 10^{-4}$m)			
		BFEM 解		理论解	
x	y	u_x	u_y	u_x	u_y
3.333	3.333	0.000	0.433	0.000	0.433
3.333	6.667	0.000	0.433	0.000	0.433
3.333	10.000	0.000	0.433	0.000	0.433
5.000	1.667	0.000	1.300	0.000	1.300
5.000	5.000	0.000	1.300	0.000	1.300
5.000	8.333	0.000	1.300	0.000	1.300
5.000	10.000	0.000	1.300	0.000	1.300
6.667	3.333	0.000	2.167	0.000	2.167
6.667	6.667	0.000	2.167	0.000	2.167
6.667	10.000	0.000	2.167	0.000	2.167
10.000	1.667	0.000	2.600	0.000	2.600
10.000	5.000	0.000	2.600	0.000	2.600
10.000	8.333	0.000	2.600	0.000	2.600
10.000	10.000	0.000	2.600	0.000	2.600

　　由此可见, 在均布剪力荷载作用状态下, 采用任意凹多边形单元网格剖分的方形平板, 其计算得到的各点位移值和各单元应力值的 BFEM 解与理论解完全相同, 具有较高的精度。

算例 8.6　悬臂梁自由端受集中荷载作用的大位移问题

　　如图 8.22 所示, 一悬臂梁的端部受集中荷载作用。梁的长度为 $L = 5$m, 高度为 $h = 0.1$m, 宽度 b 取单位宽度, 弹性模量为 $E = 3 \times 10^6 \text{N/m}^2$, 泊松比为 $\nu = 0$, 作用在梁上的集中力为 $P = 50$N。计算时, 按照平面应力问题进行考虑, 采用迭代法一次加载分析。

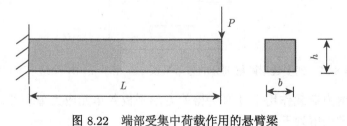

图 8.22　端部受集中荷载作用的悬臂梁

计算中采用凹多边形单元剖分, 其基面力元网格剖分如图 8.23 所示。

图 8.23   凹多边形网格剖分的悬臂梁 (560 个单元, 1529 个边中节点)

下面将采用非线性凹多边形基面力元方法计算得到的悬臂梁自由端的无量纲水平位移 u/L 值和无量纲竖向位移 v/L 值与无量纲荷载 $k = PL^2/(EI)$ 值的关系, 以及与理论解 [104] 的对比结果列于表 8.8, 并绘于图 8.24 和图 8.25, 将该悬臂梁的变形形貌绘于图 8.26。

表 8.8   自由端承受集中荷载的悬臂梁的荷载−位移关系

$k = \dfrac{PL^2}{EI}$	u/L		v/L	
	本章解	理论解	本章解	理论解
0.5	0.015	0.016	0.157	0.162
1.0	0.053	0.056	0.293	0.302
2.0	0.153	0.160	0.484	0.494
3.0	0.245	0.255	0.600	0.603
4.0	0.320	0.329	0.664	0.670
5.0	0.379	0.388	0.709	0.714

从表 8.8 和图 8.24、图 8.25 可以看出, 对于端部承受集中荷载的悬臂梁, 其自由端水平位移的 BFEM 解和竖向位移的 BFEM 解与理论解基本吻合。

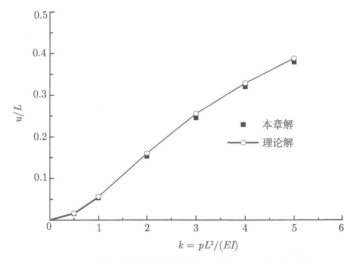

图 8.24   集中荷载作用的悬臂梁荷载–水平位移曲线

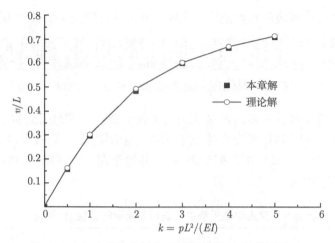

图 8.25　集中荷载作用的悬臂梁荷载–竖向位移曲线

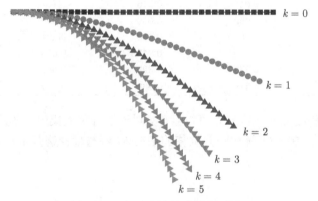

图 8.26　变形后的悬臂梁形貌图

算例 8.7　悬臂梁端部受弯矩作用的大转动问题

　　如图 8.27 所示, 悬臂梁的自由端受弯矩作用。梁的长度为 $L = 12\text{in}(1\text{in}=2.54\text{cm})$, 高度为 $h = 1\text{in}$, 宽度为 $b = 1\text{in}$, 弹性模量为 $E = 1800\text{lb/in}^2(1\text{lb}=0.453592\text{kg})$, 泊松比为 $\nu = 0$, 作用在梁上的弯矩为 $M = 0.4\pi EI/L = 15.70796$。计算时, 按平面应力问题进行考虑, 采用迭代法一次加载分析。

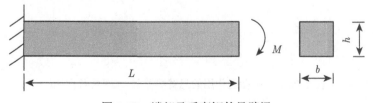

图 8.27　端部承受弯矩的悬臂梁

计算过程中采用凹多边形单元剖分, 其基面力元网格剖分如图 8.28 所示。

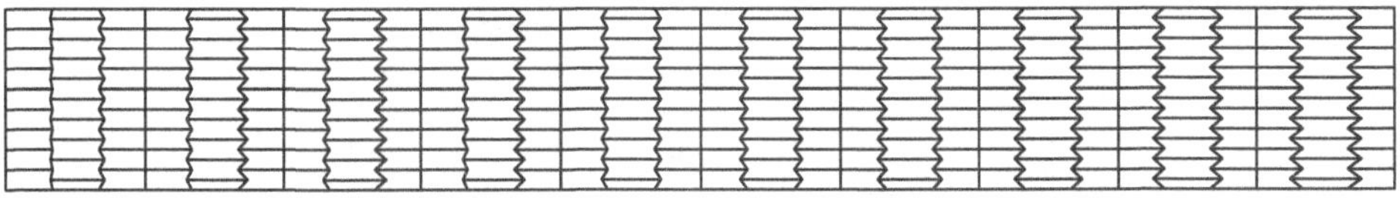

图 8.28　凹多边形网格剖分的悬臂梁 (280 个单元, 769 个边中节点)

下面将采用非线性凹多边形基面力元方法计算得到的悬臂梁自由端的无量纲水平位移 u/L 值、无量纲竖向位移 v/L 值和无量纲转角值 $\theta/(2\pi)$ 与无量纲荷载 $k = ML/(0.4\pi EI)$ 值的关系, 以及与理论解 [104] 对比结果列于表 8.9, 并绘于图 8.29～ 图 8.31, 将该悬臂梁的变形形貌绘于图 8.32。

表 8.9　自由端承受弯矩作用的悬臂梁的荷载–位移关系

$k = \dfrac{ML}{0.4\pi EI}$	u/L		v/L		$\theta/(2\pi)$	
	本章解	理论解	本章解	理论解	本章解	理论解
0.15	0.0055	0.0059	0.0909	0.0940	0.03	0.03
0.25	0.0153	0.0164	0.1508	0.1558	0.05	0.05
0.4	0.0388	0.0416	0.2383	0.2461	0.08	0.08
0.5	0.0602	0.0645	0.2946	0.304	0.10	0.10
0.65	0.1003	0.1075	0.3747	0.3862	0.13	0.13
0.75	0.1321	0.1416	0.4248	0.4374	0.15	0.15

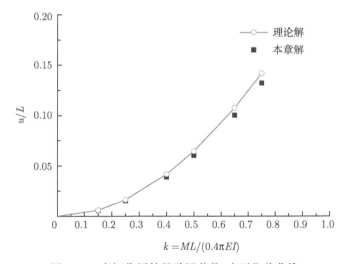

图 8.29　弯矩作用的悬臂梁荷载–水平位移曲线

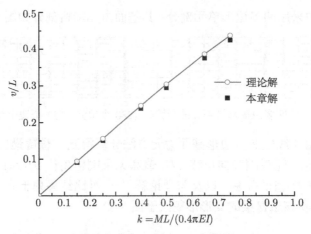

图 8.30　弯矩作用的悬臂梁荷载–竖向位移曲线

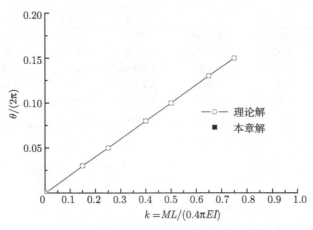

图 8.31　弯矩作用的悬臂梁荷载–转角曲线

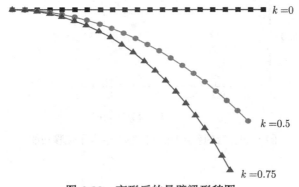

图 8.32　变形后的悬臂梁形貌图

从表 8.9 和图 8.29~ 图 8.31 可以看出,对于端部承受弯矩作用的悬臂梁,其自由端水平位移的 BFEM 解、竖向位移的 BFEM 解及转角的 BFEM 解与理论解基本吻合。

算例 8.8 悬臂梁承受均布荷载作用的大转动问题

如图 8.33 所示,悬臂梁承受均布荷载作用。梁的长度为 $L = 10\text{cm}$,宽度为 $b = 1\text{cm}$,高度为 $h = 1\text{cm}$,弹性模量为 $E = 1.2 \times 10^4 \text{N/cm}^2$,泊松比分别取为 $\nu = 0$ 和 $\nu = 0.2$,作用在梁上的荷载集度为 $p = 10\text{N/cm}$。计算时,按平面应力问题进行考虑,采用迭代法一次加载分析。

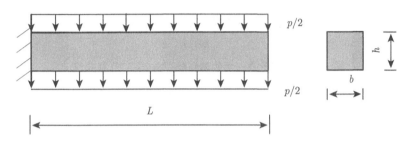

图 8.33 承受均布荷载的悬臂梁

计算过程中采用凹多边形单元剖分,其单元网格剖分如图 8.34 所示。

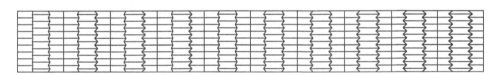

图 8.34 凹多边形网格剖分的悬臂梁 (280 个单元,769 个边中节点)

下面采用非线性凹多边形基面力元方法将泊松比分别取 $\nu = 0$ 和 $\nu = 0.2$ 时计算所得的悬臂梁自由端的无量纲竖向位移 v/L 值与无量纲荷载 $k = PL^3/(EI)$ 值的关系列于表 8.10,并绘于图 8.35,将该悬臂梁的变形形貌 ($\nu = 0$) 绘于图 8.36。

表 8.10 承受均布荷载作用的悬臂梁的荷载一竖向位移关系

$k = \dfrac{pL^3}{EI}$	v/L	
	$\nu = 0$	$\nu = 0.2$
2	0.2399	0.2395
4	0.4329	0.4329
6	0.5674	0.5682
8	0.6578	0.6592
10	0.7195	0.7212

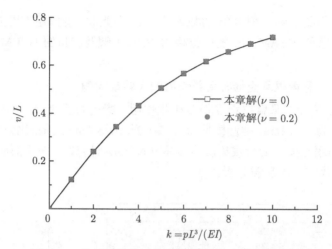

图 8.35　均布荷载作用的悬臂梁荷载–竖向位移曲线

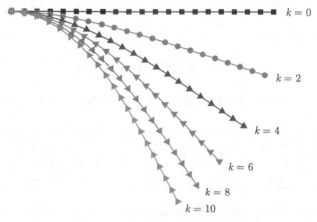

图 8.36　变形后的悬臂梁形貌图

　　从表 8.10 和图 8.35 可以看出,取泊松比 $\nu = 0$ 和 $\nu = 0.2$ 时的计算结果基本吻合,其中泊松比 $\nu = 0.2$ 时竖向位移的计算结果比泊松比 $\nu = 0$ 时竖向位移的计算结果略大。由此可得,采用非线性凹多边形基面力元方法在计算大变形问题时可反映泊松比不同对结果的影响。

8.4　本 章 小 结

　　(1) 针对平面问题,本章给出了几何非线性凹多边形单元的基面力元模型,推导出平面问题中的凹多边形单元余能表达式、基面力元控制方程表达式及节点位移的显式表达式。研究发现,凹多边形网格基面力元模型的推导与凸多边形基面力元模型的推导相同, 这正是基面力单元法的优势所在。本章的几何非线性凹多边形单元的基面力元模型为以后进行大位移、大转角等大变形问题的研究奠定了扎实的理论基础。

(2) 基于几何非线性凹多边形单元基面力单元法的 MATLAB 程序对悬臂梁受不同荷载的小变形问题进行数值计算, 计算结果与理论解、线弹性 BFEM 解基本吻合, 而位移模式有限元中的 Q4 单元解差别较大, 验证了几何非线性凹多边形基面力元模型在计算小变形问题中的可靠性。且几何非线性 BFEM 解对单元网格不敏感, Q4 单元解随网格剖分数的增减而变化较大, 说明几何非线性凹多边形单元基面力元程序具有较好的计算性能。

(3) 研究了凹多边形基面力元模型在几何非线性问题中的应用, 结合方形平板受拉、受剪问题验证了几何非线性余能原理在凹多边形单元模型中应用的可靠性。采用此模型, 结合悬臂梁受不同荷载作用进行数值计算, 并对此模型的计算性能进行分析、讨论。

(4) 数值计算结果表明: 采用凹多边形单元可以计算大位移、大转角等几何非线性问题, 其数值结果与理论解吻合较好, 且能正确地给出悬臂梁的变形形貌图, 验证了本章基面力理论、模型及程序的可靠性和性能。

(5) 适用于凹多边形网格的几何非线性基面力单元法还有待于进一步深入研究。

第9章 材料非线性的基面力单元法

对于传统的余能原理有限元法,生成单元柔度矩阵一直是其核心问题。长期以来,其求解思路通常是先构造单元的应力插值函数,然后通过积分求解出单元柔度矩阵。但这种求解理论存在以下几个方面的不足:一是选择保证应力在单元内、单元交界和应力边界上均保持平衡的插值函数比较困难;二是应力分量求出后,位移的求解较为困难;三是单元的柔度矩阵一般不能得出积分显式,需进行数值积分,造成编程较为复杂。因此,寻求一种新的方法来克服这些问题是一项值得研究的课题。

本章将利用基面力理论,针对材料非线性模型,推导出以基面力表示的单元弹塑性柔度矩阵,以及采用广义余能原理中的 Lagrange 乘子法推导了基面力表示的余能原理基面力元支配方程和节点的位移表达式。利用 MATLAB 研制出了余能原理基面力元分析软件。

9.1 材料非线性的基面力元模型

9.1.1 材料非线性简化模型

弹塑性材料进入塑性的特征是当荷载卸去以后存在不可恢复的永久变形。应力应变之间不再存在一一对应的关系,以材料的单向受力情况为例,如图 9.1 所示,假设材料内部某一点的应力状态为 σ,由此产生的应变为 ε。

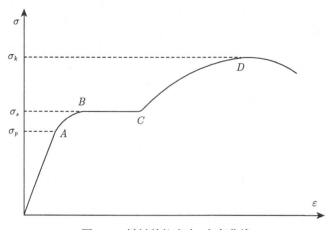

图 9.1 材料单拉应力–应变曲线

　　从上述实验结果看来, 即使在简单拉伸的情况下, 塑性的变形规律也是极为复杂的。对于不同材料、不同的应用领域, 可以采用不同的变形体模型。在确定模型时, 有两个问题需要特别注意, 即所选取的力学模型必须符合材料的实际情况, 这一点是非常重要的, 因为只有这样才能使计算结果反映结构或构件的真实应力及应变状态; 其次是所选取的力学模型的数学表达式应该足够简单, 以便在求解具体问题时, 不出现过大的数学上的困难。

　　在求解真实材料的塑性力学问题时, 常用的弹塑性本构关系简化模型有以下几种:

　　(1) 对于理想弹塑性材料, 如图 9.2 所示, 当应力达到屈服应力 σ_s 以后, 不需要增加任何荷载, 变形就能自己增加, 因此应力–应变关系可表达为

$$\begin{cases} \sigma = E\varepsilon & (\varepsilon \leqslant \varepsilon_s) \\ \sigma = E\varepsilon_s = \sigma_s & (\varepsilon > \varepsilon_s) \end{cases} \tag{9.1}$$

其中, E 为杨氏模量。对于钢结构, 这一模型得到了广泛应用。

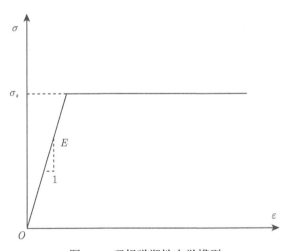

图 9.2　理想弹塑性力学模型

　　(2) 线性强化弹塑性模型。此模型如同理想塑性模型, 即将材料屈服后的应力应变关系曲线简化为一斜直线, 如图 9.3 所示, 有

$$\begin{cases} \sigma = E\varepsilon & (\varepsilon \leqslant \varepsilon_s) \\ \sigma = \sigma_s + E'(\varepsilon - \varepsilon_s) & (\varepsilon > \varepsilon_s) \end{cases} \tag{9.2}$$

　　作为这一模型的延伸, 也可以构造由几个线性部分组成的分段线性模型。

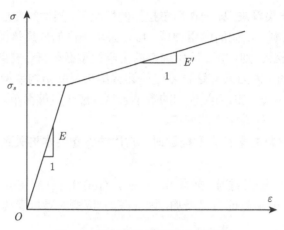

图 9.3　线性强化弹塑性力学模型

(3) 幂次强化模型，如图 9.4 所示。为了便于计算，往往采用简单的数学函数近似描述应力和应变曲线，如用幂次函数

$$\sigma = A\varepsilon^n \tag{9.3}$$

其中，A 和 n 为材料常数，而 $0 \leqslant n \leqslant 1$，当 $n = 0$ 时，$\sigma = A$，它是理想刚塑性材料；当 $n = 1$ 时，则为线性弹性材料。而对其他 n 值，没有线性弹性阶段，故较适用于应变较大的问题。

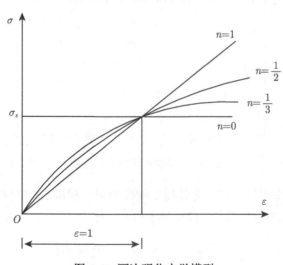

图 9.4　幂次强化力学模型

(4) 三参量模型与 Rambery-Osgood 模型，如图 9.5 所示。这个模式可以考虑到弹性变形阶段，可表示为

$$\begin{cases} \sigma = E\varepsilon & (\varepsilon \leqslant \varepsilon_s) \\ \sigma = A\varepsilon^n + B & (\varepsilon > \varepsilon_s) \end{cases} \tag{9.4}$$

其中，A、B 和 n 为材料常数。Rambery-Osgood 模型用得较多，它可以写成如下形式：

$$\varepsilon = \frac{\sigma}{E}\left[1 + \left(\frac{\sigma}{\sigma_s}\right)^m\right] \quad (m > 1) \tag{9.5}$$

其中，m 为材料常数。

当 σ 较小时，右边括号内的第二项可以略去，这就和弹性时规律一样；而当 σ 较大时则接近幂次强化规律。

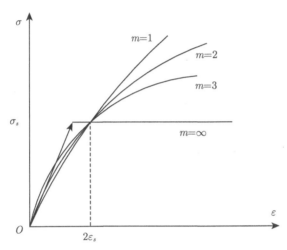

图 9.5　Rambery-Osgood 力学模型

9.1.2　基面力表示的塑性力学不变量

在塑性力学的理论中，经常用到应力不变量。现在，我们可以用基面力来表示这些不变量。

静水压力用基面力可表示为

$$\boldsymbol{\sigma}_m = \frac{1}{3V_Q}\boldsymbol{T}^\alpha \times \boldsymbol{Q}_\alpha \tag{9.6}$$

定义基面力表示应力偏量为

$$\boldsymbol{S}^\alpha = \boldsymbol{T}^\alpha - V_Q\boldsymbol{\sigma}_m\boldsymbol{Q}^\alpha \tag{9.7}$$

在这里 $\boldsymbol{Q}^\alpha$ 与 $\boldsymbol{Q}_\alpha$ 共轭。

Huber-Mises 等效应力可表示为

$$\boldsymbol{\sigma}_{\mathrm{e}} = \frac{1}{V_Q} \sqrt{\frac{3}{2}} \left(\boldsymbol{S}^\alpha \cdot \boldsymbol{S}^\beta q_{\alpha\beta} \right)^{1/2} \tag{9.8}$$

在这里 $q_{\alpha\beta} = \boldsymbol{Q}_\alpha \cdot \boldsymbol{Q}_\beta$。

9.1.3　基面力表示的单元等效应力

下面将推导基面力单元法中单元的弹塑性等效应力。

偏应力张量 $\boldsymbol{S}$ 定义为从实际应力状态中减去球面应力状态, 即

$$\boldsymbol{S} = \boldsymbol{\sigma} - \sigma_m \boldsymbol{U} \tag{9.9}$$

$$\sigma_m = \frac{1}{3} \sigma \boldsymbol{U} \tag{9.10}$$

式中, σ_m 称为球应力或静水应力。

因此, 单元应力偏量

$$\overline{\boldsymbol{S}} = \frac{1}{V} \int_D \boldsymbol{S} \mathrm{d}V \tag{9.11}$$

将式 (9.9) 代入式 (9.11), 可得

$$\overline{\boldsymbol{S}} = \frac{1}{V} \int_D (\boldsymbol{\sigma} - \sigma_m \boldsymbol{U}) \mathrm{d}V \tag{9.12}$$

将式 (9.10) 代入式 (9.12), 进一步展开为

$$\begin{aligned}
\overline{\boldsymbol{S}} &= \frac{1}{V} \int_D \boldsymbol{\sigma} \mathrm{d}V - \frac{1}{V} \int_D \sigma_m \boldsymbol{U} \mathrm{d}V \\
&= \frac{1}{V} \int_D \boldsymbol{\sigma} \mathrm{d}V - \frac{1}{V} \boldsymbol{U} \int_D \sigma_m \mathrm{d}V \\
&= \frac{1}{V} \int_D \boldsymbol{\sigma} \mathrm{d}V - \frac{1}{V} \boldsymbol{U} \int_D \frac{1}{3} \sigma \mathrm{d}V
\end{aligned} \tag{9.13}$$

将 Cauchy 应力张量与基面力的关系式 (2.10) 代入式 (9.13) 有

$$\overline{\boldsymbol{S}} = \frac{1}{V} \int_D \frac{1}{V_Q} \boldsymbol{T}^i \otimes \boldsymbol{Q}_i \mathrm{d}V - \frac{1}{V} \boldsymbol{U} \int_D \frac{1}{3V_Q} \boldsymbol{T}^i \cdot \boldsymbol{Q}_i \mathrm{d}V \tag{9.14}$$

其中

$$\frac{1}{V}\boldsymbol{U}\int_D \frac{1}{3V_Q}\boldsymbol{T}^i \cdot \boldsymbol{Q}_i \mathrm{d}V = \frac{1}{V}\boldsymbol{U}\int_D \frac{1}{3V_Q}\boldsymbol{T}^i \cdot \boldsymbol{Q}_i V_Q \mathrm{d}x^1 \mathrm{d}x^2 \mathrm{d}x^3$$

$$= \frac{1}{3V}\boldsymbol{U}\int_B \boldsymbol{T} \cdot \boldsymbol{Q}\mathrm{d}S$$

$$= \frac{1}{3V}\left(\boldsymbol{T}^\alpha \cdot \boldsymbol{Q}_\alpha\right)\boldsymbol{U} \tag{9.15}$$

则单元的应力偏量的显式表达式为

$$\overline{\boldsymbol{S}} = \frac{1}{V}\boldsymbol{T}^\alpha \otimes \boldsymbol{Q}_\alpha - \frac{1}{3V}\left(\boldsymbol{T}^\alpha \cdot \boldsymbol{Q}_\alpha\right)\boldsymbol{U} \tag{9.16}$$

各向同性硬化条件下, Mises 等效应力为

$$\sigma_\mathrm{e} = \left(\frac{3}{2}\overline{\boldsymbol{S}}{:}\overline{\boldsymbol{S}}\right)^{1/2} = \sqrt{\frac{3}{2}}S_\rho \tag{9.17}$$

式中

$$S_\rho = (\overline{\boldsymbol{S}}{:}\overline{\boldsymbol{S}})^{1/2} \tag{9.18}$$

将式 (9.14) 代入式 (9.18) 有

$$(\overline{\boldsymbol{S}}{:}\overline{\boldsymbol{S}})^{1/2} = \left\{\left[\frac{1}{V}\boldsymbol{T}^\alpha \otimes \boldsymbol{Q}_\alpha - \frac{1}{3V}\left(\boldsymbol{T}^\alpha \cdot \boldsymbol{Q}_\alpha\right)\boldsymbol{U}\right]{:}\left[\frac{1}{V}\boldsymbol{T}^\beta \otimes \boldsymbol{Q}_\beta - \frac{1}{3V}\left(\boldsymbol{T}^\beta \cdot \boldsymbol{Q}_\beta\right)\boldsymbol{U}\right]\right\}^{1/2}$$

$$\tag{9.19}$$

根据双点积的运算法则, 式 (9.19) 可化简为

$$(\overline{\boldsymbol{S}}{:}\overline{\boldsymbol{S}})^{1/2} = \left\{\left(\frac{1}{V}\boldsymbol{T}^\alpha \otimes \boldsymbol{Q}_\alpha\right){:}\left(\frac{1}{V}\boldsymbol{T}^\beta \otimes \boldsymbol{Q}_\beta\right) - \left(\frac{1}{V}\boldsymbol{T}^\alpha \otimes \boldsymbol{Q}_\alpha\right){:}\left[\frac{1}{3V}\left(\boldsymbol{T}^\beta \cdot \boldsymbol{Q}_\beta\right)\boldsymbol{U}\right]\right.$$

$$\left. - \left[\frac{1}{3V}(\boldsymbol{T}^\alpha \cdot \boldsymbol{Q}_\alpha)\boldsymbol{U}\right]{:}\left(\frac{1}{V}\boldsymbol{T}^\beta \otimes \boldsymbol{Q}_\beta\right) + \left(\frac{1}{3V}\boldsymbol{T}^\alpha \cdot \boldsymbol{Q}_\alpha\right)\boldsymbol{U}{:}\left(\frac{1}{3V}\boldsymbol{T}^\beta \cdot \boldsymbol{Q}_\beta\right)\boldsymbol{U}\right\}^{1/2}$$

$$\tag{9.20}$$

其中

$$\overline{\boldsymbol{\sigma}}{:}\boldsymbol{U} = \left(\frac{1}{V}\boldsymbol{T}^\alpha \otimes \boldsymbol{Q}_\alpha\right):\left(\boldsymbol{Q}_\beta \otimes \boldsymbol{Q}^\beta\right)$$

$$= \frac{1}{V}\boldsymbol{T}^\alpha \cdot \boldsymbol{Q}_\beta \cdot \boldsymbol{Q}_\alpha \cdot \boldsymbol{Q}^\beta$$

$$= \frac{1}{V}\boldsymbol{T}^\alpha \cdot \boldsymbol{Q}_\alpha \cdot \left(\boldsymbol{Q}_\beta \cdot \boldsymbol{Q}^\beta\right)$$

$$= \frac{1}{V} \boldsymbol{T}^\alpha \cdot \boldsymbol{Q}_\alpha \tag{9.21}$$

$$\boldsymbol{U}{:}\overline{\boldsymbol{\sigma}} = \left(\boldsymbol{Q}_\alpha \otimes \boldsymbol{Q}^\alpha\right) : \left(\frac{1}{V}\boldsymbol{T}^\beta \otimes \boldsymbol{Q}_\beta\right)$$

$$= \frac{1}{V} \boldsymbol{T}^\beta \cdot \boldsymbol{Q}_\alpha \cdot \boldsymbol{Q}^\alpha \cdot \boldsymbol{Q}_\beta$$

$$= \frac{1}{V} \boldsymbol{T}^\beta \cdot \boldsymbol{Q}_\beta \cdot \left(\boldsymbol{Q}_\alpha \cdot \boldsymbol{Q}^\alpha\right)$$

$$= \frac{1}{V} \boldsymbol{T}^\beta \cdot \boldsymbol{Q}_\beta \tag{9.22}$$

$$\boldsymbol{U}{:}\boldsymbol{U} = \left(\boldsymbol{P}_\alpha \otimes \boldsymbol{P}^\alpha\right) : \left(\boldsymbol{P}_\beta \otimes \boldsymbol{P}^\beta\right)$$

$$= \left(\boldsymbol{P}_\alpha \cdot \boldsymbol{P}_\beta\right)\left(\boldsymbol{P}^\alpha \cdot \boldsymbol{P}^\beta\right)$$

$$= P_{\alpha\beta} P^{\alpha\beta}$$

$$= \delta_\alpha^\alpha$$

$$= \delta_1^1 + \delta_2^2 + \delta_3^3$$

$$= 1 + 1 + 1$$

$$= 3 \tag{9.23}$$

将式 (9.21)~ 式 (9.23) 代入式 (9.20) 有

$$S_\rho = \left[\frac{1}{V^2}\left(\boldsymbol{T}^\alpha \cdot \boldsymbol{T}^\beta\right) Q_{\alpha\beta} - \frac{2}{3V^2}\left(\boldsymbol{T}^\alpha \cdot \boldsymbol{Q}_\alpha\right)^2 + \frac{1}{3V^2}\left(\boldsymbol{T}^\alpha \cdot \boldsymbol{Q}_\alpha\right)^2\right]^{1/2} \tag{9.24}$$

进一步化简为

$$S_\rho = \frac{1}{V}\left[\boldsymbol{T}^\alpha \cdot \boldsymbol{T}^\beta Q_{\alpha\beta} - \frac{1}{3}\left(\boldsymbol{T}^\alpha \cdot \boldsymbol{Q}_\alpha\right)^2\right]^{1/2} \tag{9.25}$$

将式 (9.25) 代入式 (9.17)，可得单元等效应力 σ_e 的显式表达式

$$\sigma_\mathrm{e} = \sqrt{\frac{3}{2}}\frac{1}{V}\left[\boldsymbol{T}^\alpha \cdot \boldsymbol{T}^\beta Q_{\alpha\beta} - \frac{1}{3}\left(\boldsymbol{T}^\alpha \cdot \boldsymbol{Q}_\alpha\right)^2\right]^{1/2} \tag{9.26}$$

9.1.4 基面力表示的单元余能表达式

假设材料为幂强化本构模型

$$\varepsilon = \varepsilon_0 (\sigma_\mathrm{e}/\sigma_0)^n \tag{9.27}$$

其中，ε_0、σ_0 为材料参数，n 为幂强化系数。

对于各向同性材料，余能密度可表示为 [112]

$$W_{\mathrm{C}} = \frac{1}{n+1} \sigma_0 \varepsilon_0 \left(\frac{\sigma_{\mathrm{e}}}{\sigma_0} \right)^{n+1} \tag{9.28}$$

则单元的余能 $W_{\mathrm{C}}^{\mathrm{e}}$ 为

$$W_{\mathrm{C}}^{\mathrm{e}} = \frac{V}{n+1} \sigma_0 \varepsilon_0 \left(\frac{\sigma_{\mathrm{e}}}{\sigma_0} \right)^{n+1} \tag{9.29}$$

将式 (9.29) 变形：

$$W_{\mathrm{C}}^{\mathrm{e}} = \frac{V \varepsilon_0}{(n+1)\,\sigma_0^n} \sigma_{\mathrm{e}}^{n+1} \tag{9.30}$$

将式 (9.26) 代入式 (9.30)，得

$$W_{\mathrm{C}}^{\mathrm{e}} = \frac{V \varepsilon_0}{(n+1)\,\sigma_0^n} \left(\sqrt{\frac{3}{2}} \frac{1}{V} \right)^{n+1} \left[\left(\boldsymbol{T}^\alpha \cdot \boldsymbol{T}^\beta \right) Q_{\alpha\beta} - \frac{1}{3} \left(\boldsymbol{T}^\alpha \cdot \boldsymbol{Q}_\alpha \right)^2 \right]^{(n+1)/2} \tag{9.31}$$

进一步将式 (9.31) 化简，可得单元余能 $W_{\mathrm{C}}^{\mathrm{e}}$ 显式表达式

$$W_{\mathrm{C}}^{\mathrm{e}} = \frac{3^{(n+1)/2}\varepsilon_0}{(n+1)\,2^{(n+1)/2}\sigma_0^n V^n} \left[\left(\boldsymbol{T}^\alpha \cdot \boldsymbol{T}^\beta \right) Q_{\alpha\beta} - \frac{1}{3} \left(\boldsymbol{T}^\alpha \cdot \boldsymbol{Q}_\alpha \right)^2 \right]^{(n+1)/2} \tag{9.32}$$

注意：式 (9.32) 中包含着求和约定，V 为单元的体积。

9.1.5 基面力表示的单元弹塑性柔度矩阵量表达式

由式 (9.32) 可以得到与 $\boldsymbol{T}^\alpha$ 相应的广义位移

$$\boldsymbol{\delta}_\alpha = \frac{\partial W_{\mathrm{C}}^{\mathrm{e}}}{\partial \boldsymbol{T}^\alpha} = \boldsymbol{C}_{\alpha\beta} \cdot \boldsymbol{T}^\beta \tag{9.33}$$

式中，$\boldsymbol{C}_{\alpha\beta}$ 为单元弹塑性柔度矩阵的显式表达式，即

$$\boldsymbol{C}_{\alpha\beta} = \frac{3^{(n+1)/2}\varepsilon_0}{2^{(n+1)/2}\sigma_0^n V^n} \left[\left(\boldsymbol{T}^\alpha \cdot \boldsymbol{T}^\beta \right) Q_{\alpha\beta} - \frac{1}{3} \left(\boldsymbol{T}^\alpha \cdot \boldsymbol{Q}_\alpha \right)^2 \right]^{(n-1)/2}$$

$$\cdot \left[Q_{\alpha\beta}\boldsymbol{U} - \frac{1}{3} \left(\boldsymbol{Q}_\alpha \otimes \boldsymbol{Q}_\beta \right) \right] \tag{9.34}$$

该单元弹塑性柔度矩阵表达式的特点如下：

(1) 柔度矩阵是显式形式, 不需要积分, 编程简单。

(2) 柔度矩阵采用张量表达, 不依赖于坐标系。

(3) 柔度矩阵是一种统一的数学表达形式, 将空间任意多面体单元、平面任意多边形单元集于一体, 编程计算十分简便。对于平面问题, 平面任意多边形单元的柔度矩阵表达式仍为式 (9.34), 只是空间多面体单元的体积 V 改为平面多边形的面积 A。

9.1.6　弹塑性余能原理基面力单元法的控制方程

对于空间问题, 将弹塑性体划分为 ne 个区 V(或单元 V), 则余能原理基面力元的支配方程转化为下列泛函的约束极值问题, 其系统泛函为

$$\Pi_C^{ne} = \int_D \rho_0 W_C \mathrm{d}V_0 - \int_{S_u} \bar{\boldsymbol{u}} \cdot T_0 \mathrm{d}S_0 \tag{9.35}$$

式中, W_C 为余能密度 (单位质量的余能); $\bar{\boldsymbol{u}}$ 表示位移边界 S_u 上给定的位移; $\boldsymbol{T}^{(S_u)}$ 表示位移边界 S_u 上作用的应力向量。

根据前面的推导, 取区域上的一个单元 V, 设 α 为该单元上给定位移的面, $\boldsymbol{T}^\alpha$ 为作用在该面形心上的单元面力, 则由式 (9.35) 可写出任一单元的余能泛函由单元面力 $\boldsymbol{T}$ 表达的显式形式:

$$\Pi_C^e(\boldsymbol{T}) = W_C^e - \bar{\boldsymbol{u}}_\alpha \cdot \boldsymbol{T}_0^\alpha \tag{9.36}$$

由式 (9.32)W_C^e 的表达式可得

$$\Pi_C^e(\boldsymbol{T}) = \frac{3^{(n+1)/2}\varepsilon_0}{(n+1)\,2^{(n+1)/2}\sigma_0^n V^n}\left[\left(\boldsymbol{T}^\alpha \cdot \boldsymbol{T}^\beta\right)Q_{\alpha\beta} - \frac{1}{3}\left(\boldsymbol{T}^\alpha \cdot \boldsymbol{Q}_\alpha\right)^2\right]^{(n+1)/2} - \bar{\boldsymbol{u}}_\alpha \cdot \boldsymbol{T}_0^\alpha \tag{9.37}$$

注意: 式 (9.37) 中包含着求和约定。

如果该单元没有给定位移, 即 $\bar{\boldsymbol{u}}_\alpha = \boldsymbol{0}$, 则

$$\Pi_C^e(\boldsymbol{T}) = W_C^e \tag{9.38}$$

上面所应用的约束条件如下:

(1) 在单元体 V 内:

$$\sum_\alpha \boldsymbol{T}^\alpha = \boldsymbol{0}, \quad \boldsymbol{T}^\alpha \times \boldsymbol{r}_\alpha = \boldsymbol{0} \tag{9.39}$$

(2) 在单元已知的应力边界 S_σ 上:

$$\boldsymbol{T}^{S_\sigma} - \overline{\boldsymbol{P}} = \boldsymbol{0} \tag{9.40}$$

(3) 在单元 V_A 与相邻单元 V_B 之间的边界 S_{AB} 上:

$$\boldsymbol{T}^{(V_A)} + \boldsymbol{T}^{(V_B)} = \boldsymbol{0} \tag{9.41}$$

式中,$\boldsymbol{T}^{S_\sigma}$、$\overline{\boldsymbol{T}}$ 分别表示单元应力边界上的面力、已知应力。

离散化模型在离散单元之间的边界面力保持互等相反,由此得出式 (9.41),即 $\boldsymbol{T}^{(V_A)} = -\boldsymbol{T}^{(V_B)}$,$\boldsymbol{T}^{(V_A)}$、$\boldsymbol{T}^{(V_B)}$ 分别表示单元 V_A 以及相邻单元 V_B 在两者公共边界 AB 上的面力。

利用 Lagrange 乘子法,放松平衡条件约束,则所构建的新的空间单元余能泛函可写为

$$\Pi_{\mathrm{C}}^{\mathrm{e}^*}(\boldsymbol{T}, \boldsymbol{\lambda}_T, \boldsymbol{\lambda}_M) = \Pi_{\mathrm{C}}^{\mathrm{e}}(\boldsymbol{T}) + \boldsymbol{\lambda}_T \left(\sum_\alpha \boldsymbol{T}^\alpha \right) + \boldsymbol{\lambda}_M \left(\boldsymbol{T}^\alpha \times \boldsymbol{r}_\alpha \right) \tag{9.42}$$

式中,$\boldsymbol{\lambda}_T$、$\boldsymbol{\lambda}_M$ 为 Lagrange 乘子。

注意:

(1) 式 (9.42) 中包含着求和约定。

(2) 式 (9.42) 中 $\boldsymbol{\lambda}_T \left(\sum_\alpha \boldsymbol{T}^\alpha \right) + \boldsymbol{\lambda}_M \left(\boldsymbol{T}^\alpha \times \boldsymbol{r}_\alpha \right)$ 是单元余能新泛函的附加项,此处 $\boldsymbol{T}^\alpha$ 由单元的局部码编号,即单元的面号 $\alpha = 1, 2, 3, 4, \cdots$。

则系统的新泛函为

$$\Pi_{\mathrm{C}}^{ne^*} = \sum_{ne} \left[\Pi_{\mathrm{C}}^{\mathrm{e}^*}(\boldsymbol{T}, \boldsymbol{\lambda}_T, \boldsymbol{\lambda}_M) \right] \tag{9.43}$$

根据广义余能原理,系统新泛函的驻值条件为

$$\delta \Pi_{\mathrm{C}}^{ne^*} = 0 \tag{9.44}$$

根据式 (9.44) 可以得到平面结构关于单元面力 $\boldsymbol{T}$(此处 $\boldsymbol{T}$ 由结构的整体码编号),以及 Lagrange 乘子的线性方程组,即平面结构基于余能原理的基面力元支配方程

$$\begin{cases} \dfrac{\partial \Pi_{\mathrm{C}}^{ne^*}(\boldsymbol{T}, \boldsymbol{\lambda}_T, \boldsymbol{\lambda}_M)}{\partial \boldsymbol{T}} = 0 \\[3mm] \dfrac{\partial \Pi_{\mathrm{C}}^{ne^*}(\boldsymbol{T}, \boldsymbol{\lambda}_T, \boldsymbol{\lambda}_M)}{\partial \boldsymbol{\lambda}_T} = 0 \\[3mm] \dfrac{\partial \Pi_{\mathrm{C}}^{ne^*}(\boldsymbol{T}, \boldsymbol{\lambda}_T, \boldsymbol{\lambda}_M)}{\partial \boldsymbol{\lambda}_M} = 0 \end{cases} \tag{9.45}$$

　　对于平面问题，结构的余能原理支配方程仍然为式 (9.42)。此时，应注意对平面问题取 $\boldsymbol{\lambda}_T = [\lambda_1, \lambda_2]$。

　　下面将给出平面问题基面力元控制方程 (9.45) 的具体表达式。

　　根据式 (9.45) 的第一式，以及式 (9.42)、式 (9.36) 和式 (9.31)，可推导得

$$\frac{\partial W_{\mathrm{C}}^{\mathrm{e}}}{\partial \boldsymbol{T}^{\alpha}} = \frac{3^{(n+1)/2}\varepsilon_0}{2^{(n+1)/2}\sigma_0^n V^n} \left[\left(\boldsymbol{T}^{\alpha} \cdot \boldsymbol{T}^{\beta} \right) Q_{\alpha\beta} - \frac{1}{3} \left(\boldsymbol{T}^{\alpha} \cdot \boldsymbol{Q}_{\alpha} \right)^2 \right]^{(n-1)/2}$$

$$\cdot \left[Q_{\alpha\beta}\boldsymbol{U} - \frac{1}{3} \left(\boldsymbol{Q}_{\alpha} \otimes \boldsymbol{Q}_{\beta} \right) \right] \cdot \boldsymbol{T}^{\beta} \tag{9.46}$$

$$\frac{\partial \left(\boldsymbol{\lambda}_T \sum\limits_{\alpha} \boldsymbol{T}^{\alpha} \right)}{\partial \boldsymbol{T}^{\alpha}} = \boldsymbol{\lambda}_T \tag{9.47}$$

即

$$\begin{cases} \dfrac{\partial \left(\lambda_1 \sum\limits_{\alpha} \boldsymbol{T}_x^{\alpha} \right)}{\partial \boldsymbol{T}_x^{\alpha}} = \lambda_1 \\[6mm] \dfrac{\partial \left(\lambda_2 \sum\limits_{\alpha} \boldsymbol{T}_y^{\alpha} \right)}{\partial \boldsymbol{T}_y^{\alpha}} = \lambda_2 \end{cases} \tag{9.48}$$

$$\frac{\partial \boldsymbol{\lambda}_M \left(\boldsymbol{T}^{\alpha} \times \boldsymbol{r}_{\alpha} \right)}{\partial \boldsymbol{T}^{\alpha}} = \boldsymbol{\lambda}_M \cdot \boldsymbol{\varepsilon} \cdot \boldsymbol{r}_{\alpha} \tag{9.49}$$

即

$$\begin{cases} \dfrac{\partial \boldsymbol{\lambda}_M \left(\boldsymbol{T}^{\alpha} \times \boldsymbol{r}_{\alpha} \right)}{\partial \boldsymbol{T}_x^{\alpha}} = \boldsymbol{\lambda}_M \cdot y_{\alpha} \cdot \boldsymbol{e} \\[6mm] \dfrac{\partial \boldsymbol{\lambda}_M \left(\boldsymbol{T}^{\alpha} \times \boldsymbol{r}_{\alpha} \right)}{\partial \boldsymbol{T}_y^{\alpha}} = -\boldsymbol{\lambda}_M \cdot x_{\alpha} \cdot \boldsymbol{e} \end{cases} \tag{9.50}$$

式中，x_{α} 和 y_{α} 分别为平面单元边界中点 α 的径矢的两个分量；$\boldsymbol{\varepsilon}$ 为置换张量，其表达式可写为

$$\boldsymbol{\varepsilon} = \varepsilon^{\alpha\beta}\boldsymbol{e}_{\alpha} \otimes \boldsymbol{e}_{\beta} \tag{9.51}$$

　　根据置换符号 $\varepsilon^{\alpha\beta}$ 的性质，可将二维问题置换张量 $\boldsymbol{\varepsilon}$ 在直角坐标系下的表达式写为

$$\boldsymbol{\varepsilon} = \boldsymbol{e}_1 \otimes \boldsymbol{e}_2 - \boldsymbol{e}_2 \otimes \boldsymbol{e}_1 \tag{9.52}$$

由式 (9.45) 的第二式，并考虑到式 (9.42)、式 (9.36) 和式 (9.31)，可得

$$\frac{\partial W_{\mathrm{C}}^{\mathrm{e}}}{\partial \boldsymbol{\lambda}_T} = 0 \tag{9.53}$$

$$\frac{\partial \left(\boldsymbol{\lambda}_T \sum_{\alpha} \boldsymbol{T}^{\alpha} \right)}{\partial \boldsymbol{\lambda}_T} = \sum_{\alpha} \boldsymbol{T}^{\alpha} \tag{9.54}$$

即

$$\begin{cases} \dfrac{\partial \left(\lambda_1 \sum\limits_{\alpha} \boldsymbol{T}_x^{\alpha} \right)}{\partial \lambda_1} = \boldsymbol{T}_x^{\alpha} \\[4mm] \dfrac{\partial \left(\lambda_2 \sum\limits_{\alpha} \boldsymbol{T}_y^{\alpha} \right)}{\partial \lambda_2} = \boldsymbol{T}_y^{\alpha} \end{cases} \tag{9.55}$$

$$\frac{\partial \boldsymbol{\lambda}_M \left(\boldsymbol{T}^{\alpha} \times \boldsymbol{r}_{\alpha} \right)}{\partial \boldsymbol{\lambda}_T} = 0 \tag{9.56}$$

由式 (9.45) 的第三式，并考虑到式 (9.42)、式 (9.36) 和式 (9.31)，可得

$$\frac{\partial W_{\mathrm{C}}^{\mathrm{e}}}{\partial \boldsymbol{\lambda}_M} = 0 \tag{9.57}$$

$$\frac{\partial \left(\boldsymbol{\lambda}_T \sum_{\alpha} \boldsymbol{T}^{\alpha} \right)}{\partial \boldsymbol{\lambda}_M} = 0 \tag{9.58}$$

$$\frac{\partial \boldsymbol{\lambda}_M \left(\boldsymbol{T}^{\alpha} \times \boldsymbol{r}_{\alpha} \right)}{\partial \boldsymbol{\lambda}_M} = \boldsymbol{T}^{\alpha} \times \boldsymbol{r}_{\alpha} \tag{9.59}$$

对单元之间的面力协调约束条件式 (9.41)，本章利用编程，由计算机自动判断相邻单元，并分别赋予两单元接触边上以大小相等、方向相反的单元面力 $\boldsymbol{T}$ 和 $-\boldsymbol{T}$，从而使这一约束条件得到满足。求解上述非线性方程组，可得到各单元的面力 $\boldsymbol{T}$。

9.1.7 节点的位移表达式

对于空间单元和平面单元的节点位移 δ_{α}，可直接利用各单元的支配方程求得，其表达式为

$$\delta_{\alpha} = \frac{\partial \Pi_{\mathrm{C}}^{\mathrm{e}^*} \left(T, \boldsymbol{\lambda}_T, \boldsymbol{\lambda}_M \right)}{\partial \boldsymbol{T}^{\alpha}} \tag{9.60}$$

式 (9.60) 可进一步表示为

$$\delta_\alpha = \frac{\partial \Pi_{\mathrm{C}}^{\mathrm{e}}(\boldsymbol{T})}{\partial \boldsymbol{T}^\alpha} + \frac{\partial \left(\lambda_T \sum\limits_\alpha \boldsymbol{T}^\alpha\right)}{\partial \boldsymbol{T}^\alpha} + \frac{\partial \left(\lambda_M \left(\boldsymbol{T}^\alpha \times \boldsymbol{r}_\alpha\right)\right)}{\partial \boldsymbol{T}^\alpha}$$

$$= \frac{\partial (W_{\mathrm{C}}^{\mathrm{e}} - \overline{\boldsymbol{u}}_\alpha \cdot \boldsymbol{T}^\alpha)}{\partial \boldsymbol{T}^\alpha} + \lambda_T \frac{\partial \left(\sum\limits_\alpha \boldsymbol{T}^\alpha\right)}{\partial \boldsymbol{T}^\alpha} + \lambda_M \frac{\partial (\boldsymbol{T}^\alpha \times \boldsymbol{r}_\alpha)}{\partial \boldsymbol{T}^\alpha}$$

$$= \boldsymbol{C}_{\alpha\beta} \cdot \boldsymbol{T}^\beta - \overline{\boldsymbol{u}}_\alpha + \lambda_T + \lambda_M \frac{\partial (\boldsymbol{T}^\alpha \times \boldsymbol{r}_\alpha)}{\partial \boldsymbol{T}^\alpha} \tag{9.61}$$

注意：式 (9.33) 只有在利用 Lagrange 乘子法将平衡条件放松后才可以使用，即应由单元的支配方程来求位移。

如果给定位移 $\overline{\boldsymbol{u}}_\alpha = \boldsymbol{0}$，那么节点位移可由下面单元的支配方程求得：

$$\boldsymbol{\delta}_\alpha = \frac{\partial W_{\mathrm{C}}^{\mathrm{e}}}{\partial \boldsymbol{T}^\alpha} + \boldsymbol{\lambda}_T \frac{\partial \left(\sum\limits_\alpha \boldsymbol{T}^\alpha\right)}{\partial \boldsymbol{T}^\alpha} + \boldsymbol{\lambda}_M \frac{\partial (\boldsymbol{T}^\alpha \times \boldsymbol{r}_\alpha)}{\partial \boldsymbol{T}^\alpha}$$

$$= \boldsymbol{C}_{\alpha\beta} \cdot \boldsymbol{T}^\beta + \boldsymbol{\lambda}_T + \boldsymbol{\lambda}_M \frac{\partial (\boldsymbol{T}^\alpha \times \boldsymbol{r}_\alpha)}{\partial \boldsymbol{T}^\alpha} \tag{9.62}$$

平面节点位移的展开表达式为

$$\boldsymbol{\delta}_\alpha = \left(C_{\alpha 1 \beta 1} T^{\beta 1} + C_{\alpha 1 \beta 2} T^{\beta 2} + \lambda_1 + \boldsymbol{\lambda}_M r_y\right) \boldsymbol{e}_1$$
$$+ \left(C_{\alpha 2 \beta 1} T^{\beta 1} + C_{\alpha 2 \beta 2} T^{\beta 2} + \lambda_2 - \boldsymbol{\lambda}_M r_x\right) \boldsymbol{e}_2 \tag{9.63}$$

9.1.8　非线性方程的解法

非线性方程的解法是多种多样的，在此主要介绍材料非线性问题的求解方法。当材料应力应变关系是非线性时，对于余能原理，柔度矩阵不是常数，而与力和径矢有关，可记为 $[C(T)]$。这时结构的控制方程是如下的非线性方程组：

$$[C(T)] + \{\varDelta\} = 0 \tag{9.64}$$

求解非线性问题的方法可分为三类，即增量法、迭代法和混合法。

增量法是将荷载划分为许多增量，每次施加一个荷载增量，这些增量可以相等，也可以不等。在一个荷载增量中，假定柔度矩阵是常数，在不同的荷载增量中，柔度矩阵可以有不同的数值，并与应力应变关系相对应。每步施加一个荷载增量

$\{P\}$，先求得单元的面力增量 $\{\Delta T\}$，然后再求得相应的位移增量 $\{\Delta \delta\}$，累积后即得到位移 $\{\delta\}$。增量法是用一系列线性问题去近似非线性问题，实质上是用分段线性的折线去替换非线性曲线。常用的增量法有始点刚度法、中点刚度法。增量法具有适用范围广、可以提供荷载–位移过程线等优点，同时也存在消耗更多的计算时间、不知道误差大小的缺点。

迭代法在每次迭代过程中都施加全部荷载，然后逐步调整位移，使基本方程 (9.64) 得到满足，最后直接求出节点位移和应力分布的最终状态，使之满足非线性的应力应变关系。常用的迭代法有直接迭代法、牛顿法、修正牛顿法、拟牛顿法等。相比增量法，迭代法计算量小一些，精度也能控制，但存在不能给出荷载–位移过程线，以及不能应用于动力问题等缺点。

混合法同时采用了增量法和迭代法，即荷载也划分为荷载增量，但增量的个数较少；而对每一个荷载增量，进行迭代计算，如图 9.6 所示。

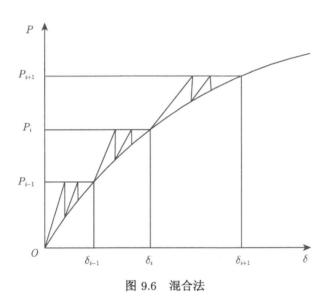

图 9.6　混合法

由图 9.6 可知，混合法在一定程度上包含了增量法和迭代法的优点，并避免了两者的缺点，减少了对每一荷载增量的计算，由于进行迭代，可以估计近似程度。

9.1.9　弹塑性余能原理基面力元程序的主程序框图

利用前面推导的余能原理弹塑性基面力元张量公式，并运用 MATLAB 编制调试出基于基面力概念的余能原理弹塑性基面力元程序，可对平面弹塑性问题进行计算，如图 9.7 所示。

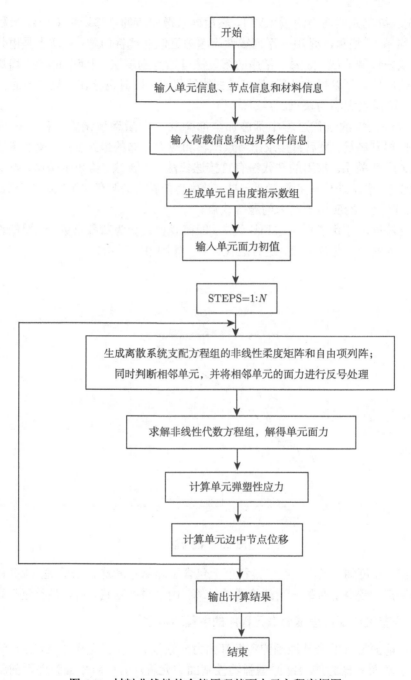

图 9.7　材料非线性的余能原理基面力元主程序框图

9.2　材料非线性余能原理基面力元的退化研究

在 9.1 节中，针对材料非线性，利用基面力概念推导出了基面力表示的单元等效应力张量的表达式、材料非线性的单元柔度矩阵、余能原理基面力元的支配方程以及各节点的位移表达式，利用 MATLAB 语言编制出了材料非线性的余能原理基面力元分析软件。

为了验证材料非线性的余能原理基面力单元法的可行性，本章先将材料非线性的余能原理基面力元模型和分析软件退化为线弹性问题，结合线弹性典型算例进行数值计算，将数值结果与理论解、位移模式有限元中的 Q4 单元解和 Q4R 单元解进行对比，分析讨论材料非线性的余能原理基面力元分析软件退化后的计算性能。本工作为进一步研究材料非线性基面力元模型在材料非线性分析中的应用奠定了基础。

9.2.1　弹塑性基面力元的线弹性退化模型

如前所述，幂次强化模型可表达为

$$\sigma = A\varepsilon^n \tag{9.65}$$

当幂指数 $n = 1$ 时，材料为线弹性。

根据本章中弹塑性单元柔度矩阵的显式表达式

$$\boldsymbol{C}_{\alpha\beta} = \frac{3^{(n+1)/2}\varepsilon_0}{2^{(n+1)/2}\sigma_0^n V^n} \left[\left(\boldsymbol{T}^\alpha \cdot \boldsymbol{T}^\beta\right) Q_{\alpha\beta} - \frac{1}{3}\left(\boldsymbol{T}^\alpha \cdot \boldsymbol{Q}_\alpha\right)^2 \right]^{(n-1)/2}$$

$$\cdot \left[Q_{\alpha\beta}\boldsymbol{U} - \frac{1}{3}\left(\boldsymbol{Q}_\alpha \otimes \boldsymbol{Q}_\beta\right) \right] \tag{9.66}$$

当幂指数 $n = 1$ 时，式 (9.66) 可退化为

$$\boldsymbol{C}_{\alpha\beta} = \frac{3\varepsilon_0}{2\sigma_0 V}\left(Q_{\alpha\beta}\boldsymbol{U} - \frac{1}{3}\boldsymbol{Q}_\alpha \otimes \boldsymbol{Q}_\beta \right) \tag{9.67}$$

对于材料非线性问题，当材料不可压缩时，泊松比取 $\nu = 0.5$，将式 (9.67) 系数加以替换，可以得到

$$\boldsymbol{C}_{\alpha\beta} = \frac{1+\nu}{EV}\cdot\left(Q_{\alpha\beta}\boldsymbol{U} - \frac{\nu}{1+\nu}\boldsymbol{Q}_\alpha \otimes \boldsymbol{Q}_\beta \right) \tag{9.68}$$

对比式 (9.68) 和与第 3 章中式 (3.20)，发现两式完全相同。由于幂次强化弹塑性模型退化为线弹性时，材料泊松比 $\nu \neq 0.5$，故将式 (9.67) 中系数 $1/3$ 替换为 $\dfrac{\nu}{1+\nu}$，即可得到线性公式 (9.68)。

9.2.2　弹塑性基面力元的退化模型验证算例

算例 9.1　矩形平板受单拉问题

目的：验证本章模型在单拉状态下，采用四边形单元网格剖分的应力、应变和位移，以及考察退化的余能原理弹塑性程序中各项计算功能的正确性。

计算条件：如图 9.8 所示，一矩形平板受单向拉伸作用，取 $1/4$ 结构进行研究。计算时按平面应力问题考虑，弹性模量 $E = 1$，泊松比 $\nu = 0.3$，且采用无量纲数值。

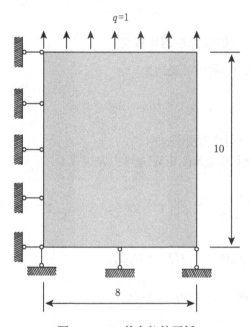

图 9.8　$1/4$ 单向拉伸平板

理论解：

应力：$\sigma_x = 0$，$\sigma_y = 1$，$\tau_{xy} = 0$；

应变：$\varepsilon_x = -\dfrac{\nu}{E}$，$\varepsilon_y = \dfrac{1}{E}$，$\gamma_{xy} = \dfrac{\tau_{xy}}{G} = 0$；

位移：$u_x = -\dfrac{\nu}{E}x$，$u_y = \dfrac{y}{E}$。

计算结果：

　　计算采用自编前处理程序自动剖分的具有边中节点的四边形单元，基面力元网格剖分如图 9.9 所示。

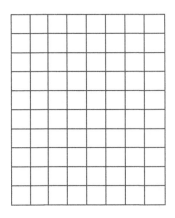

图 9.9　规则四边形单元剖分的矩形平板 (80 个单元，178 个节点)

　　应用本章由弹塑性模型退化的程序进行计算，在单拉受力状态下，各单元的应力值列于表 9.1，可见计算所得应力数值解只有竖向应力分量 $\sigma_y = 1$，与理论解相同。

表 9.1　受单向均布拉力作用矩形平板的应力解

位置 (单元号)	应力					
	数值解			理论解		
	σ_x	σ_y	τ_{xy}	σ_x	σ_y	τ_{xy}
1~80	0.0000	1.0000	0.0000	0.0000	1.0000	0.0000

　　在单拉受力状态下，各单元的应变值列于表 9.2，可见计算所得应变数值解与理论解相同。

表 9.2　受单向均布拉力作用矩形平板的应变解

位置 (单元号)	应变					
	数值解			理论解		
	ε_x	ε_y	γ_{xy}	ε_x	ε_y	γ_{xy}
1~80	-0.3000	1.0000	0.0000	-0.3000	1.0000	0.0000

　　将计算所得结构右端边界上和上端边界上节点的位移值列于表 9.3，可见在单拉受力状态下，计算所得各节点位移数值解与理论解相同。

表 9.3　受单向均布拉力作用矩形平板的位移解

位置		位移			
		理论解		数值解	
x	y	u_x	u_y	u_x	u_y
8.00	0.00	−0.2400	0.0000	−0.2400	0.0000
8.00	1.00	−0.2400	1.0000	−0.2400	1.0000
8.00	2.00	−0.2400	2.0000	−0.2400	2.0000
8.00	3.00	−0.2400	3.0000	−0.2400	3.0000
8.00	4.00	−0.2400	4.0000	−0.2400	4.0000
8.00	5.00	−0.2400	5.0000	−0.2400	5.0000
8.00	6.00	−0.2400	6.0000	−0.2400	6.0000
8.00	7.00	−0.2400	7.0000	−0.2400	7.0000
8.00	8.00	−0.2400	8.0000	−0.2400	8.0000
8.00	9.00	−0.2400	9.0000	−0.2400	9.0000
8.00	10.00	−0.2400	10.0000	−0.2400	10.0000
0.00	10.00	0.0000	10.0000	0.0000	10.0000
1.00	10.00	−0.3000	10.0000	−0.3000	10.0000
2.00	10.00	−0.6000	10.0000	−0.6000	10.0000
3.00	10.00	−0.9000	10.0000	−0.9000	10.0000
4.00	10.00	−1.2000	10.0000	−1.2000	10.0000
5.00	10.00	−1.5000	10.0000	−1.5000	10.0000
6.00	10.00	−1.8000	10.0000	−1.8000	10.0000
7.00	10.00	−2.1000	10.0000	−2.1000	10.0000

算例 9.2　矩形平板受纯剪问题

目的：验证本章模型在纯剪状态下，采用四边形单元网格剖分的应力、应变和位移，以及考察退化线弹性的余能原理基面力元程序中各项计算功能的正确性。

计算条件：如图 9.10 所示，一矩形平板受剪切作用，下端固定。计算时按平面应力问题考虑，去弹性模量 $E=1$，且采用无量纲数值。

理论解：

应力：$\sigma_x = 0$，$\sigma_y = 0$，$\tau_{xy} = 1$；

应变：$\varepsilon_x = 0$，$\varepsilon_y = 0$，$\gamma_{xy} = \dfrac{\tau_{xy}}{G} = \dfrac{\tau_{xy}}{E/2(1+\nu)}$；

应力：$u_x = \gamma_{xy}y$，$u_y = 0$。

计算结果：

计算采用自编前处理程序自动剖分的具有边中节点的四边形单元，基面力网格剖分如图 9.11 所示。

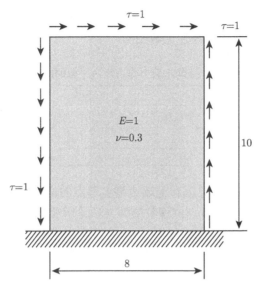

图 9.10 受均布剪力作用的矩形平板

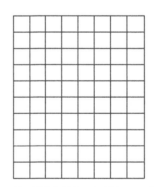

图 9.11 规则四边形单元剖分的矩形平板 (80 个单元, 178 个节点)

应用本章由弹塑性模型退化的程序进行计算, 在纯剪受力状态下, 各单元的应力值列于表 9.4, 可见计算所得应力数值解只有剪应力分量 $\tau_{xy} = 1$, 与理论解相同。

表 9.4 受均布剪力作用矩形平板的应力解

位置 (单元号)	应力					
	数值解			理论解		
	σ_x	σ_y	τ_{xy}	σ_x	σ_y	τ_{xy}
1~80	0.0000	0.0000	1.0000	0.0000	0.0000	1.0000

在纯剪受力状态下，各单元的应变值列于表 9.5，可见计算所得应变数值解只有剪应变分量 $\gamma_{xy} = 2.6000$，与理论解相同。

表 9.5　受均布剪力作用矩形平板的应变解

位置 (单元号)	应变					
	数值解			理论解		
	ε_x	ε_y	γ_{xy}	ε_x	ε_y	γ_{xy}
1~80	0.0000	0.0000	2.6000	0.0000	0.0000	2.6000

将计算所得结构左端边界上和上端边界上节点的位移值列于表 9.6，可见在纯剪受力状态下，计算所得各节点位移数值解与理论解相同。

表 9.6　受均布剪力作用矩形平板的位移解

位置		位移			
		理论解		数值解	
x	y	u_x	u_y	u_x	u_y
0.0	0.0	0.0000	0.0000	0.0000	0.0000
0.0	1.0	2.6000	0.0000	2.6000	0.0000
0.0	2.0	5.2000	0.0000	5.2000	0.0000
0.0	3.0	7.8000	0.0000	7.8000	0.0000
0.0	4.0	10.400	0.0000	10.400	0.0000
0.0	5.0	13.000	0.0000	13.000	0.0000
0.0	6.0	15.6000	0.0000	15.6000	0.0000
0.0	7.0	18.2000	0.0000	18.2000	0.0000
0.0	8.0	20.8000	0.0000	20.8000	0.0000
0.0	9.0	23.4000	0.0000	23.4000	0.0000
0.0	10.0	26.0000	0.0000	26.0000	0.0000
1.0	10.0	26.0000	0.0000	26.0000	0.0000
2.0	10.0	26.0000	0.0000	26.0000	0.0000
3.0	10.0	26.0000	0.0000	26.0000	0.0000
4.0	10.0	26.0000	0.0000	26.0000	0.0000
5.0	10.0	26.0000	0.0000	26.0000	0.0000
6.0	10.0	26.0000	0.0000	26.0000	0.0000
7.0	10.0	26.0000	0.0000	26.0000	0.0000

算例 9.3　悬臂梁端部受集中力作用问题

目的：验证本章模型在悬臂梁受集中力作用下，采用四边形单元网格进行剖分计算的应力和位移，并与理论解、大型通用结构分析软件的计算结果进行对比。

计算条件：如图 9.12 所示，一悬臂梁的自由端部受集中力作用，梁的长度为 $L = 10\text{m}$，高度为 $h = 1\text{m}$，宽度为 $b = 1\text{m}$，弹性模量为 $E = 1 \times 10^4 \text{N/m}^2$，$\nu = 0.3$，集中力为 $P = 5N$。计算时按平面应力问题考虑。

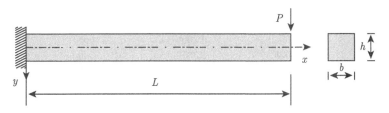

图 9.12 端部承受集中力的悬臂梁

悬臂梁位移的理论解为

$$u_y = \frac{P(L-x)^3}{6EI} - \left(\frac{Ph^2}{8GI} + \frac{PL^2}{2EI}\right)(L-x) + \frac{Ph^2 L}{8GI} + \frac{PL^3}{3EI}$$

应力理论解为

$$\sigma_x = -\frac{12F}{h^3}xy$$

$$\tau_{xy} = -\frac{3P}{2h} + \frac{6F}{h^3}y^2$$

$$\sigma_y = 0$$

其中，I 为矩形截面梁的惯性矩，$I = \frac{1}{12}h^3$。

计算中采用 15×7 的规则四边形单元网格，基面力元网格剖分如图 9.13 所示。

图 9.13 四边形单元剖分的悬臂梁 (105 个单元，232 个节点)

位移解：将应用 4 节点基面力元求解的悬臂梁中心轴上部分节点的竖向位移值，以及与理论解、Q4 单元和 Q4R 单元计算结果的比较列于表 9.7，并绘于图 9.14。

表 9.7 梁中心轴处的竖向位移解

位置 x/m	u_y/m			
	理论解	BFEM 解	Q4 解	Q4R 解
0.6667	0.0143	0.0131	0.0109	0.0130
1.3333	0.0536	0.0530	0.0437	0.0530
2.0000	0.1159	0.1158	0.0961	0.1156
2.6667	0.1996	0.2007	0.1666	0.2005
3.3333	0.3028	0.3054	0.2539	0.3051
4.0000	0.4238	0.4283	0.3562	0.4279
4.6667	0.5608	0.5675	0.4722	0.5670
5.3333	0.7120	0.7213	0.6004	0.7207
6.0000	0.8757	0.8877	0.7391	0.8870
6.6667	1.0500	1.0651	0.8870	1.0642
7.3333	1.2333	1.2515	1.0424	1.2505
8.0000	1.4236	1.4452	1.2039	1.4441
8.6667	1.6193	1.6442	1.3699	1.6430
9.3333	1.8185	1.8471	1.5390	1.8457
10.0000	2.0195	2.0515	1.7096	2.0499

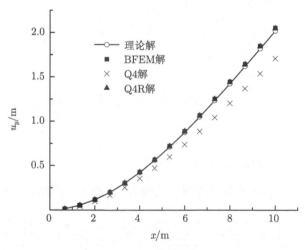

图 9.14 x-u_y 关系曲线

从表 9.7 和图 9.14 可见，应用 4 节点基面力元计算的悬臂梁位移解与理论解比较吻合，位移解曲线比较光滑。相比 Q4 单元解，应用本章方法计算结果具有较高精度。Q4R 单元解与理论解吻合较好，具有较高的计算精度。

应力解：由于在本算例中 y 方向上的正应力为 0，因此只对 x 方向的正应力和剪切应力进行分析，将应用 4 节点基面力元求解悬臂梁 $x = 5$ 截面处各点的正应力和切应力，以及与理论解、Q4 单元和 Q4R 单元计算结果的比较分别列于表 9.8 和表 9.9，并绘于图 9.15 和图 9.16。

表 9.8 悬臂梁的应力解

位置 y/m	σ_x/Pa			
	理论解	BFEM 解	Q4 解	Q4R 解
0.4286	−128.5714	−130.9447	−109.6130	−130.8920
0.2857	−85.7143	−88.2496	−73.0754	−88.1361
0.1429	−42.8571	−43.1611	−36.5373	−43.1534
0.0000	0.0000	0.0000	0.0000	0.0000
−0.1429	42.8571	43.1611	36.5373	43.1534
−0.2857	85.7143	88.2496	73.0754	88.1361
−0.4286	128.5714	130.9446	109.6130	130.8920

从表 9.8、表 9.9 和图 9.15、图 9.16 可见，应用 4 节点基面力元计算的悬臂梁应力解与理论解比较吻合。相比 Q4 单元、Q4R 单元的计算结果，应用本章方法计算结果具有较高精度，表明本计算程序能较好地模拟该悬臂梁算例的应力场情况。

对于中性轴上各切应力分量存在误差原因，需进一步分析。

表 9.9 悬臂梁的应力解

位置 y/m	τ_{xy}/Pa			
	理论解	BFEM 解	Q4 解	Q4R 解
0.4286	−1.9898	−1.3885	−2.3901	−1.2965
0.2857	−5.0510	−5.4394	−5.0005	−5.6933
0.1429	−6.8878	−7.3614	−6.5657	−7.0206
0.0000	−7.5000	−6.6211	−7.0876	−6.9792
−0.1429	−6.8878	−7.3614	−6.5657	−7.0206
−0.2857	−5.0510	−5.4393	−5.0005	−5.6933
−0.4286	−1.9898	−1.3885	−2.3901	−1.2965

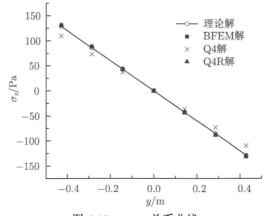

图 9.15 y-σ_x 关系曲线

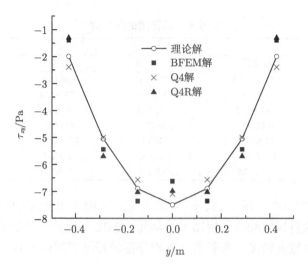

图 9.16　y-τ_{xy} 关系曲线

算例 9.4　悬臂梁端部受纯弯矩作用问题

目的: 验证本章模型在悬臂梁受纯弯矩作用下, 采用四边形单元网格进行剖分计算的应力、位移, 并与理论解、大型通用结构分析软件的计算结果进行对比。

计算条件: 如图 9.17 所示, 一悬臂梁的自由端受弯矩作用, 梁的长度为 $L = 10\mathrm{m}$, 高度为 $h = 1\mathrm{m}$, 宽度为 $b = 1\mathrm{m}$, 弹性模量为 $E = 1 \times 10^9 \mathrm{N/m^2}$, $\nu = 0.3$, 弯矩 $M = 1000\mathrm{N \cdot m}$。计算时按平面应力问题考虑。

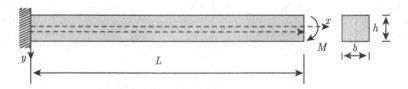

图 9.17　端部承受弯矩的悬臂梁

悬臂梁位移的理论解为

$$u_y = \frac{M}{2EI}x^2 + \nu\frac{M}{2EI}y^2$$

应力理论解为

$$\sigma_x = My/I$$
$$\sigma_y = 0$$
$$\tau_{xy} = 0$$

其中, I 为矩形截面梁的惯性矩, $I = \dfrac{1}{12}h^3$。

计算中采用 15×7 的规则四边形单元网格, 基面力元网格剖分如图 9.18 所示。

图 9.18　四边形单元剖分的悬臂梁 (105 个单元, 232 个节点)

位移解: 将应用 4 节点基面力元求解的悬臂梁中心轴上部分节点的竖向位移值, 以及与理论解、Q4 单元和 Q4R 单元计算结果的比较列于表 9.10, 并绘于图 9.19。

从表 9.10 和图 9.19 可见, 应用 4 节点基面力元计算的悬臂梁位移解与理论解比较吻合, 位移解曲线比较光滑。相比 Q4 单元解, 应用本章方法的计算结果具有较高精度。Q4R 单元解与理论解吻合较好, 具有较高的计算精度。

应力解: 由于在本算例中 y 方向上的正应力以及剪应力为 0, 因此只对 x 方向的正应力进行分析, 将应用 4 节点基面力元求解的悬臂梁 $x = 5$ 截面处各点的正应力, 以及与理论解、Q4 单元和 Q4R 单元计算结果的比较分别列于表 9.11, 并绘于图 9.20。

表 9.10　梁中心轴处的竖向位移解

位置 x/m	u_y/m			
	理论解	BFEM 解	Q4 解	Q4R 解
0.6667	2.6669	2.0000	0.0188	0.0226
1.3333	10.6661	11.0000	0.0801	0.0974
2.0000	24.0000	24.0000	0.1820	0.2200
2.6667	42.6677	43.0000	0.3260	0.3930
3.3333	66.6653	68.0000	0.5110	0.6150
4.0000	96.0000	98.0000	0.7370	0.8870
4.6667	130.6685	133.0000	1.0100	1.2100
5.3333	170.6645	174.0000	1.3100	1.5800
6.0000	216.0000	220.0000	1.6600	2.0000
6.6667	266.6693	272.0000	2.0600	2.4700
7.3333	322.6637	329.0000	2.4900	2.9900
8.0000	384.0000	391.0000	2.9600	3.5600
8.6667	450.6701	460.0000	3.4800	4.1700
9.3333	522.6629	533.0000	4.0400	4.8400
10.0000	600.0000	612.0000	4.6400	5.5600

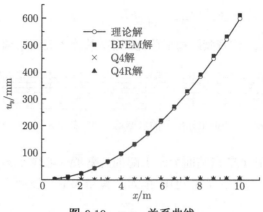

图 9.19　$x\text{-}u_y$ 关系曲线

从表 9.11 和图 9.20 可见, 应用 4 节点基面力元计算的悬臂梁应力解与理论解比较吻合。相比 Q4 单元、Q4R 单元的计算结果, 应用本章方法的计算结果具有较高精度, 表明本计算程序能较好地模拟该悬臂梁算例的应力场情况。

表 9.11　悬臂梁的应力解

位置 y/m	σ_x/Pa			
	理论解	BFEM 解	Q4 解	Q4R 解
0.4286	−5142.8571	−5231.6352	−4384.5200	−5233.3000
0.2857	−3428.5714	−3529.0939	−2923.0200	−3529.2600
0.1429	−1714.2857	−1746.6619	−1461.4900	−1725.2200
0.0000	0.0000	0.0007	0.0002	0.0002
−0.1429	1714.2857	1746.6633	1461.4900	1725.2200
−0.2857	3428.5714	3529.0954	2923.0200	3529.2600
−0.4286	5142.8571	5231.6316	4384.5200	5233.3000

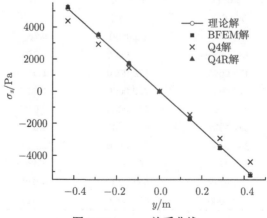

图 9.20　$y\text{-}\sigma_x$ 关系曲线

算例 9.5 悬臂梁受均布荷载作用问题

目的: 验证本章模型在悬臂梁受均布荷载作用下, 采用四边形单元网格进行剖分计算的应力和位移, 并与理论解、大型通用结构分析软件的计算结果进行对比。

计算条件: 如图 9.21 所示, 一悬臂梁受均布荷载作用。梁的长度为 $L = 10\text{m}$, 高度为 $h = 1\text{m}$, 宽度 $b = 1\text{m}$, 弹性模量 $E = 1.0 \times 10^6 \text{Pa}$, 泊松比 $\nu = 0$, 均布荷载 $q = 1.0\text{N} / \text{m}$, 计算时按平面应力问题考虑。

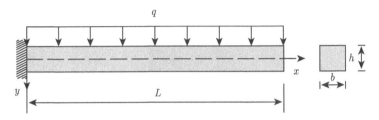

图 9.21 端部承受均布荷载的悬臂梁

悬臂梁位移的理论解为

$$u_y = \frac{qx^2}{24EI} \left(x^2 - 4Lx + 6L^2 \right)$$

应力理论解为

$$\sigma_x = -\frac{qx^2 y}{2I} + \frac{q}{2I} \left(\frac{2}{3} y^3 - \frac{h^2}{10} y \right)$$

$$\sigma_y = -\frac{q}{2} \left(1 - \frac{3y}{h} + \frac{4y^3}{h^3} \right)$$

其中, I 为矩形截面梁的惯性矩, $I = \frac{1}{12} h^3$。

计算中采用 15×7 的规则四边形单元网格, 基面力元网格剖分如图 9.22 所示。

图 9.22 四边形单元剖分的悬臂梁 (105 个单元, 232 个节点)

位移解: 将应用 4 节点基面力元求解悬臂梁中心轴上部分节点的竖向位移值, 以及与理论解、Q4 单元和 Q4R 单元计算结果的比较列于表 9.12, 并绘于图 9.23。

表 9.12   梁中心轴处的竖向位移解

位置 x/m	u_y/m			
	理论解	BFEM 解	Q4 解	Q4R 解
0.6667	0.0001	0.0001	0.0001	0.0001
1.3333	0.0005	0.0005	0.0004	0.0005
2.0000	0.0010	0.0011	0.0009	0.0011
2.6667	0.0018	0.0019	0.0016	0.0019
3.3333	0.0027	0.0028	0.0023	0.0028
4.0000	0.0036	0.0038	0.0032	0.0038
4.6667	0.0047	0.0049	0.0041	0.0049
5.3333	0.0059	0.0061	0.0051	0.0061
6.0000	0.0071	0.0074	0.0062	0.0074
6.6667	0.0084	0.0087	0.0072	0.0087
7.3333	0.0097	0.0100	0.0083	0.0100
8.0000	0.0110	0.0113	0.0095	0.0114
8.6667	0.0123	0.0127	1.0106	0.0127
9.3333	0.0137	0.0141	1.0117	0.0141
10.0000	0.0150	0.0154	1.0129	0.0154

从表 9.12 和图 9.23 可见，应用 4 节点基面力元计算的悬臂梁位移解与理论解比较吻合，位移解曲线比较光滑。相比 Q4 单元解，应用本章方法的计算结果具有较高精度。Q4R 单元解与理论解吻合较好，具有较高的计算精度。

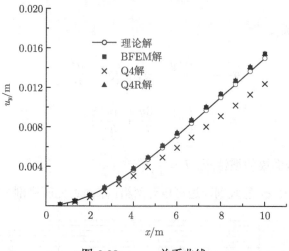

图 9.23 x-u_y 关系曲线

应力解：将应用 4 节点基面力元求解的悬臂梁 $x = 5$ 截面处各点应力，以及与理论解、Q4 单元和 Q4R 单元计算结果的比较分别列于表 9.13~ 表 9.15，并绘于图 9.24~ 图 9.26。

表 9.13 悬臂梁的应力解

位置 x/m	σ_x/Pa			
	理论解	BFEM 解	Q4 解	Q4R 解
0.4286	−64.2280	−65.8521	−54.9886	−65.5005
0.2857	−42.9353	−44.0289	−36.7586	−44.7557
0.1429	−21.5026	−21.9948	−18.4087	−21.4086
0.0000	0.0000	0.0061	0.0000	0.0050
−0.1429	21.5026	21.9782	18.4087	21.3941
−0.2857	42.9353	44.0447	36.7587	44.7700
−0.4286	64.2280	65.8467	54.9886	65.4958

表 9.14 悬臂梁的应力解

位置 y/m	σ_y/Pa			
	理论解	BFEM 解	Q4 解	Q4R 解
0.4286	−0.0146	−0.0590	0.0210	0.8150
0.2857	−0.1181	−0.1724	−0.1042	−0.0555
0.1429	−0.2915	−0.3036	−0.2866	−0.8851
0.0000	−0.5000	−0.5029	−0.5000	−0.5024
−0.1429	−0.7085	−0.6896	−0.7134	−0.1089
−0.2857	−0.8819	−0.8267	−0.8958	−0.9424
−0.4286	−0.9854	−0.9498	−1.0210	−1.8273

表 9.15 悬臂梁的应力解

位置 y/m	τ_{xy}/Pa			
	理论解	BFEM 解	Q4 解	Q4R 解
0.4286	−1.9898	−1.8931	−2.3901	−1.3533
0.2857	−5.0510	−5.0081	−5.0005	−5.6707
0.1429	−6.8878	−6.8626	−6.5657	−6.9667
0.0000	−7.5000	−7.4715	−7.0876	−7.0182
−0.1429	−6.8878	−6.8587	−6.5657	−6.9627
−0.2857	−5.0510	−5.0203	−5.0005	−5.6837
−0.4286	−1.9898	−1.8854	−2.3901	−1.3449

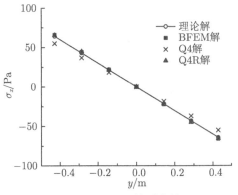

图 9.24 y-σ_x 关系曲线

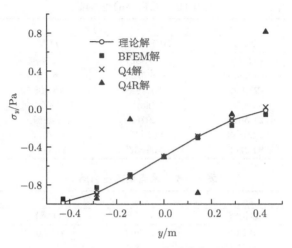

图 9.25　y-σ_y 关系曲线

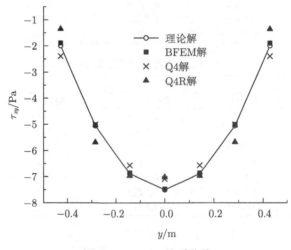

图 9.26　y-τ_{xy} 关系曲线

从表 9.13～表 9.15 和图 9.24～图 9.26 可见，应用 4 节点基面力元计算的悬臂梁应力解与理论解比较吻合。相比 Q4 单元、Q4R 单元的计算结果，应用本章方法的计算结果具有较高精度，表明本计算程序能较好地模拟该悬臂梁算例的应力场情况。

算例 9.6　悬臂曲梁顶端受剪力作用问题

目的：验证本章模型在悬臂曲梁顶端受剪力作用下，采用四边形单元网格进行剖分计算的应力、位移，并与理论解结果进行对比。

计算条件：如图 9.27 所示，悬臂曲梁顶端受剪力作用。计算时按平面应力问题考虑，采用无量纲数值，其中 $a = 1$，$b = 1$，$P = 1$，$E = 1$，$\nu = 0.3$。

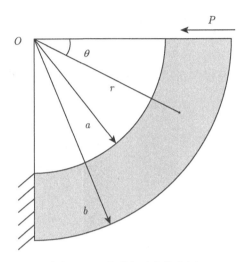

图 9.27　承受水平力的曲梁

理论解：

应力：

$$\sigma_r = \frac{P}{N} \left(r - \frac{a^2 + b^2}{r} + \frac{a^2 b^2}{r^3} \right) \sin\theta$$

$$\sigma_\theta = \frac{P}{N} \left(3r - \frac{a^2 + b^2}{r} - \frac{a^2 b^2}{r^3} \right) \sin\theta$$

$$\tau_{r\theta} = -\frac{P}{N} \left(r - \frac{a^2 + b^2}{r} + \frac{a^2 b^2}{r^3} \right) \cos\theta$$

其中，$N = a^2 - b^2 + \left(a^2 + b^2 \right) \ln \dfrac{b}{a}$。

位移：

$$u_r = -\frac{2D}{E} \theta \cos\theta + \frac{\sin\theta}{E} \left[Ar^2 \left(1 - 3\nu \right) + \frac{B}{r^2} \left(1 + \nu \right) + D \left(1 - \nu \right) \ln r \right]$$

$$+ K \sin\theta + L \cos\theta$$

$$u_\theta = \frac{2D}{E} \theta \sin\theta - \frac{\cos\theta}{E} \left[Ar^2 \left(5 + \nu \right) + \frac{B}{r^2} \left(1 + \nu \right) - D \left(1 - \nu \right) \ln r \right]$$

$$+ \frac{D(1+\nu)}{E}\cos\theta + K\sin\theta - L\cos\theta + Hr$$

其中, $A = -\dfrac{P}{2N}, B = \dfrac{Pa^2b^2}{2N}, D = \dfrac{P}{N}\left(a^2 + b^2\right)$ ，K, L, H 由约束条件来确定。

计算结果:

计算采用自编前处理程序自动剖分的具有边中节点的四边形单元，基面力元网格剖分如图 9.28 所示。

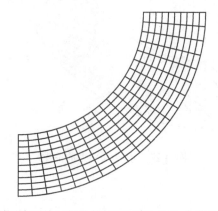

图 9.28　规则四边形单元剖分的矩形平板 (200 个单元，430 个节点)

应力场: 本章应用由弹塑性模型退化的程序进行计算, 在悬臂曲梁顶端受剪力作用状态下, $\theta = 40.5°$ 时各单元的应力值列于表 9.16，并绘于图 9.29。

表 9.16　悬臂曲梁的应力解

位置 r	σ_r		σ_θ		τ_{xy}	
	BFEM 解	理论解	BFEM 解	理论解	BFEM 解	理论解
1.0250	−0.5393	−0.5404	−21.2335	−20.9425	0.6304	0.6327
1.0750	−1.3170	−1.3140	−15.6424	−15.4251	1.5421	1.5384
1.1250	−1.7704	−1.7601	−10.6391	−10.4865	2.0752	2.0608
1.1750	−1.9639	−1.9550	−6.1073	−6.0183	2.2953	2.2890
1.2250	−1.9601	−1.9560	−1.9773	−1.9364	2.3009	2.2902
1.2750	−1.8101	−1.8063	1.8456	1.8251	2.1148	2.1149
1.3250	−1.5317	−1.5391	5.3749	5.3186	1.7960	1.8021
1.3750	−1.1683	−1.1800	8.7001	8.5861	1.3696	1.3816
1.4250	−0.7293	−0.7489	11.8101	11.6615	0.8498	0.8768
1.4750	−0.2300	−0.2611	14.7669	14.5726	0.2719	0.3058

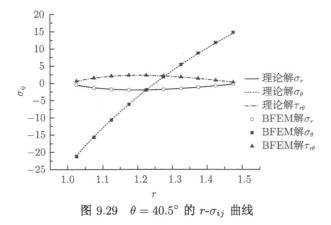

图 9.29 $\theta = 40.5°$ 的 r-σ_{ij} 曲线

$r = 1.3250$ 时各单元的应力值列于表 9.17，并绘制图 9.30。可见悬臂曲梁顶端受剪力作用下，弹塑性模型退化的程序计算所得各单元的应力数值解与理论解相同。

表 9.17 悬臂曲梁的应力解

位置 θ	σ_r		σ_θ		τ_{xy}	
	BFEM 解	理论解	BFEM 解	理论解	BFEM 解	理论解
4.5	-0.1535	-0.1859	0.6563	0.6425	2.3457	2.3626
13.5	-0.5545	-0.5532	1.9385	1.9118	2.3037	2.3044
22.5	-0.9062	-0.9069	3.1694	3.1340	2.1839	2.1895
31.5	-1.2337	-1.2383	4.3255	4.2790	2.0138	2.0207
40.5	-1.5317	-1.5391	5.3749	5.3186	1.796	1.8021
49.5	-1.7914	-1.8021	6.2908	6.2273	1.5351	1.5391
58.5	-2.0101	-2.0207	7.0532	6.9826	1.2368	1.2383
67.5	-2.1929	-2.1895	7.6602	7.5660	0.8999	0.9069
76.5	-2.415	-2.3044	8.2571	7.9631	0.5284	0.5532

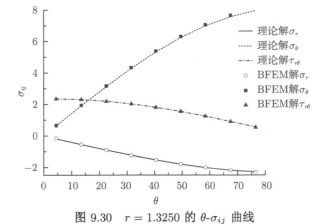

图 9.30 $r = 1.3250$ 的 θ-σ_{ij} 曲线

位移场：将计算所得的径向位移 u_r 和环向位移 u_θ 的数值解及其与理论解的比较列于表 9.18，可见弹塑性模型退化的程序计算所得各节点的位移数值解与理论解基本相同。

表 9.18　悬臂曲梁的位移解

位置		位移			
		理论解		BFEM 解	
r	θ	u_r	u_θ	u_r	u_θ
1.0250	0.0000	−150.6779	62.8793	−152.2307	63.7943
1.0492	6.7500	−138.3594	49.7191	−139.8016	50.5574
1.0750	13.5000	−124.3990	38.6058	−125.7099	39.3002
1.0992	20.2500	−109.3161	29.0735	−110.5397	29.6919
1.1250	27.0000	−93.6283	21.5273	−94.6810	22.0483
1.1491	33.7500	−77.8537	15.4159	−78.8416	15.8795
1.1750	40.5000	−62.4866	11.0261	−63.2783	11.4189
1.1991	47.2500	−47.9961	7.7353	−48.7711	8.0711
1.2250	54.0000	−34.8147	5.6818	−35.3886	5.9724
1.2490	60.7500	−23.3206	4.2513	−23.9434	4.4846
1.2750	67.5000	−13.8507	3.4510	−14.2904	3.6333
1.2990	74.2500	−6.6600	2.7122	−7.2252	2.8107
1.3250	81.0000	−1.9631	1.9061	−2.3462	1.9022

9.3　材料非线性的余能原理基面力元性能研究

针对材料非线性的问题，进一步探讨材料非线性的余能原理基面力单元法在该问题中的应用，结合材料非线性问题的典型算例进行数值计算，并与位移模式有限元中 Q4 单元、Q4R 单元的计算结果进行对比，分析并讨论本章材料非线性的余能原理基面力元模型及软件的适用性，奠定材料非线性的余能原理基面力单元法在材料非线性工程实例分析中的基础。

算例 9.7　矩形平板受单拉问题

计算条件：如图 9.31 所示，一本构模型为 $\varepsilon = 0.002\left(\dfrac{\sigma}{200}\right)^5$ 的单位厚度矩形平板受单向拉伸作用，计算时取 1/4 结构进行研究。泊松比 $\nu = 0.5$，计算时按平面应力问题考虑，采用全量法进行数值计算。

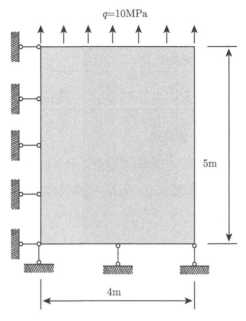

图 9.31 1/4 单向拉伸平板

理论解：

应力：$\sigma_x = 0$，$\sigma_y = 10\mathrm{MPa}$，$\tau_{xy} = 0$。

计算结果：计算采用自编前处理程序自动剖分的具有边中节点的四边形单元，基面力元网格剖分如图 9.32 所示。

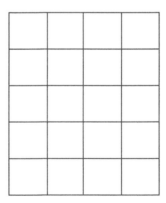

图 9.32 规则四边形单元剖分的矩形平板 (20 个单元，49 个节点)

应用本章材料非线性的余能原理基面力单元法程序进行计算，在单拉受力状态下，各单元的应力值列于表 9.19，可见计算所得应力数值解只有竖向应力分量 $\sigma_y = 10$，与理论解相同。

表 9.19   受单向均布拉力作用矩形平板的应力解

位置 (单元号)	应力/MPa					
	数值解			理论解		
	σ_x	σ_y	τ_{xy}	σ_x	σ_y	τ_{xy}
1~20	0.0000	10.0000	0.0000	0.0000	10.0000	0.0000

算例 9.8　矩形平板受纯剪问题

计算条件：如图 9.33 所示，一本构模型为 $\varepsilon = 0.002 \left(\dfrac{\sigma}{200} \right)^5$ 的单位厚度矩形平板受剪切作用，下端固定。泊松比 $\nu = 0.5$，计算时按平面应力问题考虑，采用全量法进行数值计算。

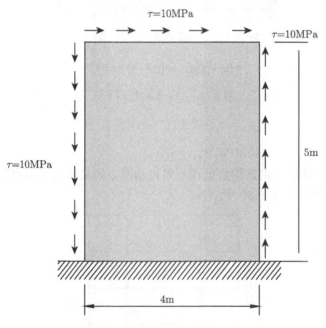

图 9.33   受均布剪力作用的矩形平板

理论解：

应力：$\sigma_x = 0$, $\sigma_y = 0$, $\tau_{xy} = 10\text{MPa}$。

计算结果：

计算采用自编前处理程序自动剖分的具有边中节点的四边形单元，基面力元网格剖分如图 9.34 所示。

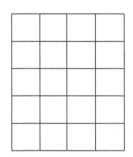

图 9.34 规则四边形单元剖分的矩形平板 (20 个单元, 49 个节点)

应用本章的弹塑性模型程序进行计算, 在纯剪受力状态下, 各单元的应力值列于表 9.20, 可见计算所得应力数值解只有剪应力分量 $\tau_{xy} = 10$, 与理论解相同。

表 9.20 受均布剪力作用矩形平板的应力解

位置 (单元号)	应力/MPa					
	数值解			理论解		
	σ_x	σ_y	τ_{xy}	σ_x	σ_y	τ_{xy}
1~20	0.0000	0.0000	10.0000	0.0000	0.0000	10.0000

算例 9.9 悬臂梁自由端受集中力作用问题

计算条件: 如图 9.35 所示的受集中力作用的悬臂梁, 梁长 $L = 8$m, 梁高 $h = 1$m, $b = 1$m, 按平面应力计算。端部受集中力荷载作用 $P = 10^3$kN, 不计自重。材料的弹性模量 $E = 100$GPa, 泊松比 $\nu = 0.5$, 屈服极限 $\sigma_s = 25$MPa, 采用线性强化模型, 并服从 Mises 屈服条件, $E' = 0.2E$。采用增量法进行数值计算。

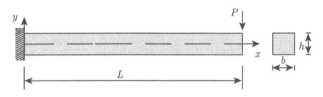

图 9.35 端部受集中力的悬臂梁

计算结果:

计算时, 采用 15×9 的规则四边形单元网格, 基面力元网格剖分如图 9.36 所示。

图 9.36 四边形单元剖分的悬臂梁 (135 个单元, 294 个边中节点)

位移解：将应用非线性基面力单元法求解的悬臂梁中心轴上部分节点的竖向位移值，以及与 Q4 单元和 Q4R 单元计算结果的比较列于表 9.21，并绘于图 9.37。

表 9.21   梁中心轴处的竖向位移解

位置 x/m	u_y/m		
	BFEM 解	Q4 解	Q4R 解
0.5333	−0.0002	−0.0002	−0.0002
1.0667	−0.0010	−0.0007	−0.0010
1.6000	−0.0021	−0.0015	−0.0020
2.1333	−0.0035	−0.0025	−0.0034
2.6667	−0.0051	−0.0038	−0.0051
3.2000	−0.0070	−0.0052	−0.0070
3.7333	−0.0090	−0.0068	−0.0090
4.2667	−0.0112	−0.0085	−0.0111
4.8000	−0.0135	−0.0103	−0.0134
5.3333	−0.0159	−0.0122	−0.0159
5.8667	−0.0184	−0.0142	−0.0184
6.4000	−0.0210	−0.0162	−0.0209
6.9333	−0.0237	−0.0183	−0.0236
7.4667	−0.0263	−0.0204	−0.0262
8.0000	−0.0290	−0.0226	−0.0289

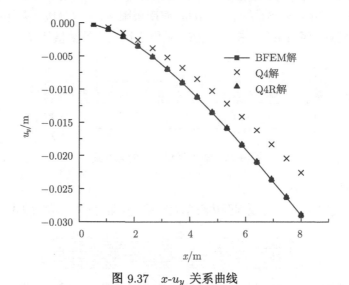

图 9.37 x-u_y 关系曲线

从表 9.21 和图 9.37 可见，应用材料非线性基面力元计算的悬臂梁位移解与

Q4R 单元解吻合较好, 具有较高的计算精度。

同时, 图 9.38 给出了梁右端中点挠度与荷载的本章解与线弹性解的对比关系。可以看出, 当荷载超过弹性极限时, 材料就开始屈服了, 进入弹塑性阶段。

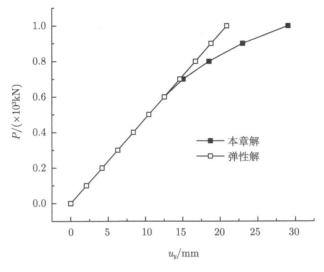

图 9.38 $P\text{-}u_y$ 关系曲线

应力解: 由于在本算例中 y 方向上的正应力为 0, 因此只对 x 方向的正应力和剪切应力进行分析, 将应用材料非线性基面力元求解的悬臂梁 $x = 4$ 截面处各点的正应力和切应力, 及其与理论解、Q4 单元和 Q4R 单元计算结果的比较分别列于表 9.22、表 9.23, 并绘于图 9.39、图 9.40。

表 9.22　悬臂梁的应力解

位置 y/m	σ_x/MPa		
	BFEM 解	Q4 解	Q4R 解
0.4444	−21.5709	−19.1435	−21.5790
0.3333	−16.4106	−14.3513	−16.4012
0.2222	−10.5399	−9.5659	−10.5192
0.1111	−5.4071	−4.7829	−5.3737
0.0000	0.0000	0.0000	0.0000
−0.1111	5.4071	4.7829	5.3737
−0.2222	10.5399	9.5659	10.5192
−0.3333	16.4106	14.3513	16.4012
−0.4444	21.5708	19.1435	21.5790

表 9.23　悬臂梁的应力解

位置 y/m	τ_{xy}/MPa		
	BFEM 解	Q4 解	Q4R 解
0.4444	−0.2362	−0.3857	−0.2011
0.3333	−1.0000	−0.8453	−1.1009
0.2222	−1.2053	−1.1749	−1.1537
0.1111	−1.2500	−1.3739	−1.2665
0.0000	−1.6171	−1.4404	−1.5556
−0.1111	−1.2500	−1.3739	−1.2665
−0.2222	−1.2053	−1.1749	−1.1537
−0.3333	−1.0000	−0.8453	−1.1009
−0.4444	−0.2362	−0.3857	−0.2011

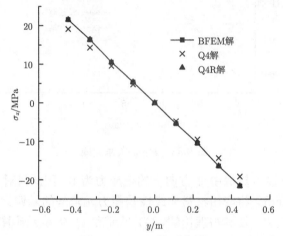

图 9.39　y-σ_x 关系曲线

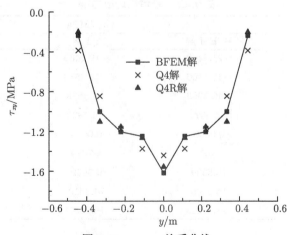

图 9.40　y-τ_{xy} 关系曲线

从表 9.22、表 9.23 和图 9.39、图 9.40 可见, 应用材料非线性基面力元计算的悬臂梁应力解与 Q4R 单元的计算结果比较吻合, 应用本章方法计算结果具有较高精度, 表明本计算程序能较好地模拟该弹塑性算例的应力场情况。

卸载: 对悬臂梁进行卸载, 由于产生塑性变形, 卸载后不能恢复, 将卸载后悬臂梁中心轴上部分节点的竖向位移值, 以及与 Q4 单元和 Q4R 单元计算结果的比较列于表 9.24, 并绘于图 9.41。

表 9.24　梁中心轴处的竖向位移解

位置 x/m	u_y/m		
	BFEM 解	Q4 解	Q4R 解
0.5333	−0.0001	−0.0001	−0.0001
1.0667	−0.0004	−0.0002	−0.0004
1.6000	−0.0009	−0.0005	−0.0009
2.1333	−0.0014	−0.0007	−0.0014
2.6667	−0.0020	−0.0010	−0.0020
3.2000	−0.0026	−0.0013	−0.0026
3.7333	−0.0032	−0.0016	−0.0032
4.2667	−0.0038	−0.0020	−0.0038
4.8000	−0.0045	−0.0023	−0.0044
5.3333	−0.0051	−0.0026	−0.0050
5.8667	−0.0057	−0.0029	−0.0056
6.4000	−0.0063	−0.0032	−0.0062
6.9333	−0.0069	−0.0035	−0.0068
7.4667	−0.0075	−0.0038	−0.0074
8.0000	−0.0081	−0.0041	−0.0080

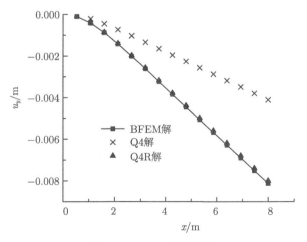

图 9.41　x-u_y 关系曲线

算例 9.10　悬臂梁受均布荷载作用问题

计算条件: 如图 9.42 所示的受均布荷载作用的悬臂梁, 梁长 $L = 8\mathrm{m}$, 梁高 $h = 1\mathrm{m}$, $b = 1\mathrm{m}$, 按平面应力计算。端上部受均布荷载作用 $q = 10^3\mathrm{kN/m}$, 不计自重。材料的弹性模量 $E = 100\mathrm{GPa}$, 泊松比 $\nu = 0.5$, 屈服极限 $\sigma_s = 25\mathrm{MPa}$, 采用线性强化模型, 并服从 Mises 屈服条件, $E' = 0.2E$。采用增量法进行数值计算。

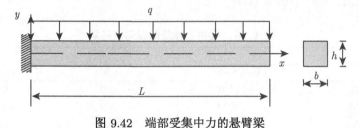

图 9.42　端部受集中力的悬臂梁

计算结果:

计算时, 采用 15×9 的规则四边形单元网格, 基面力元网格剖分如图 9.43 所示。

图 9.43　四边形单元剖分的悬臂梁 (135 个单元, 294 个边中节点)

位移解: 将应用非线性基面力元求解悬臂梁中心轴上部分节点的竖向位移值, 及其与 Q4 单元和 Q4R 单元计算结果的比较列于表 9.25, 并绘于图 9.44。

表 9.25　梁中心轴处的竖向位移解

位置 x/m	u_y/m		
	BFEM 解	Q4 解	Q4R 解
0.5333	-0.0023	-0.0020	-0.0022
1.0667	-0.0089	-0.0077	-0.0087
1.6000	-0.0187	-0.0161	-0.0184
2.1333	-0.0311	-0.0269	-0.0308
2.6667	-0.0457	-0.0394	-0.0452
3.2000	-0.0618	-0.0533	-0.0613
3.7333	-0.0791	-0.0680	-0.0784
4.2667	-0.0971	-0.0834	-0.0963
4.8000	-0.1154	-0.0990	-0.1146
5.3333	-0.1339	-0.1147	-0.1330
5.8667	-0.1526	-0.1306	-0.1516
6.4000	-0.1713	-0.1465	-0.1703
6.9333	-0.1901	-0.1625	-0.1890
7.4667	-0.2089	-0.1785	-0.2076
8.0000	-0.2277	-0.1945	-0.2264

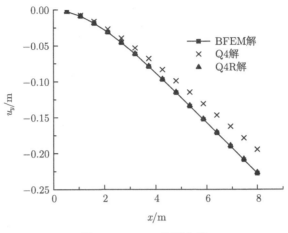

图 9.44　x-u_y 关系曲线

从表 9.25 和图 9.44 可见，应用材料非线性基面力元计算的悬臂梁位移解与 Q4R 单元解吻合较好，具有较高的计算精度。

同时，图 9.45 给出了梁右端中点挠度与荷载的本章解与线弹性解的对比关系。可以看出，当荷载超过弹性极限时，材料就开始屈服了，进入弹塑性阶段。

应力解：由于在本算例中 y 方向上的正应力为 0，因此只对 x 方向的正应力和剪切应力进行分析，将应用材料非线性基面力元求解的悬臂梁 $x = 4$ 截面处各点的正应力和切应力，以及与理论解、Q4 单元和 Q4R 单元计算结果的比较分别列于表 9.26、表 9.27，并绘于图 9.46、图 9.47。

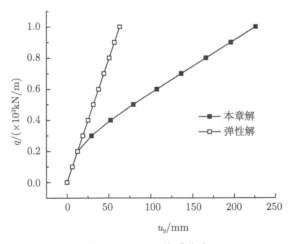

图 9.45　q-u_y 关系曲线

表 9.26   悬臂梁的应力解

位置 y/m	σ_x/MPa		
	BFEM 解	Q4 解	Q4R 解
0.4444	−37.6315	−33.5560	−37.4642
0.3333	−33.8547	−29.4727	−33.7558
0.2222	−27.5616	−24.5153	−27.8744
0.1111	−18.9121	−14.8160	−19.1200
0.0000	0.1807	0.2201	0.2103
−0.1111	19.2992	15.1862	19.6019
−0.2222	27.3936	24.3693	27.6506
−0.3333	33.6697	29.2704	33.5471
−0.4444	37.4167	33.3129	37.2046

表 9.27   悬臂梁的应力解

位置 y/m	τ_{xy}/MPa		
	BFEM 解	Q4 解	Q4R 解
0.4444	−0.6081	−1.1543	−0.4352
0.3333	−3.7668	−2.7178	−4.2054
0.2222	−4.8068	−4.2239	−4.3945
0.1111	−5.2277	−6.2765	−5.4436
0.0000	−7.0118	−7.3274	−7.0371
−0.1111	−5.5799	−6.1962	−5.4106
−0.2222	−4.8099	−4.1793	−4.4001
−0.3333	−3.8152	−2.7456	−4.2469
−0.4444	−0.5961	−1.1693	−0.4265

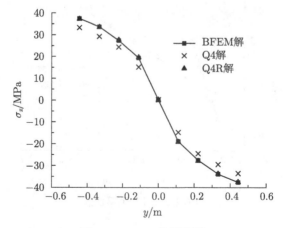

图 9.46 y-σ_x 关系曲线

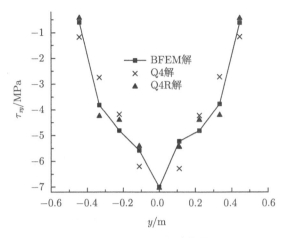

图 9.47 y-τ_{xy} 关系曲线

从表 9.26、表 9.27 和图 9.46、图 9.47 可见，应用材料非线性基面力元计算的悬臂梁应力解与 Q4R 单元的计算结果比较吻合，应用本章方法的计算结果具有较高精度。表明本计算程序能较好地模拟该弹塑性算例的应力场情况。

卸载：对悬臂梁进行卸载，由于产生塑性变形，卸载后不能恢复，将卸载后悬臂梁中心轴上部分节点的竖向位移值，以及与 Q4 单元和 Q4R 单元计算结果的比较列于表 9.28，并绘于图 9.48。

表 9.28 梁中心轴处的竖向位移解

位置 x/m	u_y/m		
	BFEM 解	Q4 解	Q4R 解
0.5333	−0.0018	−0.0015	−0.0016
1.0667	−0.0067	−0.0057	−0.0066
1.6000	−0.0141	−0.0120	−0.0138
2.1333	−0.0234	−0.0200	−0.0231
2.6667	−0.0343	−0.0293	−0.0338
3.2000	−0.0462	−0.0394	−0.0457
3.7333	−0.0589	−0.0501	−0.0582
4.2667	−0.0719	−0.0611	−0.0712
4.8000	−0.0851	−0.0721	−0.0844
5.3333	−0.0984	−0.0832	−0.0975
5.8667	−0.1116	−0.0943	−0.1106
6.4000	−0.1248	−0.1053	−0.1238
6.9333	−0.1381	−0.1164	−0.1369
7.4667	−0.1513	−0.1275	−0.1501
8.0000	−0.1645	−0.1385	−0.1632

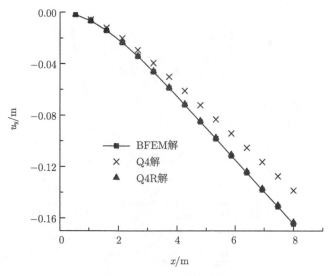

图 9.48　x-u_y 关系曲线

算例 9.11　悬臂梁自由端受弯矩作用问题

计算条件: 如图 9.49 所示的受均布荷载作用的悬臂梁, 梁长 $L = 8\mathrm{m}$, 梁高 $h = 1\mathrm{m}$, 梁宽 $b = 1\mathrm{m}$, 按平面应力计算。端部受弯矩 $M = 1\mathrm{kN/m}$, 不计自重。材料的弹性模量 $E = 1 \times 10^8 \mathrm{N/m^2}$, 泊松比 $\nu = 0.5$, 屈服极限 $\sigma_s = 3500\mathrm{Pa}$, 采用线性强化模型, 并服从 Mises 屈服条件, $E' = 0.2E$。采用增量法进行数值计算。

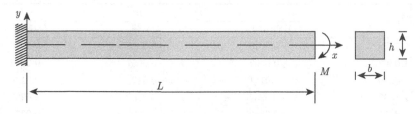

图 9.49　端部受均布荷载的悬臂梁

计算结果:

计算时, 采用 15×9 的规则四边形单元网格, 基面力元网格剖分如图 9.50 所示。

图 9.50　四边形单元剖分的悬臂梁 (135 个单元, 294 个边中节点)

位移解: 将应用材料非线性基面力元求解的悬臂梁中心轴上部分节点的竖向位移值, 以及与 Q4 单元和 Q4R 单元计算结果的比较列于表 9.29, 并绘于图 9.51。

从表 9.29 和图 9.51 可见, 应用材料非线性基面力元计算的悬臂梁位移解与 Q4R 单元解吻合较好, 具有较高的计算精度。

表 9.29　梁中心轴处的竖向位移解

位置 x/m	u_y/mm		
	BFEM 解	Q4 解	Q4R 解
0.5333	−0.0250	−0.0178	−0.0241
1.0667	−0.1100	−0.0792	−0.1090
1.6000	−0.2520	−0.1841	−0.2505
2.1333	−0.4510	−0.3322	−0.4493
2.6667	−0.7090	−0.5237	−0.7062
3.2000	−1.0230	−0.7585	−1.0201
3.7333	−1.3950	−1.0367	−1.3918
4.2667	−1.8250	−1.3582	−1.8209
4.8000	−2.3120	−1.7231	−2.3073
5.3333	−2.8570	−2.1313	−2.8516
5.8667	−3.4590	−2.5828	−3.4529
6.4000	−4.1180	−3.0777	−4.1122
6.9333	−4.8370	−3.6159	−4.8289
7.4667	−5.6100	−4.1975	−5.6021
8.0000	−6.4440	−4.8227	−6.4362

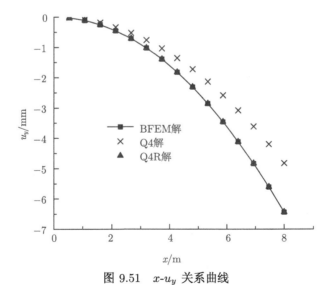

图 9.51　x-u_y 关系曲线

同时, 图 9.52 给出了梁右端中点挠度与荷载的本章解与线弹性解的对比关系。

可以看出, 当荷载超过弹性极限时, 材料就开始屈服了, 进入弹塑性阶段。

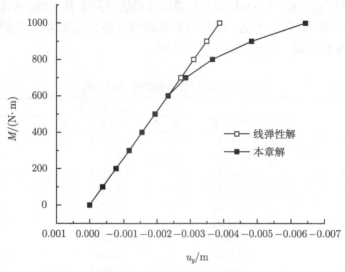

图 9.52　u_y-M 关系曲线

应力解: 由于在本算例中 y 方向上的正应力为 0, 因此只对 x 方向的正应力和剪切应力进行分析, 将应用材料非线性基面力元求解的悬臂梁 $x = 4$ 截面处各点的正应力和切应力, 以及与理论解、Q4 单元和 Q4R 单元计算结果的比较分别列于表 9.30, 并绘于图 9.53。

表 9.30　悬臂梁的应力解

位置 y/m	σ_x/MPa		
	BFEM 解	Q4 解	Q4R 解
0.4444	−0.0046	−0.0041	−0.0046
0.3333	−0.0042	−0.0037	−0.0042
0.2222	−0.0037	−0.0032	−0.0037
0.1111	−0.0022	−0.0017	−0.0022
0.0000	0.0000	0.0000	0.0000
−0.1111	0.0022	0.0017	0.0022
−0.2222	0.0037	0.0032	0.0037
−0.3333	0.0042	0.0037	0.0042
−0.4444	0.0046	0.0041	0.0046

从表 9.30 和图 9.53 可见, 应用材料非线性基面力元计算的悬臂梁应力解与 Q4R 单元的计算结果比较吻合, 应用本章方法的计算结果具有较高精度, 表明本计算程序能较好地模拟该弹塑性算例的应力场情况。

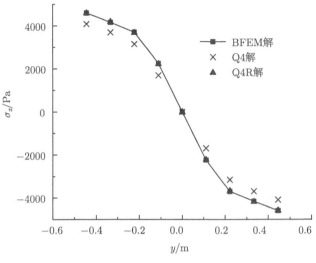

图 9.53 y-σ_x 关系曲线

卸载: 对悬臂梁进行卸载, 由于产生塑性变形, 卸载后不能恢复, 将卸载后悬臂梁中心轴上部分节点的竖向位移值, 以及与 Q4 单元和 Q4R 单元计算结果的比较列于表 9.31, 并绘于图 9.54。

表 9.31   梁中心轴处的竖向位移解

位置 x/m	u_y/mm		
	BFEM 解	Q4 解	Q4R 解
0.5333	−0.009	−0.00432	−0.00894
1.0667	−0.042	−0.02024	−0.04151
1.6000	−0.098	−0.04908	−0.09731
2.1333	−0.177	−0.09048	−0.17559
2.6667	−0.279	−0.1445	−0.27732
3.2000	−0.404	−0.21113	−0.40163
3.7333	−0.552	−0.29036	−0.54912
4.2667	−0.723	−0.3822	−0.71948
4.8000	−0.916	−0.48666	−0.91273
5.3333	−1.133	−0.60372	−1.12915
5.8667	−1.373	−0.73339	−1.36815
6.4000	−1.636	−0.87566	−1.6306
6.9333	−1.921	−1.03052	−1.91552
7.4667	−2.231	−1.19828	−2.22368
8.0000	−2.561	−1.37765	−2.55548

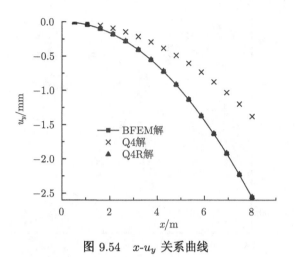

图 9.54　x-u_y 关系曲线

算例 9.12　汛期混凝土重力坝

一混凝土重力坝如图 9.55 所示，坝高 65m，底宽 49m，混凝土弹性模量为 $E = 15\text{GPa}$，泊松比取 $\nu = 0.5$，混凝土密度为 2.45t/m^3，采用线性强化模型，并服从 Mises 屈服条件，屈服极限 $\sigma_s = 0.8\text{MPa}$，$E' = 0.2E$，水密度为 1t/m^3，在汛期水位为 60m，计算时按平面应变问题考虑，在水压力和混凝土重力共同作用下对大坝进行分析。

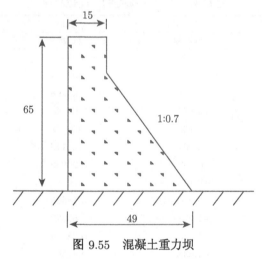

图 9.55　混凝土重力坝

采用 20×40 的 4 节点四边形单元对大坝进行网格剖分，网格如图 9.56 所示。

利用材料非线性的余能原理基面力单元法程序对汛期重力坝的位移场进行分析，与大型通用结构分析软件中的 Q4 单元和 Q4R 单元计算结果进行对比，挡水面上节点的位移场对比结果如图 9.57 和图 9.58 所示。

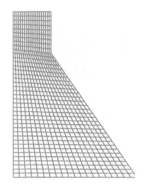

图 9.56 四边形单元剖分的重力坝网格 (600 个单元，1225 个节点)

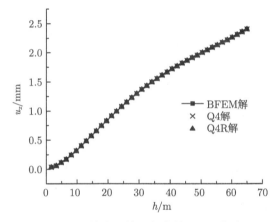

图 9.57 挡水面单元节点的 h-u_x 曲线

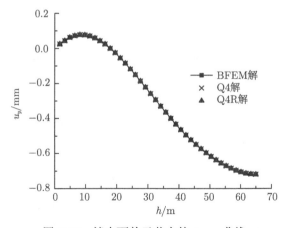

图 9.58 挡水面单元节点的 h-u_y 曲线

9.4 本 章 小 结

(1) 本章将基于余能原理的基面力单元法拓展到弹塑性分析的领域, 推导出了余能原理弹塑性基面力元模型, 编制了 MATLAB 软件, 具体工作如下:

(a) 介绍了非线性材料的常用简化模型。

(b) 利用基面力概念, 推导了弹塑性单元柔度矩阵直接表达式的具体形式

$$C_{\alpha\beta} = \frac{3^{(n+1)/2}\varepsilon_0}{2^{(n+1)/2}\sigma_0^n V^n} \left[\left(T^\alpha \cdot T^\beta \right) Q_{\alpha\beta} - \frac{1}{3} \left(T^\alpha \cdot Q_\alpha \right)^2 \right]^{(n-1)/2}$$
$$\cdot \left[Q_{\alpha\beta} U - \frac{1}{3} \left(Q_\alpha \otimes Q_\beta \right) \right] T^\beta$$

(c) 运用广义余能原理中的 Lagrange 乘子法, 推导出以基面力为基本未知量的弹塑性余能原理基面力单元法的支配方程。

(d) 给出了余能原理弹塑性基面力单元法的节点位移表达式

$$\delta_\alpha = \left(C_{\alpha 1 \beta 1} T^{\beta 1} + C_{\alpha 1 \beta 2} T^{\beta 2} + \lambda_1 + \lambda_3 r_y \right) e_1$$
$$+ \left(C_{\alpha 2 \beta 1} T^{\beta 1} + C_{\alpha 2 \beta 2} T^{\beta 2} + \lambda_2 - \lambda_3 r_x \right) e_2$$

(e) 利用 MATLAB 研制出了材料非线性的余能原理基面力单元法软件。

(2) 将余能原理弹塑性基面力元模型进行退化, 编制了材料非线性的余能原理基面力元退化模型的基面力元软件, 结合线弹性典型算例, 对矩形平板受单拉、纯剪, 悬臂梁受集中力、纯弯矩均布荷载, 以及曲梁受径向集中力, 带孔矩形板受均布荷载等算例进行数值计算, 分析讨论了本章余能原理弹塑性基面力元的退化线弹性模型的适用性。

(3) 数值计算结果表明: 本章退化的程序可以用于计算平面问题算例分析, 其数值计算结果精度较高, 与理论解吻合较好, 验证了本章方法的可行性。

(4) 本章针对材料非线性的问题, 进一步探讨材料非线性的余能原理基面力单元法在材料非线性典型算例分析中的应用, 并将数值分析结果与位移模式有限元中 Q4 单元、Q4R 单元的计算结果进行对比, 分析并讨论本章材料非线性的余能原理基面力单元法模型及软件的适用性。

(5) 研究结果表明: 材料非线性的余能原理基面力单元法的计算结果与 Q4R 单元的计算结果吻合较好, 在单元长细比大的情况下, 本章方法相比 Q4 单元计算结果精度较高、网格依赖性小的优点, 验证了本章模型及软件的可行性, 奠定了材料非线性的余能原理基面力单元法在材料非线性工程实例分析中的基础。

第 10 章 基于余能原理的三维基面力单元法

单元柔度矩阵的生成是余能有限元法的核心。长期以来，基于余能原理的有限元法一直沿用一种思路，即先构造出单元的应力插值函数，然后再通过积分求解出单元柔度矩阵。但是这种思路的不足是：一方面，要找到能保证应力在单元内、单元交界、应力边界上均保持平衡的插值函数比较困难；另一方面，单元柔度矩阵一般不能得出积分显式，需借助数值积分求解，且编程较为复杂。那么，单元柔度矩阵的构造有没有更简洁的表达形式？

本章将在高玉臣工作 [17] 的基础上，针对三维问题，进一步推导以基面力表示的空间六面体单元的柔度矩阵，以及空间结构余能原理基面力元的支配方程，利用 MATLAB 编制三维空间的余能原理基面力单元法分析软件。在前处理部分，运用大型通用有限元软件进行剖分得到空间多面体的角节点，提取这些角节点的信息，并运用 MATLAB 编制前处理软件得到相应的单元面中节点信息和单元信息。

10.1 基于余能原理的三维基面力元模型

10.1.1 基面力表示的空间单元应力张量矩阵形式

如图 10.1 所示的三维 6 节点单元。当单元足够小时，假设应力均匀地分布在每一个面上，A、B、C、D、E、F 分别表示该三维 6 节点单元的上、左、下、右、前、后六个面，r_A、r_B、r_C、r_D、r_E、r_F 分别表示这六个面上形心的径矢，T^A、T^B、T^C、T^D、T^E、T^F 分别表示这六个面上面力的合力，即单元面力或节点力。

单元的平均应力可写为

$$\overline{\boldsymbol{\sigma}} = \frac{1}{V} \iiint\limits_A \boldsymbol{\sigma} \mathrm{d}V \tag{10.1}$$

式中，V 为单元的体积。

在第 2 章中，已推导出基面力 T^i 表示的 Cauchy 应力张量 $\boldsymbol{\sigma}$ 表达式

$$\boldsymbol{\sigma} = \frac{1}{V_Q} \boldsymbol{T}^i \otimes \boldsymbol{Q}_i \tag{10.2}$$

式中，Q_i 为当前构形下坐标系的矢基；V_Q 为变形后的基容，即由三个基矢分量 Q_1、Q_2 和 Q_3 组成的混合积，其公式为

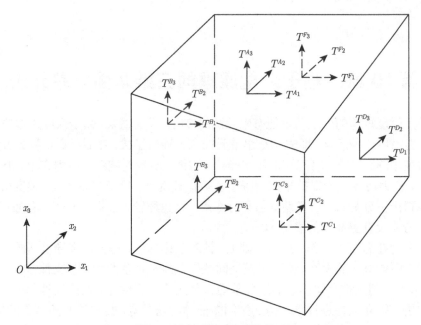

图 10.1　三维 6 节点的单元

$$V_Q = (\boldsymbol{Q}_1, \boldsymbol{Q}_2, \boldsymbol{Q}_3) \tag{10.3}$$

将 $\boldsymbol{\sigma} = \dfrac{1}{V_Q}\boldsymbol{T}^i \otimes \boldsymbol{Q}_i$ 代入式 (10.1)，可得

$$\overline{\boldsymbol{\sigma}} = \frac{1}{V} \iiint\limits_{A} \frac{1}{V_Q} \boldsymbol{T}^i \otimes \boldsymbol{Q}_i \mathrm{d}V \tag{10.4}$$

根据高斯[113]定理，可将式 (10.4) 中单元 A 的体积分变换为单元 A 边界的面积分，即单元的平均应力的表达式为

$$\overline{\boldsymbol{\sigma}} = \frac{1}{V} \iint\limits_{A} \boldsymbol{T} \otimes \boldsymbol{r} \mathrm{d}S \tag{10.5}$$

式中，r 为单元 A 边界上应力向量 $\boldsymbol{T}$ 作用点的径矢，V 为单元 A 的体积。

单元 A 的应力 $\boldsymbol{\sigma}$ 应该表示为平均应力 $\overline{\boldsymbol{\sigma}}$ 与应力偏量 $\tilde{\boldsymbol{\sigma}}$ 的和，即

$$\boldsymbol{\sigma} = \overline{\boldsymbol{\sigma}} + \tilde{\boldsymbol{\sigma}} \tag{10.6}$$

当单元 A 足够小时，应力偏量可忽略不计，所以 $\boldsymbol{\sigma}$ 可用 $\overline{\boldsymbol{\sigma}}$ 代替。

考虑如图 10.1 所示的六面体。α、β、γ、$\cdots$ 为六面体的各个面，α_g、β_g、γ_g、$\cdots$ 为每个面的形心，r_α、r_β、r_γ、$\cdots$ 为由原点 O 指向每个面形心的径矢，$\boldsymbol{T}^\alpha$、$\boldsymbol{T}^\beta$、$\boldsymbol{T}^\gamma$、$\cdots$ 表示每一个面上的力向量 (即单元面力或节点力)。

假设应力均匀地分布在每一个面, 则由式 (10.5) 可得出

$$\overline{\boldsymbol{\sigma}} = \frac{1}{V} \boldsymbol{T}^{\alpha} \otimes \boldsymbol{r}_{\alpha} \tag{10.7}$$

应该注意的是:

(1) 这里包含了求和约定;

(2) 对小变形情况, $\boldsymbol{r}_{\alpha}$ 为单元面形心 α_g 在变形前的径矢;

(3) 余能原理基面力元计算求出单元面力 $\boldsymbol{T}$ 后, 程序可根据该式计算各单元的应力。

对于三维空间问题

$$\begin{cases} \boldsymbol{T}^A = T^{A_1} \boldsymbol{e}_1 + T^{A_2} \boldsymbol{e}_2 + T^{A_3} \boldsymbol{e}_3 \\ \boldsymbol{r}_A = r_{A_1} \boldsymbol{e}_1 + r_{A_2} \boldsymbol{e}_2 + r_{A_3} \boldsymbol{e}_3 \end{cases} \tag{10.8}$$

根据式 (10.8) 将式 (10.7) 展开:

$$\overline{\boldsymbol{\sigma}} = \frac{1}{V} \sum_{A=1}^{6} T^{A_i} \boldsymbol{e}_i \otimes r_{A_j} \boldsymbol{e}_j = \frac{1}{V} \sum_{A=1}^{n} T^{A_i} r_{A_j} \boldsymbol{e}_i \otimes \boldsymbol{e}_j \tag{10.9}$$

单元应力张量的展开式为

$$\begin{aligned} \overline{\boldsymbol{\sigma}} = \frac{1}{V} \sum_{A=1}^{6} (&T^{A_1} r_{A_1} \boldsymbol{e}_1 \otimes \boldsymbol{e}_1 + T^{A_1} r_{A_2} \boldsymbol{e}_1 \otimes \boldsymbol{e}_2 + T^{A_1} r_{A_3} \boldsymbol{e}_1 \otimes \boldsymbol{e}_3 \\ &+ T^{A_2} r_{A_1} \boldsymbol{e}_2 \otimes \boldsymbol{e}_1 + T^{A_2} r_{A_2} \boldsymbol{e}_2 \otimes \boldsymbol{e}_2 + T^{A_2} r_{A_3} \boldsymbol{e}_2 \otimes \boldsymbol{e}_3 \\ &+ T^{A_3} r_{A_1} \boldsymbol{e}_3 \otimes \boldsymbol{e}_1 + T^{A_3} r_{A_2} \boldsymbol{e}_3 \otimes \boldsymbol{e}_2 + T^{A_3} r_{A_3} \boldsymbol{e}_3 \otimes \boldsymbol{e}_3) \end{aligned} \tag{10.10}$$

由此可得, 单元应力张量的矩阵形式为

$$\overline{\boldsymbol{\sigma}} = \frac{1}{V} \sum_{A=1}^{6} \begin{pmatrix} T^{A_1} r_{A_1} & T^{A_1} r_{A_2} & T^{A_1} r_{A_3} \\ T^{A_2} r_{A_1} & T^{A_2} r_{A_2} & T^{A_2} r_{A_3} \\ T^{A_3} r_{A_1} & T^{A_3} r_{A_2} & T^{A_3} r_{A_3} \end{pmatrix} \tag{10.11}$$

10.1.2　基面力表示的空间单元余能表达式

对各向同性材料, 单位质量的余能 (即余能密度) 可由应力表示为

$$W_{\text{C}} = \frac{1+\nu}{2\rho_0 E} \left[\boldsymbol{\sigma} : \boldsymbol{\sigma} - \frac{\nu}{1+\nu} (\boldsymbol{\sigma} : \boldsymbol{U})^2 \right] \tag{10.12}$$

式中, ρ_0 为变形前的物质密度; E 为弹性模量; $\boldsymbol{\sigma}$ 为应力张量; ν 为泊松比; $\boldsymbol{U}$ 为单位张量。

由式 (10.6) 知 $\boldsymbol{\sigma} = \overline{\boldsymbol{\sigma}} + \tilde{\boldsymbol{\sigma}}$，当 $\tilde{\boldsymbol{\sigma}}$ 被忽略时，有

$$W_{\mathrm{C}} = \frac{1+\nu}{2\rho_0 E}\left[\overline{\boldsymbol{\sigma}} : \overline{\boldsymbol{\sigma}} - \frac{\nu}{1+\nu}(\overline{\boldsymbol{\sigma}} : \boldsymbol{U})^2\right] \tag{10.13}$$

则空间单元的余能为

$$W_{\mathrm{C}}^{\mathrm{e}} = \frac{(1+\nu)V}{2E}\left[\overline{\boldsymbol{\sigma}} : \overline{\boldsymbol{\sigma}} - \frac{\nu}{1+\nu}(\overline{\boldsymbol{\sigma}} : \boldsymbol{U})^2\right] \tag{10.14}$$

式中，V 为单元的体积。

将式 (10.7)，即 $\overline{\boldsymbol{\sigma}} = \dfrac{1}{V}\boldsymbol{T}^\alpha \otimes \boldsymbol{r}_\alpha$ 代入式 (10.14)，并根据矢量运算规则以及 $\boldsymbol{U} = \boldsymbol{P}_\alpha \otimes \boldsymbol{P}^\alpha$，得到基面力表示的空间单元余能表达式

$$W_{\mathrm{C}}^{\mathrm{e}} = \frac{1+\nu}{2EV}\left[\left(\boldsymbol{T}^\alpha \cdot \boldsymbol{T}^\beta\right)r_{\alpha\beta} - \frac{\nu}{1+\nu}\left(\boldsymbol{T}^\beta \cdot \boldsymbol{r}_\alpha\right)^2\right] \tag{10.15}$$

注意：在式 (10.15) 中包含着求和约定；V 为单元的体积。

10.1.3　三维单元的柔度矩阵

式 (10.15) 的推导中，用到了以下两个平衡条件：

$$\sum_\alpha \boldsymbol{T}^\alpha = \boldsymbol{0}, \quad \boldsymbol{T}^\alpha \times \boldsymbol{r}_\alpha = \boldsymbol{0} \tag{10.16}$$

由式 (10.15) 可得到与 $\boldsymbol{T}^\alpha$ 相应的广义位移

$$\boldsymbol{\delta}_\alpha = \frac{\partial W_{\mathrm{C}}^{\mathrm{e}}}{\partial \boldsymbol{T}^\alpha} = \boldsymbol{C}_{\alpha\beta} \cdot \boldsymbol{T}^\beta \tag{10.17}$$

式中，$\boldsymbol{C}_{\alpha\beta}$ 为单元柔度矩阵。

在式 (10.17) 广义位移的推导过程中，单元面力为独立变量，由平衡条件 (10.16) 限制。所以，只有在利用 Lagrange 乘子法将平衡条件放松后，才可以使用方程 (10.17)。

由以上可知，三维单元柔度矩阵的直接表达式为

$$\boldsymbol{C}_{\alpha\beta} = \frac{1+\nu}{EV}\left(r_{\alpha\beta}\boldsymbol{U} - \frac{\nu}{1+\nu}\boldsymbol{r}_\alpha \otimes \boldsymbol{r}_\beta\right) \quad (\alpha,\beta = 1,2,3,4,5,6) \tag{10.18}$$

式中，$\boldsymbol{U}$ 为单位张量，$\boldsymbol{r}_\alpha$、$\boldsymbol{r}_\beta$ 为由原点 O 指向每个面形心的径矢。

对于空间问题，$\boldsymbol{U}$、$\boldsymbol{r}_\alpha$、$\boldsymbol{r}_\beta$ 在三维坐标系下的表达式为

$$\boldsymbol{U} = \boldsymbol{e}_1 \otimes \boldsymbol{e}_1 + \boldsymbol{e}_2 \otimes \boldsymbol{e}_2 + \boldsymbol{e}_3 \otimes \boldsymbol{e}_3 \tag{10.19}$$

$$\boldsymbol{r}_\alpha = \left\{\begin{array}{c} r_{\alpha 1} \\ r_{\alpha 2} \\ r_{\alpha 3} \end{array}\right\}, \quad \boldsymbol{r}_\beta = \left\{\begin{array}{c} r_{\beta 1} \\ r_{\beta 2} \\ r_{\beta 3} \end{array}\right\} \tag{10.20}$$

又

$$r_{\alpha\beta} = \boldsymbol{r}_\alpha \cdot \boldsymbol{r}_\beta \tag{10.21}$$

将式 (10.19)～ 式(10.21) 代入式 (10.18)，可得

$$\begin{aligned}
\boldsymbol{C}_{\alpha\beta} = \frac{1+\nu}{EV}\Big\{&(r_{\alpha1}r_{\beta1}\boldsymbol{e}_1\otimes\boldsymbol{e}_1 + r_{\alpha2}r_{\beta2}\boldsymbol{e}_1\otimes\boldsymbol{e}_1 + r_{\alpha3}r_{\beta3}\boldsymbol{e}_1\otimes\boldsymbol{e}_1 + r_{\alpha1}r_{\beta1}\boldsymbol{e}_2\otimes\boldsymbol{e}_2 \\
&+ r_{\alpha2}r_{\beta2}\boldsymbol{e}_2\otimes\boldsymbol{e}_2 + r_{\alpha3}r_{\beta3}\boldsymbol{e}_2\otimes\boldsymbol{e}_2 + r_{\alpha1}r_{\beta1}\boldsymbol{e}_3\otimes\boldsymbol{e}_3 + r_{\alpha2}r_{\beta2}\boldsymbol{e}_3\otimes\boldsymbol{e}_3 \\
&+ r_{\alpha3}r_{\beta3}\boldsymbol{e}_3\otimes\boldsymbol{e}_3) - \frac{\nu}{1+\nu}(r_{\alpha1}r_{\beta1}\boldsymbol{e}_1\otimes\boldsymbol{e}_1 + r_{\alpha1}r_{\beta2}\boldsymbol{e}_1\otimes\boldsymbol{e}_2 + r_{\alpha1}r_{\beta3}\boldsymbol{e}_1\otimes\boldsymbol{e}_3 \\
&+ r_{\alpha2}r_{\beta1}\boldsymbol{e}_2\otimes\boldsymbol{e}_1 + r_{\alpha2}r_{\beta2}\boldsymbol{e}_2\otimes\boldsymbol{e}_2 + r_{\alpha2}r_{\beta3}\boldsymbol{e}_2\otimes\boldsymbol{e}_3 + r_{\alpha3}r_{\beta1}\boldsymbol{e}_3\otimes\boldsymbol{e}_1 \\
&+ r_{\alpha3}r_{\beta2}\boldsymbol{e}_3\otimes\boldsymbol{e}_2 + r_{\alpha3}r_{\beta3}\boldsymbol{e}_3\otimes\boldsymbol{e}_3)\Big\}
\end{aligned} \tag{10.22}$$

整理可得

$$\begin{aligned}
\boldsymbol{C}_{\alpha\beta} = \frac{1+\nu}{EV}\Big\{&\Big(\frac{1}{1+\nu}r_{\alpha1}r_{\beta1} + r_{\alpha2}r_{\beta2} + r_{\alpha3}r_{\beta3}\Big)\boldsymbol{e}_1\otimes\boldsymbol{e}_1 - \frac{\nu}{1+\nu}r_{\alpha1}r_{\beta2}\boldsymbol{e}_1\otimes\boldsymbol{e}_2 \\
&- \frac{\nu}{1+\nu}r_{\alpha1}r_{\beta3}\boldsymbol{e}_1\otimes\boldsymbol{e}_3 - \frac{\nu}{1+\nu}r_{\alpha2}r_{\beta1}\boldsymbol{e}_2\otimes\boldsymbol{e}_1 + \Big(r_{\alpha1}r_{\beta1} + \frac{1}{1+\nu}r_{\alpha2}r_{\beta2} \\
&+ r_{\alpha3}r_{\beta3}\Big)\boldsymbol{e}_2\otimes\boldsymbol{e}_2 - \frac{\nu}{1+\nu}r_{\alpha2}r_{\beta3}\boldsymbol{e}_2\otimes\boldsymbol{e}_3 - \frac{\nu}{1+\nu}r_{\alpha3}r_{\beta1}\boldsymbol{e}_3\otimes\boldsymbol{e}_1 \\
&- \frac{\nu}{1+\nu}r_{\alpha3}r_{\beta2}\boldsymbol{e}_3\otimes\boldsymbol{e}_2 + \Big(r_{\alpha1}r_{\beta1} + r_{\alpha2}r_{\beta2} + \frac{1}{1+\nu}r_{\alpha3}r_{\beta3}\Big)\boldsymbol{e}_3\otimes\boldsymbol{e}_3\Big\}
\end{aligned} \tag{10.23}$$

为了方便推导空间单元柔度的矩阵表达式，将式 (10.22) 简写为

$$\begin{aligned}
\boldsymbol{C}_{\alpha\beta} = &C_{\alpha1\beta1}\boldsymbol{e}_1\otimes\boldsymbol{e}_1 + C_{\alpha1\beta2}\boldsymbol{e}_1\otimes\boldsymbol{e}_2 + C_{\alpha1\beta3}\boldsymbol{e}_1\otimes\boldsymbol{e}_3 + C_{\alpha2\beta1}\boldsymbol{e}_2\otimes\boldsymbol{e}_1 + C_{\alpha2\beta2}\boldsymbol{e}_2\otimes\boldsymbol{e}_2 \\
&+ C_{\alpha2\beta3}\boldsymbol{e}_2\otimes\boldsymbol{e}_3 + C_{\alpha3\beta1}\boldsymbol{e}_3\otimes\boldsymbol{e}_1 + C_{\alpha3\beta2}\boldsymbol{e}_3\otimes\boldsymbol{e}_2 + C_{\alpha3\beta3}\boldsymbol{e}_3\otimes\boldsymbol{e}_3
\end{aligned} \tag{10.24}$$

由此得到，空间单元柔度矩阵 $\boldsymbol{C}_{\alpha\beta}$ 的形式为

$$\boldsymbol{C}_{\alpha\beta} = \frac{1+\nu}{EV}\begin{bmatrix} \dfrac{1}{1+\nu}r_{\alpha1}r_{\beta1} + r_{\alpha2}r_{\beta2} + r_{\alpha3}r_{\beta3} & -\dfrac{\nu}{1+\nu}r_{\alpha1}r_{\beta2} & -\dfrac{\nu}{1+\nu}r_{\alpha1}r_{\beta3} \\[2mm] -\dfrac{\nu}{1+\nu}r_{\alpha2}r_{\beta1} & r_{\alpha1}r_{\beta1} + \dfrac{1}{1+\nu}r_{\alpha2}r_{\beta2} + r_{\alpha3}r_{\beta3} & -\dfrac{\nu}{1+\nu}r_{\alpha2}r_{\beta3} \\[2mm] -\dfrac{\nu}{1+\nu}r_{\alpha3}r_{\beta1} & -\dfrac{\nu}{1+\nu}r_{\alpha3}r_{\beta2} & r_{\alpha1}r_{\beta1} + r_{\alpha2}r_{\beta2} + \dfrac{1}{1+\nu}r_{\alpha3}r_{\beta3} \end{bmatrix} \tag{10.25}$$

该三维柔度矩阵的特点如下：

(1) 柔度矩阵为显式形式, 不需要积分, 编程简单。

(2) 柔度矩阵利用张量表达, 不依赖于坐标系。

(3) 柔度矩阵为一种统一的数学表达形式, 对于空间任意多面体单元的编程计算十分方便。

10.1.4　空间结构余能原理基面力元的支配方程

将某空间结构体划分为 n 个区 V(或 n 个单元 V), 则其系统泛函为

$$\Pi_{\mathrm{C}} = \sum_{n} \left(\int_{V} \rho_0 W_{\mathrm{C}} \mathrm{d}V - \int_{S_u} \overline{\boldsymbol{u}} \cdot \boldsymbol{T}^{(S_u)} \mathrm{d}S \right) \tag{10.26}$$

式中, W_{C} 为余能密度 (单位质量的余能); $\overline{\boldsymbol{u}}$ 表示位移边界 S_u 上给定的位移; $\boldsymbol{T}^{(S_u)}$ 表示位移边界 S_u 上作用的应力向量。

空间余能原理基面力元的支配方程则是上述系统泛函的约束极值。取该空间多面体上的一个单元, α 为该单元上给定位移的面, $\boldsymbol{T}^{\alpha}$ 为作用在该面形心上的单元面力, 则由式 (10.25) 可写出任一单元的余能泛函由单元面力 $\boldsymbol{T}$ 表达的显式形式:

$$\Pi_{\mathrm{C}}^{\mathrm{e}}(\boldsymbol{T}) = W_{\mathrm{C}}^{\mathrm{e}} - \overline{\boldsymbol{u}}_{\alpha} \cdot \boldsymbol{T}^{\alpha} \tag{10.27}$$

由式 (10.15)$W_{\mathrm{C}}^{\mathrm{e}}$ 的表达式可得

$$\Pi_{\mathrm{C}}^{\mathrm{e}}(\boldsymbol{T}) = \frac{1+\nu}{2EV} \left[(\boldsymbol{T}^{\alpha} \cdot \boldsymbol{T}^{\beta}) r_{\alpha\beta} - \frac{\nu}{1+\nu} (\boldsymbol{T}^{\beta} \cdot \boldsymbol{r}_{\alpha})^2 \right] - \overline{\boldsymbol{u}}_{\alpha} \cdot \boldsymbol{T}^{\alpha} \tag{10.28}$$

该式中包含着求和约定。

如果该单元没有给定位移, 即 $\overline{\boldsymbol{u}}_{\alpha} = \boldsymbol{0}$, 则

$$\Pi_{\mathrm{C}}^{\mathrm{e}}(\boldsymbol{T}) = W_{\mathrm{C}}^{\mathrm{e}} \tag{10.29}$$

上面所应用的约束条件如下:

(1) 在单元体积 V 内:

$$\sum_{\alpha=1}^{6} \boldsymbol{T}^{\alpha} = \boldsymbol{0}, \quad \boldsymbol{T}^{\alpha} \times \boldsymbol{r}_{\alpha} = \boldsymbol{0} \tag{10.30}$$

(2) 在单元已知的应力边界 S_{σ} 上:

$$\boldsymbol{T}^{S_{\sigma}} - \overline{\boldsymbol{T}} = \boldsymbol{0} \tag{10.31}$$

式中, $\boldsymbol{T}^{S_{\sigma}}$、$\overline{\boldsymbol{T}}$ 分别表示单元应力边界上的面力、已知应力。

(3) 在单元 V_A 与相邻单元 V_B 之间的边界 S_{AB} 上:

$$\boldsymbol{T}^{(V_A)} + \boldsymbol{T}^{(V_B)} = \boldsymbol{0} \tag{10.32}$$

离散化模型在离散单元之间的边界面力保持互等相反, 由此得出式 (10.32), 即 $\boldsymbol{T}^{(V_A)} = -\boldsymbol{T}^{(V_B)}$, $\boldsymbol{T}^{(V_A)}$、$\boldsymbol{T}^{(V_B)}$ 分别表示单元 V_A 以及相邻单元 V_B 在两者公共边界 AB 上的面力。

利用 Lagrange 乘子法, 放松平衡条件约束, 则所构建的新的空间单元余能泛函可写为

$$\Pi_{\mathrm{C}}^{\mathrm{e}^*}(\boldsymbol{T}, \boldsymbol{\lambda}, \boldsymbol{\mu}) = \Pi_{\mathrm{C}}^{\mathrm{e}}(\boldsymbol{T}) + \boldsymbol{\lambda}\left(\sum_{\alpha} \boldsymbol{T}^{\alpha}\right) + \boldsymbol{\mu}\left(\boldsymbol{T}^{\alpha} \times \boldsymbol{r}_{\alpha}\right) \tag{10.33}$$

式中, $\boldsymbol{T}$ 为单元面力 (单元之间相互作用力的合力向量); $\boldsymbol{\lambda}$、$\boldsymbol{\mu}$ 均为 Lagrange 乘子, 其中 $\boldsymbol{\lambda} = [\lambda_1, \lambda_2, \lambda_3]$, $\boldsymbol{\mu} = [\mu_4, \mu_5, \mu_6]$。

注意:

(1) 式 (10.33) 中包含着求和约定。

(2) 式 (10.33) 中 $\boldsymbol{\lambda}\left(\sum_{\alpha} \boldsymbol{T}^{\alpha}\right) + \boldsymbol{\mu}\left(\boldsymbol{T}^{\alpha} \times \boldsymbol{r}_{\alpha}\right)$ 是单元余能新泛函的附加项, 此处 $\boldsymbol{T}^{\alpha}$ 由单元的局部码编号, 即单元的面号 $\alpha = 1, 2, 3, 4, 5, 6$。

此时系统的新泛函可以写成

$$\Pi_{\mathrm{C}}^* = \sum_{n}\left[\Pi_{\mathrm{C}}^{\mathrm{e}^*}(\boldsymbol{T}, \boldsymbol{\lambda}, \boldsymbol{\mu})\right] \tag{10.34}$$

根据广义余能原理, 系统新泛函的驻值条件为

$$\delta\Pi_{\mathrm{C}}^* = 0 \tag{10.35}$$

根据式 (10.35) 可以得到空间结构关于单元面力 $\boldsymbol{T}$(此处 $\boldsymbol{T}$ 由结构的整体码编号), 以及 Lagrange 乘子 $\boldsymbol{\lambda}$、$\boldsymbol{\mu}$ 的一组线性代数方程组, 即空间结构基于余能原理的基面力元支配方程

$$\begin{cases} \dfrac{\partial \Pi_{\mathrm{C}}^*(\boldsymbol{T}, \boldsymbol{\lambda}, \boldsymbol{\mu})}{\partial \boldsymbol{T}} = 0 \\[2mm] \dfrac{\partial \Pi_{\mathrm{C}}^*(\boldsymbol{T}, \boldsymbol{\lambda}, \boldsymbol{\mu})}{\partial \boldsymbol{\lambda}} = 0 \\[2mm] \dfrac{\partial \Pi_{\mathrm{C}}^*(\boldsymbol{T}, \boldsymbol{\lambda}, \boldsymbol{\mu})}{\partial \boldsymbol{\mu}} = 0 \end{cases} \tag{10.36}$$

下面将结合空间结构, 给出上述线性代数方程组 (10.36) 中元素的具体表达式, 即给出每一单元对线性代数方程贡献量的表达式。

根据式 (10.33)、式 (10.34) 和式 (10.28)，可推导出

$$\frac{\partial W_C^e}{\partial \boldsymbol{T}^\alpha} = \boldsymbol{C}_{\alpha\beta} \cdot \boldsymbol{T}^\beta = \frac{1+\nu}{EV}\left[r_{\alpha\beta}\boldsymbol{U} - \frac{\nu}{1+\nu}\boldsymbol{r}_\alpha \otimes \boldsymbol{r}_\alpha\right] \cdot \boldsymbol{T}^\beta \tag{10.37}$$

$$\frac{\partial W_C^e}{\partial \boldsymbol{\lambda}} = 0 \tag{10.38}$$

$$\frac{\partial W_C^e}{\partial \boldsymbol{\mu}} = 0 \tag{10.39}$$

根据式 (10.33)，可推导出

$$\frac{\partial \left(\lambda_1 \sum\limits_{\alpha} T_x^\alpha\right)}{\partial T_x^\alpha} = \lambda_1 \tag{10.40}$$

$$\frac{\partial \left(\lambda_2 \sum\limits_{\alpha} T_y^\alpha\right)}{\partial T_y^\alpha} = \lambda_2 \tag{10.41}$$

$$\frac{\partial \left(\lambda_3 \sum\limits_{\alpha} T_z^\alpha\right)}{\partial T_z^\alpha} = \lambda_3 \tag{10.42}$$

$$\frac{\partial \left(\lambda_1 \sum\limits_{\alpha} T_x^\alpha\right)}{\partial \lambda_1} = \sum_{\alpha} T_x^\alpha \tag{10.43}$$

$$\frac{\partial \left(\lambda_2 \sum\limits_{\alpha} T_y^\alpha\right)}{\partial \lambda_2} = \sum_{\alpha} T_y^\alpha \tag{10.44}$$

$$\frac{\partial \left(\lambda_3 \sum\limits_{\alpha} T_z^\alpha\right)}{\partial \lambda_3} = \sum_{\alpha} T_z^\alpha \tag{10.45}$$

$$\frac{\partial \left(\boldsymbol{\lambda} \sum\limits_{\alpha} \boldsymbol{T}^\alpha\right)}{\partial \boldsymbol{\mu}} = 0 \tag{10.46}$$

由叉积运算的定义知，若两向量 $\boldsymbol{u}$ 和 $\boldsymbol{v}$ 叉积，可以构成另一向量 $\boldsymbol{w}$，此向量垂直于 $\boldsymbol{u}$ 和 $\boldsymbol{v}$ 组成的平面，即

$$\boldsymbol{w} = \boldsymbol{u} \times \boldsymbol{v} = \begin{vmatrix} \mathbf{i} & \mathbf{j} & \mathbf{k} \\ u_x & u_y & u_z \\ v_x & v_y & v_z \end{vmatrix}$$

$$= (u_y v_z - u_z v_y)\mathbf{i} + (u_z v_x - u_x v_z)\mathbf{j} + (u_x v_y - u_y v_x)\mathbf{k} \tag{10.47}$$

式中, $\mathbf{i}$、$\mathbf{j}$、$\mathbf{k}$ 分别表示三维空间的笛卡儿坐标系 x、y、z 的单位矢量。

由此可得

$$\boldsymbol{\mu}\left(\boldsymbol{T}^\alpha \times \boldsymbol{r}_\alpha\right) = \mu_4(T_y^\alpha r_z - T_z^\alpha r_y)\mathbf{i} + \mu_5(T_z^\alpha r_x - T_x^\alpha r_z)\mathbf{j} + \mu_6(T_x^\alpha r_y - T_y^\alpha r_x)\mathbf{k} \tag{10.48}$$

由式 (10.48) 还可以得到

$$\frac{\partial \boldsymbol{\mu}\left(\boldsymbol{T}^\alpha \times \boldsymbol{r}_\alpha\right)}{\partial T_x^\alpha} = -\mu_5 r_z \mathbf{j} + \mu_6 r_y \mathbf{k} \tag{10.49}$$

$$\frac{\partial \boldsymbol{\mu}\left(\boldsymbol{T}^\alpha \times \boldsymbol{r}_\alpha\right)}{\partial T_y^\alpha} = \mu_4 r_z \mathbf{i} - \mu_6 r_x \mathbf{k} \tag{10.50}$$

$$\frac{\partial \boldsymbol{\mu}\left(\boldsymbol{T}^\alpha \times \boldsymbol{r}_\alpha\right)}{\partial T_z^\alpha} = -\mu_4 r_y \mathbf{i} + \mu_5 r_x \mathbf{j} \tag{10.51}$$

$$\frac{\partial \boldsymbol{\mu}\left(\boldsymbol{T}^\alpha \times \boldsymbol{r}_\alpha\right)}{\partial \boldsymbol{\lambda}} = 0 \tag{10.52}$$

$$\frac{\partial \boldsymbol{\mu}\left(\boldsymbol{T}^\alpha \times \boldsymbol{r}_\alpha\right)}{\partial \mu_4} = (T_y^\alpha r_z - T_z^\alpha r_y)\mathbf{i} \tag{10.53}$$

$$\frac{\partial \boldsymbol{\mu}\left(\boldsymbol{T}^\alpha \times \boldsymbol{r}_\alpha\right)}{\partial \mu_5} = (T_z^\alpha r_x - T_x^\alpha r_z)\mathbf{j} \tag{10.54}$$

$$\frac{\partial \boldsymbol{\mu}\left(\boldsymbol{T}^\alpha \times \boldsymbol{r}_\alpha\right)}{\partial \mu_6} = (T_x^\alpha r_y - T_y^\alpha r_x)\mathbf{k} \tag{10.55}$$

对于单元之间的单元面力协调约束条件 (式 (10.32)), 本章利用所编程序, 由计算机自动判断相邻单元, 并将大小相等、方向相反的单元面力分别赋予两相邻单元的接触面, 从而这一协调约束条件也就得到满足。

10.1.5 空间节点的位移表达式

基于余能原理的基面力单元法在求解空间问题的节点位移时十分方便, 不需要积分, 可以直接利用各单元的支配方程求单元面中节点的位移 $\boldsymbol{\delta}_\alpha$, 即

$$\boldsymbol{\delta}_\alpha = \frac{\partial \Pi_{\mathrm{C}}^{\mathrm{e}^*}(\boldsymbol{T}, \boldsymbol{\lambda}, \boldsymbol{\mu})}{\partial \boldsymbol{T}^\alpha} \tag{10.56}$$

这里有一点需要注意: 采用 Lagrange 乘子法后, 位移不只能直接由式 $\boldsymbol{\delta}_\alpha = \dfrac{\partial W_{\mathrm{C}}^{\mathrm{e}}}{\partial \boldsymbol{T}^\alpha} = \boldsymbol{C}_{\alpha\beta} \cdot \boldsymbol{T}^\beta$ 计算, 还需要考虑乘子法中约束条件所带来的影响, 即应由空间单元的支配方程求解位移。

所以, 由单元的支配方程求得的节点位移可写为

$$\boldsymbol{\delta}_\alpha = \frac{\partial \Pi_{\mathrm{C}}^{\mathrm{e}}(\boldsymbol{T})}{\partial \boldsymbol{T}^\alpha} + \frac{\partial \left(\lambda \sum_\alpha \boldsymbol{T}^\alpha\right)}{\partial \boldsymbol{T}^\alpha} + \frac{\partial [\boldsymbol{\mu}(\boldsymbol{T}^\alpha \times \boldsymbol{r}_\alpha)]}{\partial \boldsymbol{T}^\alpha}$$

$$= \frac{\partial (W_{\mathrm{C}}^{\mathrm{e}} - \overline{\boldsymbol{u}}_\alpha \cdot \boldsymbol{T}^\alpha)}{\partial \boldsymbol{T}^\alpha} + \lambda \frac{\partial \left(\sum_\alpha \boldsymbol{T}^\alpha\right)}{\partial \boldsymbol{T}^\alpha} + \boldsymbol{\mu} \frac{\partial [(\boldsymbol{T}^\alpha \times \boldsymbol{r}_\alpha)]}{\partial \boldsymbol{T}^\alpha}$$

$$= \boldsymbol{C}_{\alpha\beta} \cdot \boldsymbol{T}^\beta - \overline{\boldsymbol{u}}_\alpha + \lambda + \boldsymbol{\mu} \frac{\partial [(\boldsymbol{T}^\alpha \times \boldsymbol{r}_\alpha)]}{\partial \boldsymbol{T}^\alpha} \tag{10.57}$$

如果给定位移 $\overline{\boldsymbol{u}}_\alpha = \mathbf{0}$, 那么空间节点位移计算公式应为

$$\boldsymbol{\delta}_\alpha = \frac{\partial W_{\mathrm{C}}^{\mathrm{e}}}{\partial \boldsymbol{T}^\alpha} + \lambda \frac{\partial \left(\sum_\alpha \boldsymbol{T}^\alpha\right)}{\partial \boldsymbol{T}^\alpha} + \boldsymbol{\mu} \frac{\partial [(\boldsymbol{T}^\alpha \times \boldsymbol{r}_\alpha)]}{\partial \boldsymbol{T}^\alpha}$$

$$= \boldsymbol{C}_{\alpha\beta} \cdot \boldsymbol{T}^\beta + \lambda + \boldsymbol{\mu} \frac{\partial [(\boldsymbol{T}^\alpha \times \boldsymbol{r}_\alpha)]}{\partial \boldsymbol{T}^\alpha} \tag{10.58}$$

将式 (10.24)、式 (10.48) 代入得空间节点位移的展开表达式为

$$\boldsymbol{\delta}_\alpha = \left(C_{\alpha 1 \beta 1} T^{\beta 1} + C_{\alpha 1 \beta 2} T^{\beta 2} + C_{\alpha 1 \beta 3} T^{\beta 3} + \lambda_1 - \mu_5 r_z + \mu_6 r_y\right) \boldsymbol{e}_1$$
$$+ \left(C_{\alpha 2 \beta 1} T^{\beta 1} + C_{\alpha 2 \beta 2} T^{\beta 2} + C_{\alpha 2 \beta 3} T^{\beta 3} + \lambda_2 + \mu_4 r_z - \mu_6 r_x\right) \boldsymbol{e}_2$$
$$+ \left(C_{\alpha 3 \beta 1} T^{\beta 1} + C_{\alpha 3 \beta 2} T^{\beta 2} + C_{\alpha 3 \beta 3} T^{\beta 3} + \lambda_3 - \mu_4 r_y + \mu_5 r_x\right) \boldsymbol{e}_3 \tag{10.59}$$

10.1.6　三维余能原理基面力元程序简介

作者利用前面推导的三维余能原理基面力元张量公式, 并利用 MATLAB 科学计算语言编制调试出三维余能原理基面力元程序, 可对三维空间问题进行计算。此外, 程序中采用了一种具有面中节点的空间多面体单元, 其各种空间单元数据的前处理工作均运用大型通用有限元软件进行网格剖分, 得到空间多面体各个单元的角节点, 提取这些角节点的信息, 并运用 MATLAB 编制前处理软件, 将大型通用结构分析软件生成的这些角节点信息利用作者所编前处理软件进行转换, 得到对应的面中节点, 以及面中节点号和单元体积。

1. 三维余能原理基面力元程序的简要说明

(1) 在计算程序中, 作者编制了三维空间结构的自由度 (空间单元组合体中的面力数及其编号) 计算语句, 可自动将空间单元的面力局部码对应到相应的结构整体码, 即整体支配方程组所对应的位置。

(2) 程序可计算空间六面体单元和任意多面体单元, 计算时同一空间问题可同时用多种单元处理。

(3) 程序可得荷载作用下或给定位移作用下的单元面力、单元应力以及单元面中节点位移值。

(4) 程序可对计算结构自动进行后处理，生成空间任意多面体单元的形心应力。

2. 三维基面力单元法的程序框图

本章在前处理部分，提取大型通用结构分析软件中的角节点信息文件，主要包含角节点号和角节点坐标，然后由作者所编前处理转换程序自动生成具有面中节点信息的网格，主要包含面中节点号、面中节点坐标和单元体积。三维基面力单元法的计算程序框图如图 10.2 所示。

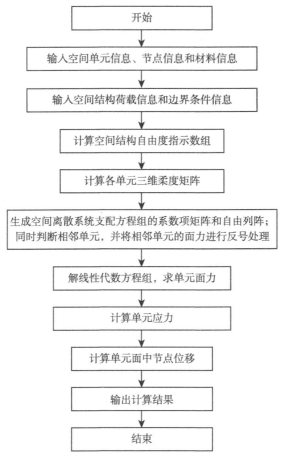

图 10.2　三维空间余能原理基面力元程序的主程序框图

10.2　三维基面力元程序的典型分析算例

本章推导了基于余能原理三维基面力法的模型，并研制出三维空间的余能原理基面力单元法 MATLAB 软件，另外还研制出可以剖分具有面中节点的任意六面体单元网格的前处理 MATLAB 软件。

本章将结合空间问题典型算例进行数值计算，并与理论解进行对比，部分题目还将与大型有限元软件中 Q8 单元、Q8R 单元的计算结果进行对比，分析并讨论本章三维基面力元程序的适用性。

算例 10.1　实体结构受纯剪问题

目的：验证本章三维问题的模型在纯剪状态下，采用规则空间六面体单元网格剖分时的应力、应变和位移，以及考察本章所编三维基面元法程序的应力和位移的计算功能。

计算条件：如图 10.3 所示，一长度为 1 的实体结构受剪切荷载作用。为研究方便，取弹性模量 $E = 1$，泊松比 $\nu = 0.3$，并采用无量纲数值。

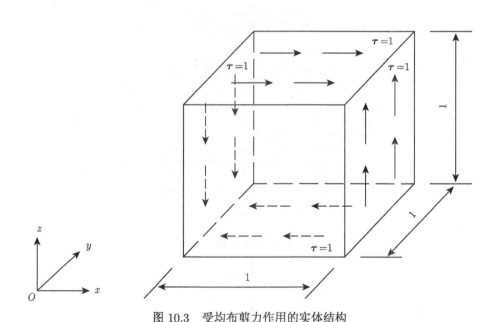

图 10.3　受均布剪力作用的实体结构

理论解 [99]：

应力：$\sigma_x = 0$，$\sigma_y = 0$，$\sigma_z = 0$，$\tau_{xy} = 0$，$\tau_{yz} = 0$，$\tau_{xz} = 1$

应变: $\varepsilon_x = 0$, $\varepsilon_y = 0$, $\varepsilon_z = 0$

$$\gamma_{xy} = 0, \; \gamma_{yz} = 0, \; \gamma_{xz} = \frac{\tau_{xz}}{G} = \frac{\tau_{xz}}{E/2\,(1+\nu)}$$

位移: $u_x = 0$, $u_y = 0$, $u_z = \gamma_{xz}x$

计算结果:

计算时采用自编前处理程序自动剖分的规则六面体单元, 其单元网格如图 10.4 所示。

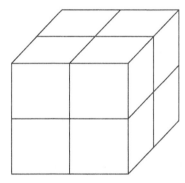

图 10.4　规则六面体单元剖分的实体结构 (8 个单元, 36 个节点)

(1) 应力: 将运用本章三维基面力元程序计算所得各单元的应力值 (BFEM 解) 列于表 10.1。

表 10.1　受均布剪力作用的实体结构应力解

应力解	应力 (单元号 1~8)					
	σ_x	σ_y	σ_z	τ_{xy}	τ_{yz}	τ_{xz}
BFEM 解	0.000	0.000	0.000	0.000	0.000	1.000
理论解	0.000	0.000	0.000	0.000	0.000	1.000

由此可见, 在纯剪受力的状态下, 实体结构进行规则六面体单元剖分, 其计算所得的应力 BFEM 解与理论解完全相同。

(2) 应变: 将运用本章三维基面力元程序计算所得各单元的应变值 (BFEM 解) 列于表 10.2。

表 10.2　受均布剪力作用的实体结构应变解

应变解	应变 (单元号 1~8)					
	ε_x	ε_y	ε_z	γ_{xy}	γ_{yz}	γ_{xz}
BFEM 解	0.000	0.000	0.000	0.000	0.000	2.600
理论解	0.000	0.000	0.000	0.000	0.000	2.600

由此可见,在纯剪受力的状态下,实体结构进行规则六面体单元剖分,其计算所得的应变 BFEM 解与理论解完全相同。

(3) 位移: 将运用本章三维基面力元程序计算所得该结构下端部边界上各节点、右端部边界上各节点的位移值 (BFEM 解) 列于表 10.3。

表 10.3　受均布剪力作用的实体结构位移解

位置			位移					
			BFEM 解 (六面体单元)			理论解		
x	y	z	u_x	u_y	u_z	u_x	u_y	u_z
0.25	0.25	0.00	0.000	0.000	0.650	0.000	0.000	0.650
0.25	0.75	0.00	0.000	0.000	0.650	0.000	0.000	0.650
0.75	0.25	0.00	0.000	0.000	1.950	0.000	0.000	1.950
0.75	0.75	0.00	0.000	0.000	1.950	0.000	0.000	1.950
1.00	0.25	0.25	0.000	0.000	2.600	0.000	0.000	2.600
1.00	0.75	0.25	0.000	0.000	2.600	0.000	0.000	2.600
1.00	0.25	0.75	0.000	0.000	2.600	0.000	0.000	2.600
1.00	0.75	0.75	0.000	0.000	2.600	0.000	0.000	2.600

由此可见,在纯剪受力的状态下,实体结构进行规则六面体单元剖分,其计算所得的各节点位移 BFEM 解与理论解完全相同。

算例 10.2　实体结构受拉伸问题

目的: 验证本章三维问题的模型在单拉状态下,采用规则空间六面体单元网格剖分时的应力和位移,以及考察本章所编三维基面元法程序的输入功能 (节点信息、单元信息) 和输出功能 (应力、位移)。

计算条件: 如图 10.5 所示,一长为 4 的实体结构在上、下两面受均布拉力 $q = 1$

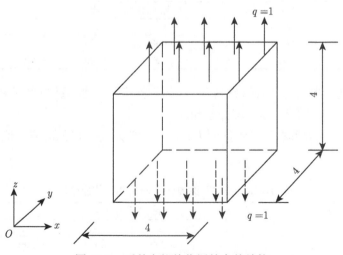

图 10.5　受单向拉伸作用的实体结构

作用。为研究方便，取弹性模量 $E = 1$，泊松比 $\nu = 0$。计算时取该结构右上方的 1/8 结构进行研究。根据对称性，所取的 1/8 结构在左面 x 方向的位移为 0，在前面 y 方向的位移为 0，在下面 z 方向的位移为 0。

计算结果：

将该实体结构的 1/8 采用自编前处理程序自动剖分的规则六面体单元，其单元网格如图 10.6 所示。

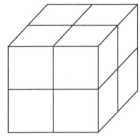

图 10.6　规则六面体单元剖分的实体结构 (8 个单元，36 个节点)

(1) 应力：将运用本章三维基面力元程序计算所得各单元的应力值 (BFEM 解) 列于表 10.4。

表 10.4　受单向拉伸作用的实体结构应力解

应力解	应力 (单元号 1~8)					
	σ_x	σ_y	σ_z	τ_{xy}	τ_{yz}	τ_{xz}
BFEM 解	0.000	0.000	1.000	0.000	0.000	0.000
理论解	0.000	0.000	1.000	0.000	0.000	0.000

由此可见，三维基面力元程序计算的各单元应力分量只有 $\sigma_z = 1.000$，与理论解完全相同。

(2) 位移：将运用本章三维基面力元程序计算所得该结构下端部边界上各节点、右端部边界上各节点的位移值 (BFEM 解) 列于表 10.5。

表 10.5　受单向拉伸作用的实体结构位移解

位置			位移					
			BFEM 解 (六面体单元)			理论解		
x	y	z	u_x	u_y	u_z	u_x	u_y	u_z
0.25	0.25	1.00	0.000	0.000	1.000	0.000	0.000	1.000
0.25	0.75	1.00	0.000	0.000	1.000	0.000	0.000	1.000
0.75	0.25	1.00	0.000	0.000	1.000	0.000	0.000	1.000
0.75	0.75	1.00	0.000	0.000	1.000	0.000	0.000	1.000
1.00	0.25	0.25	0.000	0.000	0.250	0.000	0.000	0.250
1.00	0.75	0.25	0.000	0.000	0.250	0.000	0.000	0.250
1.00	0.25	0.75	0.000	0.000	0.750	0.000	0.000	0.750
1.00	0.75	0.75	0.000	0.000	0.750	0.000	0.000	0.750

由此可见, 在单拉受力的状态下, 实体结构进行规则六面体单元剖分, 其计算所得的各节点位移 BFEM 解与理论解完全相同。

算例 10.3　平板左右两面受拉、上下两面受压问题

如图 10.7 所示的矩形板, 长为 20, 宽为 10, 厚度为 4, 左右两面受均布拉力 $q_1 = 1$ 作用, 上下两面受均布压力 $q_2 = 1$ 作用, 体力不计。弹性模量 $E = 1$, 泊松比 $\nu = 0.3$, 并采用无量纲数值。

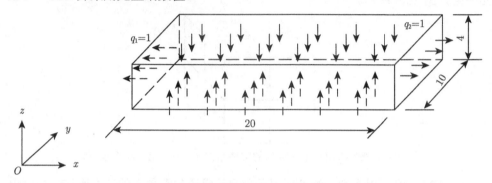

图 10.7　左右两面受拉、上下两面受压的平板

为研究方便, 取 1/8 结构进行计算。根据对称性, 所取的 1/8 结构在左面 x 方向的位移为 0, 在前面 y 方向的位移为 0, 在下面 z 方向的位移为 0, 其边界条件如图 10.8 所示。

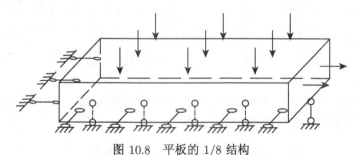

图 10.8　平板的 1/8 结构

理论解 [99]:

应力: $\sigma_x = q_1 = 1, \sigma_y = 0, \sigma_z = q_2 = -1$

　　　$\tau_{xy} = \tau_{yz} = \tau_{xz} = 0$

应变: $\varepsilon_x = \dfrac{1}{E}\left[\sigma_x - \mu\left(\sigma_y + \sigma_z\right)\right]$

　　　$\varepsilon_y = \dfrac{1}{E}\left[\sigma_y - \mu\left(\sigma_x + \sigma_z\right)\right]$

　　　$\varepsilon_z = \dfrac{1}{E}\left[\sigma_z - \mu\left(\sigma_x + \sigma_y\right)\right]$

$$\gamma_{xy} = \gamma_{yz} = \gamma_{xz} = 0$$

位移：$u_x = \dfrac{q_1 + \mu q_2}{E} x$

$$u_z = -\dfrac{q_2 + \mu q_1}{E} z$$

$$u_y = -\dfrac{\mu(q_1 - q_2)}{E} y$$

计算结果：

计算时采用自编前处理程序自动剖分的规则六面体单元，其单元网格如图 10.9 所示。

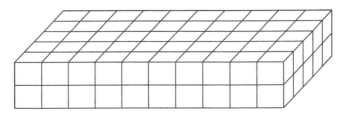

图 10.9　规则六面体单元剖分的矩形平板 (100 个单元，380 个节点)

(1) 应力：将运用本章三维基面力元程序计算所得各单元的应力值 (BFEM 解) 列于表 10.6。

表 10.6　平板的应力解

应力解	应力 (单元号 1~100)					
	σ_x	σ_y	σ_z	τ_{xy}	τ_{yz}	τ_{xz}
BFEM 解	1.0000	0.0000	−1.0000	0.0000	0.0000	0.0000
理论解	1.0000	0.0000	−1.0000	0.0000	0.0000	0.0000

由此可见，矩形平板受双向拉力作用时，泊松比 ν 取 0.3 或 0 情况下，利用本章三维基面力元程序，计算所得的各单元应力分量 BFEM 解与理论解完全相同。

(2) 应变：由式 (10.5) 知应变与应力一一对应，又由表 10.6 知各单元应力分量的 BFEM 解与理论解完全相同，所以各单元应变分量的 BFEM 解与理论解完全相同。

(3) 位移：将运用本章三维基面力元程序计算所得该结构右端部边界面上部分节点、前端部边界面上部分节点的位移值 (BFEM 解) 列于表 10.7($\nu = 0.3$ 时) 和表 10.8($\nu = 0$ 时)。

表 10.7　平板的位移解 (ν=0.3)

位置			位移					
			BFEM 解 (六面体单元)			理论解		
x	y	z	u_x	u_y	u_z	u_x	u_y	u_z
10.00	0.50	1.50	13.0000	0.0000	-1.9500	13.0000	0.0000	-1.9500
10.00	0.50	0.50	13.0000	0.0000	-0.6500	13.0000	0.0000	-0.6500
10.00	1.50	1.50	13.0000	0.0000	-1.9500	13.0000	0.0000	-1.9500
10.00	1.50	0.50	13.0000	0.0000	-0.6500	13.0000	0.0000	-0.6500
10.00	2.50	1.50	13.0000	0.0000	-1.9500	13.0000	0.0000	-1.9500
10.00	2.50	0.50	13.0000	0.0000	-0.6500	13.0000	0.0000	-0.6500
10.00	4.50	1.50	13.0000	0.0000	-1.9500	13.0000	0.0000	-1.9500
10.00	4.50	0.50	13.0000	0.0000	-0.6500	13.0000	0.0000	-0.6500
0.50	0.00	0.50	0.6500	0.0000	-0.6500	0.6500	0.0000	-0.6500
0.50	0.00	1.50	0.6500	0.0000	-1.9500	0.6500	0.0000	-1.9500
3.50	0.00	0.50	4.5500	0.0000	-0.6500	4.5500	0.0000	-0.6500
3.50	0.00	1.50	4.5500	0.0000	-1.9500	4.5500	0.0000	-1.9500
6.50	0.00	0.50	8.4500	0.0000	-0.6500	8.4500	0.0000	-0.6500
6.50	0.00	1.50	8.4500	0.0000	-1.9500	8.4500	0.0000	-1.9500
9.50	0.00	0.50	12.3500	0.0000	-0.6500	12.3500	0.0000	-0.6500
9.50	0.00	1.50	12.3500	0.0000	-1.9500	12.3500	0.0000	-1.9500

表 10.8　平板的位移解 (ν=0)

位置			位移					
			BFEM 解 (六面体单元)			理论解		
x	y	z	u_x	u_y	u_z	u_x	u_y	u_z
10.00	0.50	1.50	10.0000	0.0000	-1.5000	10.0000	0.0000	-1.5000
10.00	0.50	0.50	10.0000	0.0000	-0.5000	10.0000	0.0000	-0.5000
10.00	1.50	1.50	10.0000	0.0000	-1.5000	10.0000	0.0000	-1.5000
10.00	1.50	0.50	10.0000	0.0000	-0.5000	10.0000	0.0000	-0.5000
10.00	2.50	1.50	10.0000	0.0000	-1.5000	10.0000	0.0000	-1.5000
10.00	2.50	0.50	10.0000	0.0000	-0.5000	10.0000	0.0000	-0.5000
10.00	4.50	1.50	10.0000	0.0000	-1.5000	10.0000	0.0000	-1.5000
10.00	4.50	0.50	10.0000	0.0000	-0.5000	10.0000	0.0000	-0.5000
0.50	0.00	0.50	0.5000	0.0000	-0.5000	0.5000	0.0000	-0.5000
0.50	0.00	1.50	0.5000	0.0000	-1.5000	0.5000	0.0000	-1.5000
3.50	0.00	0.50	3.5000	0.0000	-0.5000	3.5000	0.0000	-0.5000
3.50	0.00	1.50	3.5000	0.0000	-1.5000	3.5000	0.0000	-1.5000
6.50	0.00	0.50	6.5000	0.0000	-0.5000	6.5000	0.0000	-0.5000
6.50	0.00	1.50	6.5000	0.0000	-1.5000	6.5000	0.0000	-1.5000
9.50	0.00	0.50	9.5000	0.0000	-0.5000	9.5000	0.0000	-0.5000
9.50	0.00	1.50	9.5000	0.0000	-1.5000	9.5000	0.0000	-1.5000

由此可见, 矩形平板受双向拉力作用时, 泊松比 ν 取 0.3 或 0 情况下, 利用本章三维基面力元程序, 计算所得的各节点位移 BFEM 解与理论解完全相同。

算例 10.4 悬臂梁承受集中力作用问题

验证本章三维模型在悬臂梁承受集中力作用下, 采用空间六面体单元网格剖分时的挠度、应力, 并与理论解、位移模式有限元中 Q8 单元的计算结果进行对比。

如图 10.10 所示, 梁的长度为 $L = 20\text{m}$, 高度为 $h = 1\text{m}$, 宽度为 $b = 1\text{m}$, 弹性模量为 $E = 1 \times 10^6 \text{Pa}$, 泊松比 $\nu = 0$, 集中力为 $P = 1\text{N}$。其单元网格剖分如图 10.11 所示。

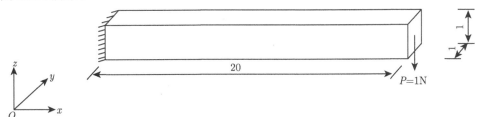

图 10.10 端部承受集中力的悬臂梁

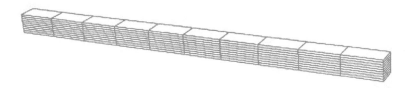

图 10.11 六面体单元剖分的悬臂梁 (90 个单元, 379 个节点)

应用本章三维 6 节点基面力元程序计算梁各点竖向挠度值、上端各单元中心点应力、左端各单元中心点应力, 并将本章 BFEM 解、理论解及 Q8 单元解分别列于表 10.9～表 10.11, 其对应的关系曲线图分别绘于图 10.12～图 10.14。

表 10.9 端部承受集中力的悬臂梁的挠度

x/m	理论解/($\times 10^{-2}\text{m}$)	BFEM 解/($\times 10^{-2}\text{m}$)	Q8 解/($\times 10^{-2}\text{m}$)
0	0.0000	0.0000	0.0000
2	−0.0464	−0.0466	−0.0156
4	−0.1792	−0.1808	−0.0601
6	−0.3888	−0.3927	−0.1302
8	−0.6656	−0.6726	−0.2227
10	−1.000	−1.0108	−0.3345
12	−1.3824	−1.3977	−0.4623
14	−1.8032	−1.8234	−0.6029
16	−2.2528	−2.2783	−0.7531
18	−2.7216	−2.7526	−0.9097
20	−3.2000	−3.2367	−1.0695

表 10.10 悬臂梁上端各单元中心点应力 σ_x

x/m	理论解/Pa	BFEM 解/Pa	Q8 解/Pa
1	101.3333	102.6864	33.8198
3	90.6667	91.7274	30.2650
5	80.0000	81.0608	26.7031
7	69.3333	70.1508	23.1430
9	58.6667	59.4379	19.5825
11	48.0000	48.5747	16.0221
13	37.3333	37.8109	12.4615
15	26.6667	27.0070	8.9014
17	16.0000	16.1705	5.3396
19	5.3333	5.4587	1.7847

表 10.11 悬臂梁左端各单元中心点应力 σ_x

y/m	理论解/Pa	BFEM 解/Pa	Q8 解
0.0556	−101.3333	−102.6864	−33.8198
0.1667	−76.0000	−76.9057	−25.3409
0.2778	−50.6667	−51.2213	−16.8826
0.3889	−25.3333	−25.5962	−8.4380
0.5000	0.0000	0.0000	0.0000
0.6111	25.3333	25.5962	8.4380
0.7222	50.6667	51.2213	16.8826
0.8333	76.0000	76.9057	25.3409
0.9444	101.3333	102.6864	33.8198

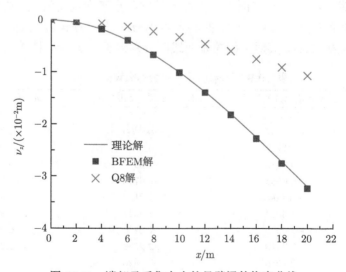

图 10.12 端部承受集中力的悬臂梁的挠度曲线

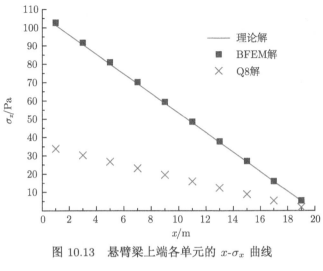

图 10.13 悬臂梁上端各单元的 $x\text{-}\sigma_x$ 曲线

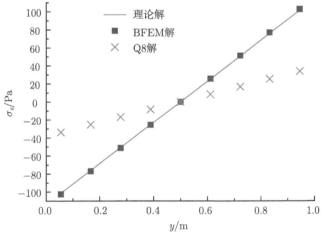

图 10.14 悬臂梁左端各单元的 $y\text{-}\sigma_x$ 曲线

从表 10.9~表 10.11 和图 10.12~图 10.14 可见,对于承受集中荷载作用的悬臂梁应用基于余能原理的三维 6 节点基面力元计算梁竖向挠度、单元应力时,其计算结果与理论解相吻合,但是大型通用结构分析软件中 Q8 单元的计算结果与理论解相差较大。本章三维基面力元利用 6 个节点即可得到与理论解较吻合的结果,而大型通用结构分析软件中的 Q8 单元利用 8 个节点得到的结果与理论解仍然相差较大,这也从另一方面验证了本章三维基面力元程序具有较好的性能,利用较少的节点即可得到较精确的计算结果。

算例 10.5 悬臂梁承受弯矩作用问题

验证本章三维模型在悬臂梁端部承受弯矩作用下,采用空间六面体单元网格剖分时的挠度、应力, 并与理论解、有限元软件大型通用结构分析软件中 Q8 以及 Q8R 单元的计算结果进行对比。

如图 10.15 所示, 梁的长度为 $L = 10\text{m}$, 宽度为 $b = 1\text{m}$, 高度为 $h = 2\text{m}$, 弹性模量 $E = 1500 \times 10^6 \text{Pa}$, 泊松比 $\nu = 0$, 作用弯矩为 $M = 1000\text{N} \cdot \text{m}$。单元网格剖分如图 10.16 所示。

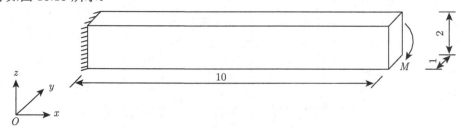

图 10.15　端部承受弯矩的悬臂梁

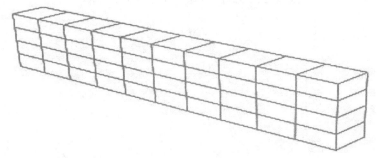

图 10.16　六面体单元剖分的悬臂梁 (40 个单元, 174 个节点)

应用本章三维 6 节点基面力元程序计算梁各点竖向挠度值、上端各单元中心点应力, 并将本章 BFEM 解、理论解、Q8 单元解以及 Q8R 单元解分别列于表 10.12、表 10.13, 其对应的关系曲线图分别绘于图 10.17、图 10.18。

表 10.12　端部承受弯矩的悬臂梁的挠度

x/m	理论解/($\times 10^{-6}$m)	BFEM 解/($\times 10^{-6}$m)	Q8 解/($\times 10^{-6}$m)	Q8R 解/($\times 10^{-6}$m)
0	0.0000	0.0000	0.0000	00000
1	-0.5000	-0.5000	-0.4526	-0.5328
2	-2.0000	-2.0000	-1.8122	-2.1313
3	-4.5000	-4.5000	-4.0772	-4.7955
4	-8.0000	-8.0000	-7.2487	-8.5253
5	-12.5000	-12.5000	-11.3262	-13.2208
6	-18.0000	-18.0000	-16.3100	-19.1819
7	-24.5000	-24.5000	-22.1999	-26.1087
8	-32.0000	-32.0000	-28.9961	-34.1012
9	-40.5000	-40.5000	-36.6979	-43.1593
10	-50.0000	-50.0000	-45.3066	-53.2831

表 10.13 悬臂梁上端各单元中心点应力 σ_x

x/m	理论解/Pa	BFEM 解/Pa	Q8 解/Pa	Q8R 解/Pa
0.5	1125.0000	1125.0003	1019.2200	1198.8700
1.5	1125.0000	1124.9997	1019.4900	1198.8700
2.5	1125.0000	1124.9985	1019.4200	1198.8700
3.5	1125.0000	1125.0017	1019.4400	1198.8700
4.5	1125.0000	1125.0022	1019.4300	1198.8700
5.5	1125.0000	1124.9991	1019.4300	1198.8700
6.5	1125.0000	1125.0005	1019.4400	1198.8700
7.5	1125.0000	1125.0017	1019.4200	1198.8700
8.5	1125.0000	1124.9973	1019.4900	1198.8700
9.5	1125.0000	1124.9971	1019.2200	1198.8700

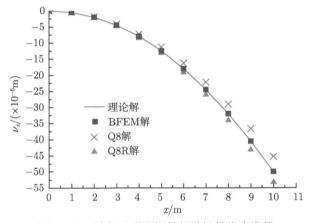

图 10.17 端部承受弯矩的悬臂梁的挠度曲线

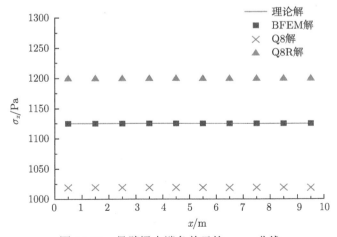

图 10.18 悬臂梁上端各单元的 x-σ_x 曲线

　　从表 10.12、表 10.13 和图 10.17、图 10.18 可见,对于端部承受弯矩作用的悬臂梁应用基于余能原理的三维 6 节点基面力元计算梁竖向挠度、应力时,其计算结果与理论解完全吻合,但是大型通用结构分析软件中 Q8 和 Q8R 单元的计算结果与理论解相差较大。本章三维基面力元利用 6 个节点即可得到与理论解完全吻合的结果,而大型通用结构分析软件中的 Q8 单元利用 8 个节点得到的结果与理论解仍然相差较大,这也从另一方面验证了本章三维基面力元程序具有较好的性能,利用较少的节点即可得到较精确的计算结果。

10.3　三维问题的基面力单元法计算性能分析

　　前面针对三维空间结构的一些典型算例验证了程序的正确性以及适用性。本节将针对三维空间结构问题,进一步分析并探讨三维基面力元程序在空间结构中的应用;运用三维 6 节点基面力元及其 MATLAB 软件求解三维空间典型算例,通过与大型通用结构分析软件中的 Q8 单元和 Q8R 单元计算结果进行对比,分析单元长宽比改变对计算结果的影响,并讨论三维 6 节点基面力元在计算三维空间问题方面的性能。

10.3.1　三维基面力元在梁问题上的应用

算例 10.6　悬臂梁承受集中力作用问题

　　针对悬臂梁承受集中力作用问题,通过改变网格粗细疏密,将应用三维 6 节点基面力元计算所得的结果与理论解进行比较分析,并与理论解和传统 Q8 单元、Q8R 单元的解进行对比。

　　如图 10.19 所示,梁的长度为 $L = 20\text{m}$,高度为 $h = 1\text{m}$,宽度为 $b = 1\text{m}$,弹性模量为 $E = 1 \times 10^6\text{Pa}$,泊松比 $\nu = 0$,集中力为 $P = 1\text{N}$。自由端挠度的理论解为 $-3.2 \times 10^{-2}\text{m}$。

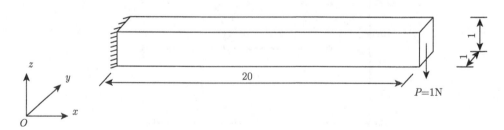

图 10.19　端部承受集中力的悬臂梁

计算时，分别采用 10×5×5、5×5×5、2×5×5 的六面体单元，单元网格剖分如图 10.20~图 10.22 所示。

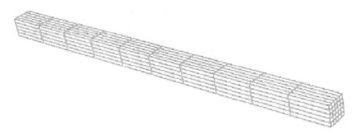

图 10.20 六面体单元剖分的悬臂梁 (250 个单元，875 个节点)

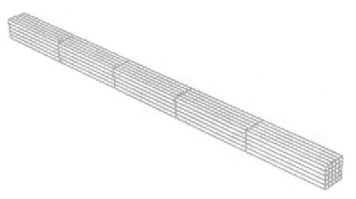

图 10.21 六面体单元剖分的悬臂梁 (125 个单元，450 个节点)

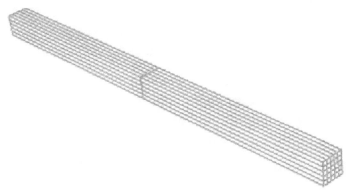

图 10.22 六面体单元剖分的悬臂梁 (50 个单元，195 个节点)

应用本章三维 6 节点基面力元程序在不同的网格剖分下计算，求得悬臂梁端

部 $x = 20\mathrm{m}$ 处竖向位移 BFEM 解,并与理论解、Q8 单元及 Q8R 单元的计算结果进行对比。数值计算结果分别列于表 10.14。

表 10.14　承受集中力的悬臂梁端部竖向位移解 u_z

单元剖分网格	理论解/($\times 10^{-2}$m)	BFEM 解/($\times 10^{-2}$m)	Q8 解/($\times 10^{-2}$m)	Q8R 解/($\times 10^{-2}$m)
10×5×5	−3.2000	−3.3298	−1.0729	−3.3278
5×5×5	−3.2000	−3.3047	−0.3565	−3.3027
2×5×5	−3.2000	−3.1297	−0.0006	−3.1278

值得注意的是,当单元网格剖分为 2×5×5 时,长宽比达到 50:1:1,利用三维 6 节点基面力元 BFEM 仍然能得到很满意的结果,此时大型通用结构分析软件中的 Q8 单元基本完全锁死。

从以上分析可以看出,对于承受集中荷载作用的悬臂梁应用基于余能原理的三维 6 节点基面力元计算端部梁竖向挠度时,网格粗细改变较大后,6 节点基面力元计算所得数值结果具有较好的计算精度,与理论解吻合较好,单元长宽比改变对 6 节点基面力元的计算影响不显著,本章方法具有较好的计算性能。

算例 10.7　悬臂梁端部承受弯矩作用问题

针对悬臂梁端部承受弯矩作用问题,通过改变网格粗细疏密,应用三维 6 节点基面力元计算悬臂梁自由端和梁中部的竖向位移 u_z,将其所得 BFEM 解与理论解进行比较分析,并与理论解和传统的 Q8 单元、Q8R 单元的解进行对比分析。

如图 10.23 所示,梁的长度为 $L = 10\mathrm{m}$,宽度为 $b = 1\mathrm{m}$,高度为 $h = 2\mathrm{m}$,弹性模量 $E = 1500 \times 10^{6}\mathrm{Pa}$,泊松比 $\nu = 0$,作用弯矩为 $M = 1000\mathrm{N} \cdot \mathrm{m}$。自由端和梁中部竖向位移 u_z 的理论解分别为 $50 \times 10^{-6}\mathrm{m}$、$12.5 \times 10^{-6}\mathrm{m}$。

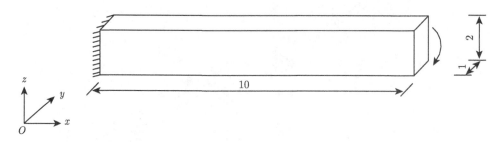

图 10.23　端部承受弯矩的悬臂梁

计算时,分别采用 10×4×1、5×4×1、2×4×1 的六面体单元,单元网格剖分如图 10.24~图 10.26 所示。

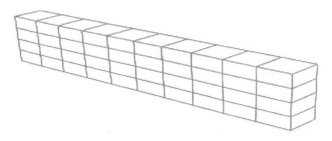

图 10.24   六面体单元剖分的悬臂梁 (40 个单元，174 个节点)

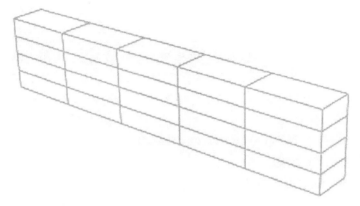

图 10.25   六面体单元剖分的悬臂梁 (20 个单元，89 个节点)

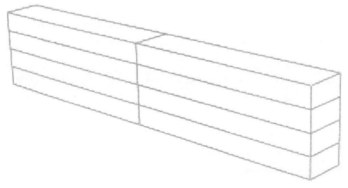

图 10.26   六面体单元剖分的悬臂梁 (8 个单元，38 个节点)

应用本章三维 6 节点基面力元程序在不同的网格剖分下计算，求得悬臂梁自由端和梁中部竖向位移 u_z 的 BFEM 解，并与理论解、Q8 单元及 Q8R 单元的计算结果进行对比。数值计算结果分别列于表 10.15、表 10.16。

表 10.15   悬臂梁端部竖向位移解 u_z (单位：m)

单元剖分网格	理论解/($\times 10^{-6}$)	BFEM 解/($\times 10^{-6}$)	Q8 解/($\times 10^{-6}$)	Q8R 解/($\times 10^{-6}$)
$10\times1\times4$	50.0000	50.0000	45.3066	53.2831
$5\times1\times4$	50.0000	50.0000	33.8153	53.2831
$2\times1\times4$	50.0000	50.0000	12.1842	53.2831

表 10.16   悬臂梁中部竖向位移解 u_z (单位：m)

单元剖分网格	理论解/($\times 10^{-6}$)	BFEM 解/($\times 10^{-6}$)	Q8 解/($\times 10^{-6}$)	Q8R 解/($\times 10^{-6}$)
$10\times1\times4$	12.5000	12.5000	11.3263	13.3208
$5\times1\times4$	12.5000	12.5000	8.7918	13.8536
$2\times1\times4$	12.5000	12.5000	3.0459	13.3208

从表 10.15 和表 10.16 可以看出，网格粗细改变较大后，应用三维 6 节点基面力元计算所得数值结果仍具有很好的计算精度，与理论解完全吻合。Q8 单元随着长宽比的加大，其结果急剧下降，与理论值的偏差越来越大。Q8R 解在网格粗细改变较大后，其值虽然变化不大，但与理论解有偏差，不如本程序 BFEM 解精确。

由此也可以看出单元长宽比改变对 6 节点基面力元的计算影响不显著，本章方法具有较好的计算性能。

算例 10.8   悬臂梁承受均布荷载作用问题

针对悬臂梁端部承受均布荷载作用问题，通过改变网格粗细疏密，应用三维 6 节点基面力元计算悬臂梁自由端和梁中部的竖向位移 u_z，将其所得 BFEM 解与理论解进行比较分析，并与理论解和传统 Q8 单元、Q8R 单元的解进行对比分析。

如图 10.27 所示，梁的长度为 $L = 10\text{m}$，高度为 $h = 1\text{m}$，宽度为 $b = 1\text{m}$，弹性模量 $E = 1 \times 10^6 \text{Pa}$，泊松比 $\nu = 0$，作用均布荷载为 $q = 1\text{N/m}^2$。梁悬臂端竖向位移理论解为 $1.5 \times 10^{-2}\text{m}$。

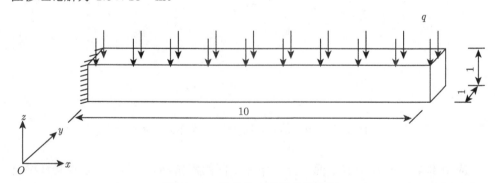

图 10.27   承受均布荷载的悬臂梁

计算中采用六面体单元网格，各种计算网格剖分如图 10.28~图 10.31 所示。

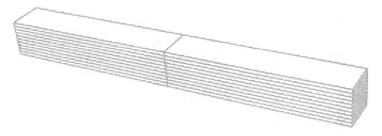

图 10.28 六面体单元剖分的悬臂梁 (20 个单元, 92 个节点)

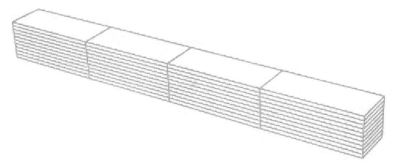

图 10.29 六面体单元剖分的悬臂梁 (40 个单元, 174 个节点)

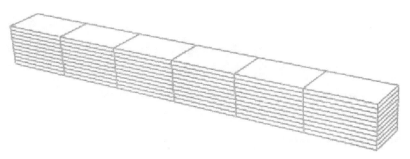

图 10.30 六面体单元剖分的悬臂梁 (60 个单元, 256 个节点)

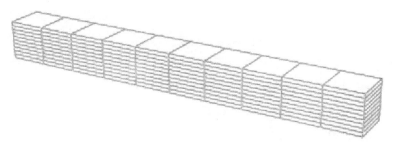

图 10.31 六面体单元剖分的悬臂梁 (100 个单元, 420 个节点)

采用不同的网格进行计算, 应用本章程序求得悬臂梁自由端 $x = 10$m 处竖向位移 BFEM 解 u_z, 并与理论解、Q8 单元及 Q8R 单元的计算结果进行对比, 将各数值计算结果列于表 10.17。同时绘制随着网格剖分数目的减少, 各数值解的变化, 如图 10.32 所示。

表 10.17　悬臂梁的自由端竖向位移解 u_z　　　　(单位: m)

单元网格剖分	理论解/($\times 10^{-2}$)	BFEM 解/($\times 10^{-2}$)	Q8 解/($\times 10^{-2}$)	Q8R 解/($\times 10^{-2}$)
$10 \times 1 \times 10$	1.5000	1.5270	1.0130	1.5268
$6 \times 1 \times 10$	1.5000	1.5270	0.6391	1.5268
$4 \times 1 \times 10$	1.5000	1.5271	0.3740	1.5268
$2 \times 1 \times 10$	1.5000	1.5271	0.1211	1.5269

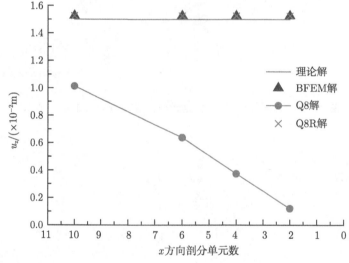

图 10.32　剖分单元数和自由端竖向位移的变化关系曲线

从表 10.17 和图 10.32 的结果可以看出, 网格粗细改变较大后, Q8 单元的计算精度随着剖分单元数的减少而迅速下降, 计算效率和结果的可靠性受到影响。而应用三维 6 节点基面力元计算所得数值结果具有较好的计算精度, 与理论解吻合较好, 单元长宽比改变对 6 节点基面力元的计算影响不显著, 本章方法具有较好的计算性能。

算例 10.9　Cook 梁问题

针对 Cook 梁问题, 通过改变网格粗细疏密, 将应用三维 6 节点基面力元计算所得的结果与理论解进行比较分析, 并与理论解和传统 Q8 单元、Q8R 单元的解进行对比。

如图 10.33 所示，Cook 梁右端承受集中力作用，计算参数 $a = 44\text{cm}$, $b = 48\text{cm}$, $c = 44\text{cm}$, $d = 16\text{cm}$，弹性模量 $E = 1.0\text{N/cm}^2$，泊松比 $\nu = 1/3$, $F = 1.0\text{N}$，厚度 $t = 1.0\text{cm}$。Cook 梁右端中点位移的精确解为 $u_y^{\text{exac}} = 23.91\text{cm}$[102]，下端中点 A 应力的精确解为 $\sigma_A = 0.2362\text{N/cm}^2$。

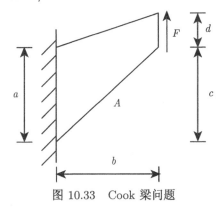

图 10.33   Cook 梁问题

计算时，分别采用 3×3×1、7×7×1、11×11×1、15×15×1 六面体单元，单元网格剖分如图 10.34～图 10.37 所示。

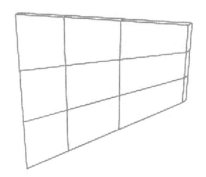

图 10.34   六面体单元剖分的 Cook 梁 (9 个单元，42 个节点)

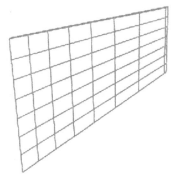

图 10.35   六面体单元剖分的 Cook 梁 (49 个单元，210 个节点)

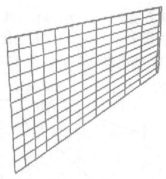

图 10.36　六面体单元剖分的 Cook 梁 (121 个单元, 506 个节点)

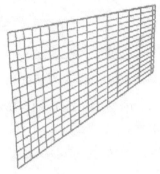

图 10.37　六面体单元剖分的 Cook 梁 (225 个单元, 930 个节点)

　　应用本章三维 6 节点基面力元程序在不同的网格剖分下计算, 求得 Cook 梁自由端处竖向位移 u_z、A 点应力, 并将本章 BFEM 解、理论解、Q8 单元解及 Q8R 单元解分别列于表 10.18、表 10.19, 其对应的关系曲线分别绘于图 10.38、图 10.39。

表 10.18　　Cook 梁问题位移解　　　　　　　　　　(单位: cm)

单元网格剖分	BFEM 解	Q8 解	Q8R 解
3×3×1	25.7492	17.5843	24.6769
7×7×1	24.2061	21.9705	23.7724
11×11×1	24.0597	22.8360	23.6651
15×15×1	24.0166	23.1442	23.6320

表 10.19　　Cook 梁 A 点应力解　　　　　　　　(单位: N/cm^2)

单元网格剖分	BFEM 解	Q8 解	Q8R 解
3×3×1	0.2122	0.1388	0.1993
7×7×1	0.2230	0.2033	0.2207
11×11×1	0.2268	0.2182	0.2256
15×15×1	0.2290	0.2241	0.2282

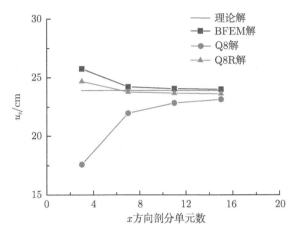

图 10.38   剖分单元数和自由端竖向位移的变化关系曲线

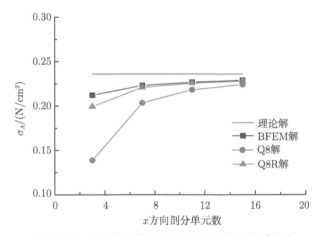

图 10.39   剖分单元数和 A 点应力的变化关系曲线

从表 10.18、表 10.19 和图 10.38、图 10.39 的分析可以看出，网格粗细改变较大后，Q8 单元的计算精度随着剖分单元数的减少而迅速下降，计算效率和结果的可靠性受到影响。而应用三维 6 节点基面力元计算所得数值结果具有较好的计算精度，与理论解吻合较好，单元长宽比改变对 6 节点基面力元的计算影响不显著，本章方法具有较好的计算性能。

算例 10.10   悬臂梁斜弯曲受力情况

验证本章模型在斜弯曲作用下，采用六面体单元网格剖分对悬臂梁挠度计算精度的影响，并与理论解、Q8 单元计算结果进行对比。

如图 10.40 所示，梁的长度为 $L = 20\text{m}$，高度为 $h = 1\text{m}$，宽度为 $b = 1\text{m}$，弹性模量为 $E = 1 \times 10^6 \text{Pa}$，泊松比 $\nu = 0$，集中力为 $P_1 = 1\text{N}$，$P_2 = 1\text{N}$。

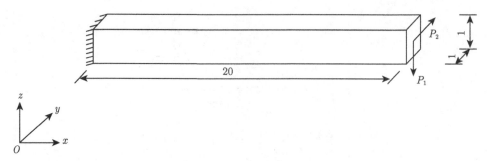

图 10.40　斜弯曲受力的悬臂梁

计算时，采用本章 6 节点六面体单元，单元网格剖分如图 10.41 所示。

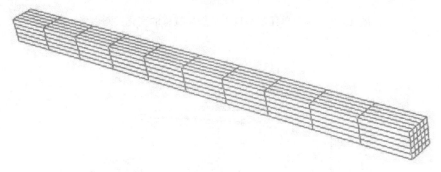

图 10.41　六面体单元剖分的悬臂梁 (250 个单元，875 个节点)

将应用本章三维 6 节点基面力元程序计算所得该悬臂梁各点竖向挠度值与理论解和 Q8 单元计算结果的比较列于表 10.20，并将该悬臂梁的竖向挠度曲线绘于图 10.42。

表 10.20　斜弯曲受力的悬臂梁的挠度

x/m	理论解/m	BFEM 解/m	Q8 解/m
0	0.0000	0.0000	0.0000
2	0.0656	0.0679	0.0222
4	0.2534	0.2629	0.0853
6	0.5498	0.5721	0.1847
8	0.9413	0.9785	0.3159
10	1.4142	1.4705	0.4745
12	1.9550	2.0334	0.6558
14	2.5501	2.6528	0.8553
16	3.1859	3.3146	1.0684
18	3.8489	4.0046	1.2906
20	4.5254	4.7090	1.5173

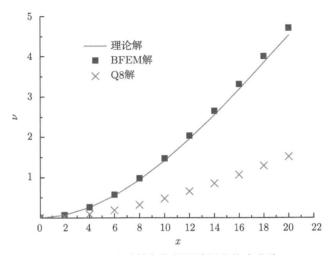

图 10.42   承受斜弯曲的悬臂梁的挠度曲线

从以上分析可以看出，对于承受斜弯曲作用的悬臂梁，应用基于余能原理的三维 6 节点基面力元计算梁竖向挠度时，其计算结果与理论解相吻合，但是大型通用结构分析软件中 Q8 单元的计算结果与理论解相差较大。本章三维基面力元利用 6 个节点即可得到与理论解较吻合的结果，而大型通用结构分析软件中的 Q8 单元利用 8 个节点得到的结果与理论解仍然相差较大，这也从另一方面验证了本章三维基面力元程序具有较好的性能，利用较少的节点即可得到较精确的计算结果。

10.3.2   三维基面力元在板问题上的应用

算例 10.11   四边固支板受均布荷载作用

如图 10.43 所示，一四面固支的方板承受均布荷载作用，尺寸为 $15 \times 15 \times 1$，弹性模量 $E = 10^4$，$q = 10$。

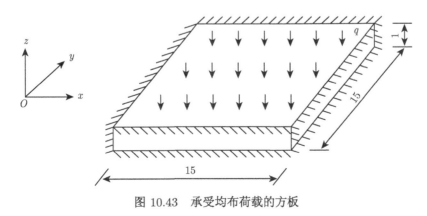

图 10.43   承受均布荷载的方板

四面固支承受均布荷载的方板中心点挠度理论解 [101] 为

$$w_{\max} = \frac{\alpha_1 q_0 L^4}{D} = \frac{0.00126 q_0 L^4}{D}$$

其中，$D = \dfrac{E\delta^3}{12(1-\nu^2)}$，为薄板的弯曲刚度。

计算时，分别采用 $3\times3\times3$、$4\times4\times4$、$5\times5\times5$、$6\times6\times6$ 的六面体单元，单元网格剖分如图 10.44~图 10.47 所示。

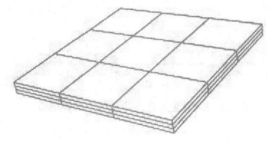

图 10.44　六面体单元剖分的方板 (27 个单元, 108 个节点)

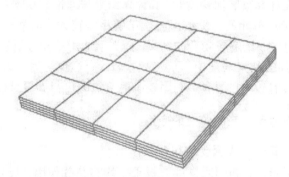

图 10.45　六面体单元剖分的方板 (64 个单元, 240 个节点)

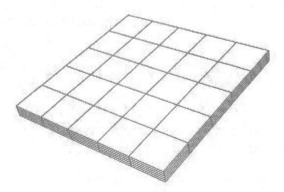

图 10.46　六面体单元剖分的方板 (125 个单元, 450 个节点)

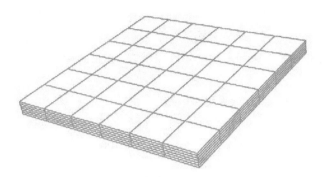

图 10.47 六面体单元剖分的方板 (216 个单元, 756 个节点)

将应用本章方法计算所得方板在中心点挠度与理论解、Q8 单元和 Q8R 单元计算结果的比较列于表 10.21。同时绘制随着网格剖分数目的增加, 该方板中心点挠度各数值解的变化关系曲线图, 如图 10.48 所示。

表 10.21 方板中心点挠度

单元网格剖分	理论解	BFEM 解	Q8 解	Q8R 解
$3 \times 3 \times 3$	−0.7655	−0.4600	−0.0581	−0.0788
$4 \times 4 \times 4$	−0.7655	−0.5755	−0.1426	−0.1695
$5 \times 5 \times 5$	−0.7655	−0.7336	−0.1704	−0.1965
$6 \times 6 \times 6$	−0.7655	−0.7610	−0.2544	−0.2671

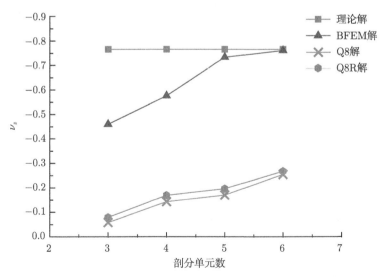

图 10.48 剖分单元数和方板中心点挠度的变化关系曲线

从以上分析可以看出, 应用 6 节点基面力元求解承受均布荷载作用的四边固支方板, 计算所得数值结果具有较好的计算精度, 与理论解吻合较好, 利用 125(即 5×5×5) 个单元剖分即可与理论接接近, 而 Q8 和 Q8R 单元在网格剖分到 216(即 6×6×6) 个单元时计算结果与理论解仍相差很大, 由此可以看出, 本章模型具有较好的计算性能。

算例 10.12   四边固支板受集中荷载作用

如图 10.49 所示, 一四面固支的方板在中心点受集中荷载作用, 尺寸为 $15 \times 15 \times 1$, 弹性模量 $E = 10^4$, 泊松比 $\nu = 0.3$, $P = 100$。

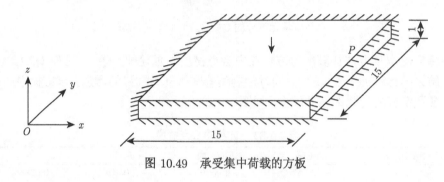

图 10.49   承受集中荷载的方板

四面固支承受集中荷载的方板中心点挠度理论解 [101] 为

$$w_{\max} = \frac{\alpha_1 PL^2}{D} = \frac{0.0056 PL^2}{D}$$

其中, $D = \dfrac{E\delta^3}{12(1 - \nu^2)}$, 为薄板的弯曲刚度。

计算时, 分别采用 5×5×3、7×7×3 的六面体单元, 单元网格剖分如图 10.50、图 10.51 所示。

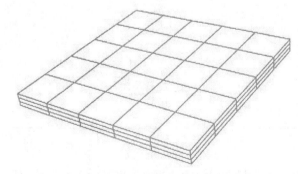

图 10.50   六面体单元剖分的方板 (75 个单元, 280 个节点)

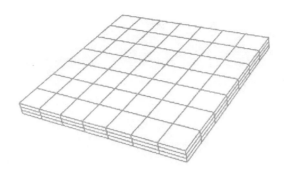

图 10.51 六面体单元剖分的方板 (147 个单元，532 个节点)

将应用本章方法计算所得方板在中心点挠度与理论解、Q8 单元和 Q8R 单元计算结果的比较列于表 10.22。

表 10.22 方板中心点挠度

单元网格剖分	理论解	BFEM 解	Q8 解	Q8R 解
5×5×3	−0.1375	−0.0718	-7.0151×10^{-5}	-1.2164×10^{-4}
7×7×3	−0.1375	−0.1269	-9.2378×10^{-5}	-1.6660×10^{-4}

从以上分析可以看出，应用 6 节点基面力元求解承受集中荷载作用的四边固支方板，计算所得数值结果具有较好的计算精度，与理论解吻合较好，利用 147(即 7×7×3) 个单元剖分即可与理论解接近，而 Q8 和 Q8R 单元的计算结果与理论解相差很大，由此可以看出，本章模型具有较好的计算性能。

算例 10.13 四边简支板受均布荷载作用

如图 10.52 所示，一四面简支的方板承受均布荷载作用，尺寸为 $15 \times 15 \times 1$，弹性模量 $E = 10^4$，$q = 10$。

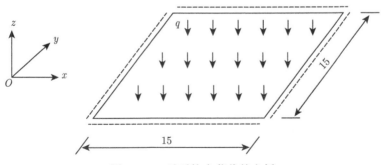

图 10.52 承受均布荷载的方板

四面简支承受均布荷载的方板中心点挠度理论解 [101] 为

$$w_{\max} = \frac{\alpha_1 q_0 L^4}{D} = \frac{0.004062 q_0 L^4}{D}$$

其中，$D = \dfrac{E\delta^3}{12(1 - \nu^2)}$，为薄板的弯曲刚度。

计算时，分别采用 3×3×3、4×4×4、5×5×5、6×6×6 的六面体单元，单元网格剖分如图 10.53～图 10.56 所示。

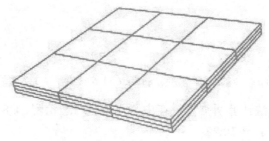

图 10.53　六面体单元剖分的方板 (27 个单元，108 个节点)

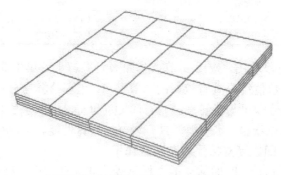

图 10.54　六面体单元剖分的方板 (64 个单元，240 个节点)

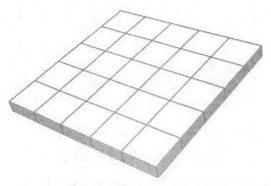

图 10.55　六面体单元剖分的方板 (125 个单元，450 个节点)

图 10.56　六面体单元剖分的方板 (216 个单元，756 个节点)

将应用本章方法计算所得方板在中心点挠度与理论解、Q8 单元和 Q8R 单元计算结果的比较列于表 10.23。同时绘制随着网格剖分数目的增加，该方板中心点挠度各数值解的变化关系曲线，如图 10.57 所示。

表 10.23　方板中心点挠度

单元网格剖分	理论解	BFEM 解	Q8 解	Q8R 解
3×3×3	−2.4677	−2.2193	−0.2664	−0.0910
4×4×4	−2.4677	−2.3120	−0.5685	−0.2008
5×5×5	−2.4677	−2.5585	−0.7190	−0.2752
6×6×6	−2.4677	−2.6674	−1.0056	−0.4124

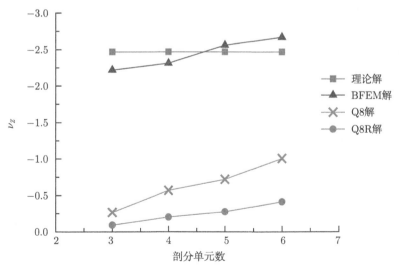

图 10.57　剖分单元数和方板中心点挠度的变化关系曲线

从以上分析可以看出，应用 6 节点基面力元求解承受均布荷载作用的四边简支方板，计算所得数值结果具有较好的计算精度，与理论解吻合较好，利用 125(即

5×5×5) 个单元剖分即可与理论解接近，而 Q8 和 Q8R 单元在网格剖分到 216(即 6×6×6) 个单元时计算结果与理论解仍相差很大，由此可以看出，本章模型具有较好的计算性能。

算例 10.14　四边简支板受集中荷载作用

如图 10.58 所示，一四面固支的方板在中心点受集中荷载作用，尺寸为 $15 \times 15 \times 1$，弹性模量 $E = 10^4$，$P = 100$。

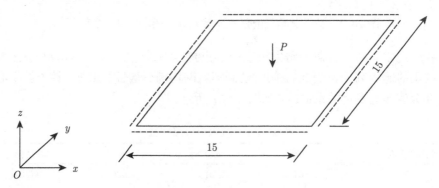

图 10.58　承受集中荷载的方板

四面简支承受集中荷载的方板中心点挠度理论解为 [101]

$$w_{\max} = \frac{\alpha_1 PL^2}{D} = \frac{0.0116PL^2}{D}$$

其中，$D = \dfrac{E\delta^3}{12(1-\nu^2)}$，为薄板的弯曲刚度。

计算时，单元网格剖分如图 10.59、图 10.60 所示。

图 10.59　六面体单元剖分的方板 (75 个单元，280 个节点)

图 10.60　六面体单元剖分的方板 (147 个单元，532 个节点)

将应用本章方法计算所得方板在中心点挠度与理论解、Q8 单元和 Q8R 单元计算结果的比较列于表 10.24。

表 10.24　方板中心点挠度

单元网格剖分	理论解	BFEM 解	Q8 解	Q8R 解
5×5×3	−0.2850	−0.1886	-7.3546×10^{-5}	-1.5119×10^{-4}
7×7×3	−0.2850	−0.2988	-9.9813×10^{-5}	-2.1678×10^{-4}

从以上分析可以看出，应用 6 节点基面力元求解承受集中荷载作用的四边简支方板，计算所得数值结果具有较好的计算精度，与理论解吻合较好，利用 147(即 7×7×3) 个单元剖分即可与理论解接近，而 Q8 和 Q8R 单元的计算结果与理论解相差很大，由此可以看出，本章模型具有较好的计算性能。

10.3.3　三维基面力元在壳问题上的应用

算例 10.15　自由端受集中力作用的薄壳 (圆心角 90°)

如图 10.61 所示，悬臂薄壳的自由端承受集中力作用。该薄壳的内半径为 $R_1 = 4.12$，外半径为 $R_2 = 4.32$，圆心角为 90°，截面厚度 $t = 0.1$。弹性模量为 $E = 1.0\times10^7$，泊松比 $\nu = 0.25$，作用的集中力 $F = 1$。薄壳悬臂端中点竖向位移理论解为 0.0886[99]。

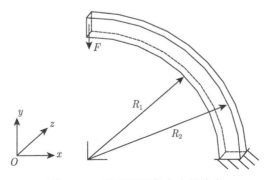

图 10.61　端部承受集中力的薄壳

计算时，分别采用 $10\times7\times1$、$10\times11\times1$、$10\times15\times1$ 的六面体单元，单元网格剖分如图 10.62~图 10.64 所示。

图 10.62　六面体单元剖分的薄壳 (70 个单元，297 个节点)

图 10.63　六面体单元剖分的薄曲梁 (110 个单元，461 个节点)

图 10.64　六面体单元剖分的薄曲梁 (150 个单元，625 个节点)

应用本章三维 6 节点基面力元程序在不同的网格剖分下计算,求得薄壳端部 $x = 0$ 处 y 向位移 BFEM 解,并与理论解、Q8 单元及 Q8R 单元的计算结果进行对比分析。各数值计算结果分别列于表 10.25,其对应的关系曲线绘于图 10.65。

表 10.25　薄壳自由端竖向位移解 u_y

单元网格剖分	理论解	BFEM 解	Q8 解	Q8R 解
$10{\times}7{\times}1$	-0.08860	-0.0894	-0.0162	-0.0865
$10{\times}11{\times}1$	-0.08860	-0.0883	-0.0162	-0.0855
$10{\times}15{\times}1$	-0.08860	-0.0880	-0.0162	-0.0852

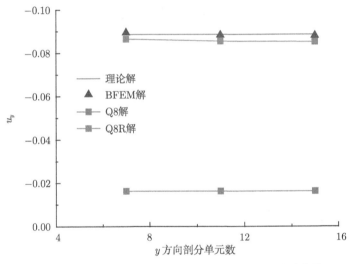

图 10.65　剖分单元数和自由端竖向位移的变化关系曲线

从表 10.25 和图 10.65 的结果可以看出,网格粗细改变较大后,Q8 单元的计算精度随着剖分单元数的减少而迅速下降,计算效率和结果的可靠性受到应用。而应用三维 6 节点基面力元计算所得数值结果具有较好的计算精度,与理论解吻合较好,单元长宽比改变对 6 节点基面力元的计算影响不显著,本章方法具有较好的计算性能。

算例 10.16　自由端受集中力作用的厚壳 (圆心角 90°)

如图 10.66 所示,悬臂厚壳的自由端承受集中力作用。该厚壳的内半径为 $R_1 = 5$,外半径为 $R_2 = 10$,圆心角为 90°,截面厚度 $t = 1$。弹性模量为 $E = 1000$,泊松比 $\nu = 0$,作用的集中力 $F = 600$。厚壳悬臂端中点竖向位移理论解为 90.1。

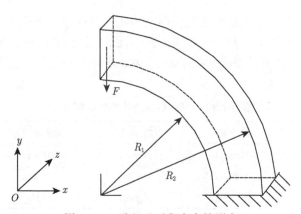

图 10.66　端部承受集中力的厚壳

计算时，分别采用 20×3×1、20×7×1、20×11×1、20×15×1 的六面体单元，单元网格剖分如图 10.67~图 10.70 所示。

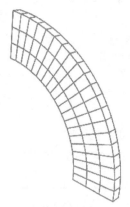

图 10.67　六面体单元剖分的薄曲梁 (60 个单元，263 个节点)

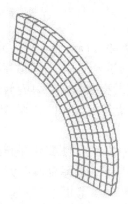

图 10.68　六面体单元剖分的薄曲梁 (140 个单元，587 个节点)

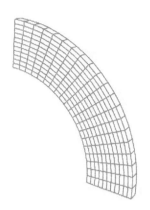

图 10.69   六面体单元剖分的薄曲梁 (220 个单元，911 个节点)

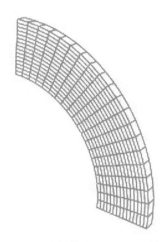

图 10.70   六面体单元剖分的薄曲梁 (300 个单元，1235 个节点)

应用本章三维 6 节点基面力元程序在不同的网格剖分下计算，求得厚壳端部 $x = 0$ 处 y 向位移 BFEM 解，并与理论解、Q8 单元及 Q8R 单元的计算结果进行对比分析。各数值计算结果分别列于表 10.26，其对应的关系曲线绘于图 10.71。

表 10.26   厚壳端部竖向位移解 u_y

单元网格剖分	理论解	BFEM 解	Q8 解	Q8R 解
$20 \times 3 \times 1$	90.1000	100.3838	91.7548	101.0720
$20 \times 7 \times 1$	90.1000	91.8697	88.9674	91.8890
$20 \times 11 \times 1$	90.1000	90.7620	88.6319	90.7851
$20 \times 15 \times 1$	90.1000	90.4177	88.5289	90.4433

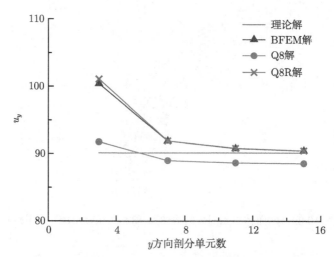

图 10.71　剖分单元数和自由端竖向位移的变化关系曲线

　　从表 10.26 和图 10.71 的结果可以看出,网格粗细改变较大后,Q8 单元的计算精度随着剖分单元数的减少而迅速下降,计算效率和结果的可靠性受到应用。而应用三维 6 节点基面力元计算所得数值结果具有较好的计算精度,与理论解吻合较好,单元长宽比改变对 6 节点基面力元的计算影响不显著,本章方法具有较好的计算性能。

10.4　本 章 小 结

　　(1) 本章将基于余能原理的基面力单元法拓展到三维空间结构上,在三维基面力单元法程序以及前处理程序方面进行了较为细致的研究工作。

　　(a) 基于基面力单元法,推导出了基面力表示的空间多面体单元柔度矩阵 $\boldsymbol{C}_{\alpha\beta}$ 的矩阵形式为

$$\boldsymbol{C}_{\alpha\beta} = \frac{1+\nu}{EV} \begin{bmatrix} \frac{1}{1+\nu}r_{\alpha1}r_{\beta1} + r_{\alpha2}r_{\beta2} + r_{\alpha3}r_{\beta3} & -\frac{\nu}{1+\nu}r_{\alpha1}r_{\beta2} \\ -\frac{\nu}{1+\nu}r_{\alpha2}r_{\beta1} & r_{\alpha1}r_{\beta1} + \frac{1}{1+\nu}r_{\alpha2}r_{\beta2} + r_{\alpha3}r_{\beta3} \\ -\frac{\nu}{1+\nu}r_{\alpha3}r_{\beta1} & -\frac{\nu}{1+\nu}r_{\alpha3}r_{\beta2} \end{bmatrix}$$

$$\begin{matrix} -\frac{\nu}{1+\nu}r_{\alpha1}r_{\beta3} \\ -\frac{\nu}{1+\nu}r_{\alpha2}r_{\beta3} \\ r_{\alpha1}r_{\beta1} + r_{\alpha2}r_{\beta2} + \frac{1}{1+\nu}r_{\alpha3}r_{\beta3} \end{matrix} \Bigg]$$

(b) 由广义余能原理中的 Lagrange 乘子法, 推导出了基面力表示的空间结构余能原理基面力元的支配方程.

(c) 给出了由基面力表示的空间结构各节点的位移展开表达式

$$
\begin{aligned}
\boldsymbol{\delta}_\alpha = {} & \left(C_{\alpha 1 \beta 1} T^{\beta 1} + C_{\alpha 1 \beta 2} T^{\beta 2} + C_{\alpha 1 \beta 3} T^{\beta 3} + \lambda_1 - \mu_5 r_z + \mu_6 r_y \right) \boldsymbol{e}_1 \\
& + \left(C_{\alpha 2 \beta 1} T^{\beta 1} + C_{\alpha 2 \beta 2} T^{\beta 2} + C_{\alpha 2 \beta 3} T^{\beta 3} + \lambda_2 + \mu_4 r_z - \mu_6 r_x \right) \boldsymbol{e}_2 \\
& + \left(C_{\alpha 3 \beta 1} T^{\beta 1} + C_{\alpha 3 \beta 2} T^{\beta 2} + C_{\alpha 3 \beta 3} T^{\beta 3} + \lambda_3 - \mu_4 r_y + \mu_5 r_x \right) \boldsymbol{e}_3
\end{aligned}
$$

(d) 研制出了三维空间的余能原理基面力元 MATLAB 软件, 以及可以剖分具有面中节点的任意多面体单元网格的前处理 MATLAB 软件. 在软件的研制过程中, 作者对软件中的各程序段进行分段考核, 由易至难, 保证了程序的顺利调试.

(2) 本章以余能原理基面力元模型为基础, 利用前处理程序以及三维基面力元计算程序, 结合空间问题典型算例进行数值计算, 分析并讨论了本章三维基面力元程序的适用性. 数值计算结果表明: 本章三维基面力元程序可以用于计算各种三维空间问题, 其数值结果与理论解相吻合, 从而验证三维基面力元模型的正确性以及程序的适用性.

(3) 本章将针对三维空间结构问题, 进一步分析并探讨三维基面力元程序在空间结构中的应用; 运用三维 6 节点基面力元及其 MATLAB 软件求解三维空间典型算例, 通过与大型通用有限元分析软件中的 Q8 单元和 Q8R 单元计算结果进行对比, 分析单元长宽比改变对计算结果的影响, 并讨论三维 6 节点基面力元在计算三维空间问题方面的性能. 数值计算结果表明:

(a) 在三维空间问题分析中, 三维 6 节点基面力元计算结果具有较高精度和收敛性, 且具有较好的计算性能.

(b) 应用 Q8 单元的计算结果随着长宽比的增大, 会出现较大误差. Q8R 单元在求解空间梁问题时, 尚且具有较高的精度, 计算精度不会随着长宽比的增大而降低; 但是在求解空间板问题时, 计算精度较低, 与理论解相差较远; 在求解空间壳问题上, 精度也不如本章的 BFEM 解精度高.

(c) 在复杂三维空间问题分析中, 应用 6 节点基面力元求解时, 计算结果具有较高的计算精度, 本章模型在分析三维空间问题时具有较好的适用性.

第11章　基面力单元法中的三维退化单元研究

本章在空间线弹性基面力单元法的基础上, 将三维单元向平面单元退化, 同时将三维空间的余能原理基面力元程序进行退化, 结合线弹性典型算例进行数值计算, 将数值结果与理论解、位移模式有限元中的 Q4 单元解和 Q4R 单元解进行对比, 分析并讨论退化后的空间线弹性基面力元程序的计算性能。

11.1　空间余能原理基面力元的退化模型

11.1.1　退化的平面单元应力表达式

如图 11.1 所示的三维 6 节点单元。当单元足够小时, 假设应力均匀分布在每一个面上, A、B、C、D、E、F 分别表示该三维 6 节点单元的上、左、下、右、前、后六个面, r_A、r_B、r_C、r_D、r_E、r_F 分别表示这六个面上形心的径矢, T^A、T^B、T^C、T^D、T^E、T^F 分别表示这六个面上面力的合力, 即单元面力。

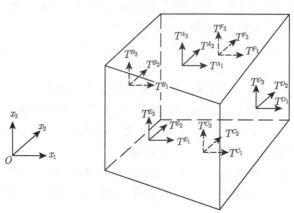

图 11.1　三维 6 节点的单元

$$
\begin{cases}
\boldsymbol{T}^A = T^{A_1}\boldsymbol{e}_1 + T^{A_2}\boldsymbol{e}_2 + T^{A_3}\boldsymbol{e}_3 \\
\boldsymbol{r}_A = r_{A_1}\boldsymbol{e}_1 + r_{A_2}\boldsymbol{e}_2 + r_{A_3}\boldsymbol{e}_3
\end{cases}
\tag{11.1}
$$

根据式 (11.1) 将 $\overline{\boldsymbol{\sigma}} = \dfrac{1}{V}\boldsymbol{T}^\alpha \otimes \boldsymbol{r}_\alpha$ 展开:

$$\overline{\boldsymbol{\sigma}} = \frac{1}{V} \sum_{A=1}^{6} T^{A_i} \boldsymbol{e}_i \otimes r_{A_j} \boldsymbol{e}_j = \frac{1}{V} \sum_{A=1}^{6} T^{A_i} r_{A_j} \boldsymbol{e}_i \otimes \boldsymbol{e}_j \tag{11.2}$$

单元应力张量的展开式为

$$\begin{aligned}
\overline{\boldsymbol{\sigma}} = \frac{1}{V} \sum_{A=1}^{6} (&T^{A_1} r_{A_1} \boldsymbol{e}_1 \otimes \boldsymbol{e}_1 + T^{A_1} r_{A_2} \boldsymbol{e}_1 \otimes \boldsymbol{e}_2 + T^{A_1} r_{A_3} \boldsymbol{e}_1 \otimes \boldsymbol{e}_3 \\
&+ T^{A_2} r_{A_1} \boldsymbol{e}_2 \otimes \boldsymbol{e}_1 + T^{A_2} r_{A_2} \boldsymbol{e}_2 \otimes \boldsymbol{e}_2 + T^{A_2} r_{A_3} \boldsymbol{e}_2 \otimes \boldsymbol{e}_3 \\
&+ T^{A_3} r_{A_1} \boldsymbol{e}_3 \otimes \boldsymbol{e}_1 + T^{A_3} r_{A_2} \boldsymbol{e}_3 \otimes \boldsymbol{e}_2 + T^{A_3} r_{A_3} \boldsymbol{e}_3 \otimes \boldsymbol{e}_3)
\end{aligned} \tag{11.3}$$

由此可得, 单元应力张量的矩阵形式为

$$\overline{\boldsymbol{\sigma}} = \frac{1}{V} \sum_{A=1}^{6} \begin{pmatrix} T^{A_1} r_{A_1} & T^{A_1} r_{A_2} & T^{A_1} r_{A_3} \\ T^{A_2} r_{A_1} & T^{A_2} r_{A_2} & T^{A_2} r_{A_3} \\ T^{A_3} r_{A_1} & T^{A_3} r_{A_2} & T^{A_3} r_{A_3} \end{pmatrix} \tag{11.4}$$

将图 11.1 所示的三维 6 节点单元进行退化, 退化后的单元如图 11.2 所示。假设应力均匀分布在每一条边上, A、B、C、D 分别表示该三维 6 节点单元退化后的左、上、右、下四个面, $\boldsymbol{r}_A$、$\boldsymbol{r}_B$、$\boldsymbol{r}_C$、$\boldsymbol{r}_D$ 分别表示这四个面面中节点的径矢, $\boldsymbol{T}^A$、$\boldsymbol{T}^B$、$\boldsymbol{T}^C$、$\boldsymbol{T}^D$ 分别表示这四个面面中节点上面力的合力, 即单元面力。

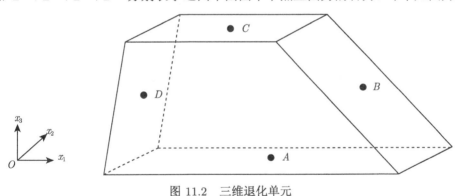

图 11.2 三维退化单元

平面退化单元的应力表达式可以写为

$$\overline{\boldsymbol{\sigma}} = \frac{1}{A} \sum_{I=1}^{4} (T^{I_1} r_{I_1} \boldsymbol{e}_1 \otimes \boldsymbol{e}_1 + T^{I_1} r_{I_3} \boldsymbol{e}_1 \otimes \boldsymbol{e}_3 + T^{I_3} r_{I_1} \boldsymbol{e}_3 \otimes \boldsymbol{e}_1 + T^{I_3} r_{I_3} \boldsymbol{e}_3 \otimes \boldsymbol{e}_3) \tag{11.5}$$

式中, A 为单元面积; I 为单元节点的局部码; 1 代表 x_1 方向, 3 代表 x_3 方向; T^{I_1} 和 T^{I_3} 分别代表节点 I 沿 x_1 方向和 x_3 方向的单元面力; r_{I_1} 和 r_{I_3} 分别代表节点 I 在 x_1 坐标轴和 x_3 坐标轴上的坐标。

由此可得, 单元应力张量的矩阵形式为

$$\overline{\boldsymbol{\sigma}} = \frac{1}{A} \sum_{I=1}^{4} \left[\begin{array}{cc} T^{I_1} r_{I_1} & T^{I_1} r_{I_3} \\ T^{I_3} r_{I_1} & T^{I_3} r_{I_3} \end{array} \right] \tag{11.6}$$

11.1.2　退化单元的柔度矩阵

在基面力单元法中, 三维六面体单元的柔度矩阵为

$$\boldsymbol{C}_{\alpha\beta} = \frac{1+\nu}{EV} \left(r_{\alpha\beta} \boldsymbol{U} - \frac{\nu}{1+\nu} \boldsymbol{r}_\alpha \otimes \boldsymbol{r}_\beta \right) \quad (\alpha, \beta = 1, 2, 3, 4, 5, 6) \tag{11.7}$$

式中, $\boldsymbol{U}$ 为单位张量; $\boldsymbol{r}_\alpha$、$\boldsymbol{r}_\beta$ 分别为空间六面体单元面中节点的坐标向量, 其表达式为

$$\boldsymbol{U} = \boldsymbol{e}_1 \otimes \boldsymbol{e}_1 + \boldsymbol{e}_2 \otimes \boldsymbol{e}_2 + \boldsymbol{e}_3 \otimes \boldsymbol{e}_3 \tag{11.8}$$

$$\boldsymbol{r}_\alpha = \left\{ \begin{array}{c} r_{\alpha 1} \\ r_{\alpha 2} \\ r_{\alpha 3} \end{array} \right\}, \quad \boldsymbol{r}_\beta = \left\{ \begin{array}{c} r_{\beta 1} \\ r_{\beta 2} \\ r_{\beta 3} \end{array} \right\} \tag{11.9}$$

将式 (11.8)、式 (11.9) 代入式 (11.7), 可得

$$\begin{aligned} \boldsymbol{C}_{\alpha\beta} = \frac{1+\nu}{EV} & \Big\{ (r_{\alpha 1} r_{\beta 1} \boldsymbol{e}_1 \otimes \boldsymbol{e}_1 + r_{\alpha 2} r_{\beta 2} \boldsymbol{e}_1 \otimes \boldsymbol{e}_1 + r_{\alpha 3} r_{\beta 3} \boldsymbol{e}_1 \otimes \boldsymbol{e}_1 + r_{\alpha 1} r_{\beta 1} \boldsymbol{e}_2 \otimes \boldsymbol{e}_2 \\ & + r_{\alpha 2} r_{\beta 2} \boldsymbol{e}_2 \otimes \boldsymbol{e}_2 + r_{\alpha 3} r_{\beta 3} \boldsymbol{e}_2 \otimes \boldsymbol{e}_2 + r_{\alpha 1} r_{\beta 1} \boldsymbol{e}_3 \otimes \boldsymbol{e}_3 + r_{\alpha 2} r_{\beta 2} \boldsymbol{e}_3 \otimes \boldsymbol{e}_3 \\ & + r_{\alpha 3} r_{\beta 3} \boldsymbol{e}_3 \otimes \boldsymbol{e}_3) - \frac{\nu}{1+\nu} (r_{\alpha 1} r_{\beta 1} \boldsymbol{e}_1 \otimes \boldsymbol{e}_1 + r_{\alpha 1} r_{\beta 2} \boldsymbol{e}_1 \otimes \boldsymbol{e}_2 + r_{\alpha 1} r_{\beta 3} \boldsymbol{e}_1 \otimes \boldsymbol{e}_3 \\ & + r_{\alpha 2} r_{\beta 1} \boldsymbol{e}_2 \otimes \boldsymbol{e}_1 + r_{\alpha 2} r_{\beta 2} \boldsymbol{e}_2 \otimes \boldsymbol{e}_2 + r_{\alpha 2} r_{\beta 3} \boldsymbol{e}_2 \otimes \boldsymbol{e}_3 + r_{\alpha 3} r_{\beta 1} \boldsymbol{e}_3 \otimes \boldsymbol{e}_1 \\ & + r_{\alpha 3} r_{\beta 2} \boldsymbol{e}_3 \otimes \boldsymbol{e}_2 + r_{\alpha 3} r_{\beta 3} \boldsymbol{e}_3 \otimes \boldsymbol{e}_3) \Big\} \end{aligned} \tag{11.10}$$

整理可得

$$\begin{aligned} \boldsymbol{C}_{\alpha\beta} = \frac{1+\nu}{EV} & \bigg[\left(\frac{1}{1+\nu} r_{\alpha 1} r_{\beta 1} + r_{\alpha 2} r_{\beta 2} + r_{\alpha 3} r_{\beta 3} \right) \boldsymbol{e}_1 \otimes \boldsymbol{e}_1 - \frac{\nu}{1+\nu} r_{\alpha 1} r_{\beta 2} \boldsymbol{e}_1 \otimes \boldsymbol{e}_2 \\ & - \frac{\nu}{1+\nu} r_{\alpha 1} r_{\beta 3} \boldsymbol{e}_1 \otimes \boldsymbol{e}_3 - \frac{\nu}{1+\nu} r_{\alpha 2} r_{\beta 1} \boldsymbol{e}_2 \otimes \boldsymbol{e}_1 + \left(r_{\alpha 1} r_{\beta 1} + \frac{1}{1+\nu} r_{\alpha 2} r_{\beta 2} \right. \\ & \left. + r_{\alpha 3} r_{\beta 3} \right) \boldsymbol{e}_2 \otimes \boldsymbol{e}_2 - \frac{\nu}{1+\nu} r_{\alpha 2} r_{\beta 3} \boldsymbol{e}_2 \otimes \boldsymbol{e}_3 - \frac{\nu}{1+\nu} r_{\alpha 3} r_{\beta 1} \boldsymbol{e}_3 \otimes \boldsymbol{e}_1 \\ & - \frac{\nu}{1+\nu} r_{\alpha 3} r_{\beta 2} \boldsymbol{e}_3 \otimes \boldsymbol{e}_2 + \left(r_{\alpha 1} r_{\beta 1} + r_{\alpha 2} r_{\beta 2} + \frac{1}{1+\nu} r_{\alpha 3} r_{\beta 3} \right) \boldsymbol{e}_3 \otimes \boldsymbol{e}_3 \bigg] \end{aligned} \tag{11.11}$$

为了方便推导三维单元柔度的矩阵表达式, 将式 (11.1) 简写为

$$\boldsymbol{C}_{\alpha\beta} = C_{\alpha 1 \beta 1} \boldsymbol{e}_1 \otimes \boldsymbol{e}_1 + C_{\alpha 1 \beta 2} \boldsymbol{e}_1 \otimes \boldsymbol{e}_2 + C_{\alpha 1 \beta 3} \boldsymbol{e}_1 \otimes \boldsymbol{e}_3 + C_{\alpha 2 \beta 1} \boldsymbol{e}_2 \otimes \boldsymbol{e}_1 + C_{\alpha 2 \beta 2} \boldsymbol{e}_2 \otimes \boldsymbol{e}_2$$

$$+ C_{\alpha2\beta3}e_2 \otimes e_3 + C_{\alpha3\beta1}e_3 \otimes e_1 + C_{\alpha3\beta2}e_3 \otimes e_2 + C_{\alpha3\beta3}e_3 \otimes e_3 \qquad (11.12)$$

由此得到, 三维单元柔度矩阵 $C_{\alpha\beta}$ 的矩阵形式为

$$C_{\alpha\beta} = \frac{1+\nu}{EV} \left[\begin{array}{cc} \dfrac{1}{1+\nu}r_{\alpha1}r_{\beta1} + r_{\alpha2}r_{\beta2} + r_{\alpha3}r_{\beta3} & -\dfrac{\nu}{1+\nu}r_{\alpha1}r_{\beta2} \\[2mm] -\dfrac{\nu}{1+\nu}r_{\alpha2}r_{\beta1} & r_{\alpha1}r_{\beta1} + \dfrac{1}{1+\nu}r_{\alpha2}r_{\beta2} + r_{\alpha3}r_{\beta3} \\[2mm] -\dfrac{\nu}{1+\nu}r_{\alpha3}r_{\beta1} & -\dfrac{\nu}{1+\nu}r_{\alpha3}r_{\beta2} \end{array} \right.$$

$$\left. \begin{array}{c} -\dfrac{\nu}{1+\nu}r_{\alpha1}r_{\beta3} \\[2mm] -\dfrac{\nu}{1+\nu}r_{\alpha2}r_{\beta3} \\[2mm] r_{\alpha1}r_{\beta1} + r_{\alpha2}r_{\beta2} + \dfrac{1}{1+\nu}r_{\alpha3}r_{\beta3} \end{array} \right] \qquad (11.13)$$

对于平面单元, 很容易从三维六面体单元退化得到其柔度矩阵, 即

$$C_{IJ} = \frac{1+\nu}{EA} \left[\left(\frac{1}{1+\nu}r_{I1}r_{J1} + r_{I3}r_{J3} \right) e_1 \otimes e_1 - \frac{\nu}{1+\nu}r_{I1}r_{J3}e_1 \otimes e_3 \right.$$
$$\left. - \frac{\nu}{1+\nu}r_{I3}r_{J1}e_3 \otimes e_1 + \left(r_{I1}r_{J1} + r_{I2}r_{J2} + \frac{1}{1+\nu}r_{I3}r_{J3} \right) e_3 \otimes e_3 \right] \quad (11.14)$$

该退化单元柔度矩阵的矩阵形式可写为

$$C_{IJ} = \frac{1+\nu}{EA} \left[\begin{array}{cc} \dfrac{1}{1+\nu}r_{I1}r_{J1} + r_{I3}r_{J3} & -\dfrac{\nu}{1+\nu}r_{I1}r_{J3} \\[2mm] -\dfrac{\nu}{1+\nu}r_{I3}r_{J1} & r_{I1}r_{J1} + \dfrac{1}{1+\nu}r_{I3}r_{J3} \end{array} \right]$$
$$\text{(单元节点局部码 } I, J = 1, 2, 3, 4) \qquad (11.15)$$

该退化的单元与第 3 章中直接由余能原理推导得到的四节点单元柔度矩阵完全相同。注意: 式 (11.15) 为平面应力情况下的表达式; 对平面应变问题, 应将式中 E 换为 $E/(1-\nu^2)$, ν 换为 $\nu/(1-\nu)$。

11.1.3 节点的位移

对于空间单元的节点位移, 利用基于余能原理的基面力法求解十分方便, 不需要积分, 可以直接利用各单元的支配方程求单元面中节点的位移 δ_α。

由第 10 章可知, 由空间六面体单元支配方程求得的节点位移可写为

$$\delta_\alpha = \frac{\partial \Pi_C^e(T)}{\partial T^\alpha} + \frac{\partial \left(\lambda \sum_\alpha T^\alpha \right)}{\partial T^\alpha} + \frac{\partial [\mu(T^\alpha \times r_\alpha)]}{\partial T^\alpha}$$

$$= \frac{\partial(W_{\mathrm{C}}^{\mathrm{e}} - \overline{\boldsymbol{u}}_\alpha \cdot \boldsymbol{T}^\alpha)}{\partial \boldsymbol{T}^\alpha} + \lambda \frac{\partial\left(\sum\limits_\alpha \boldsymbol{T}^\alpha\right)}{\partial \boldsymbol{T}^\alpha} + \mu \frac{\partial[(\boldsymbol{T}^\alpha \times \boldsymbol{r}_\alpha)]}{\partial \boldsymbol{T}^\alpha}$$

$$= \boldsymbol{C}_{\alpha\beta} \cdot \boldsymbol{T}^\beta - \overline{\boldsymbol{u}}_\alpha + \lambda + \mu \frac{\partial[(\boldsymbol{T}^\alpha \times \boldsymbol{r}_\alpha)]}{\partial \boldsymbol{T}^\alpha} \tag{11.16}$$

如果给定位移 $\overline{\boldsymbol{u}}_\alpha = \boldsymbol{0}$，那么空间节点位移应为

$$\boldsymbol{\delta}_\alpha = \frac{\partial W_{\mathrm{C}}^{\mathrm{e}}}{\partial \boldsymbol{T}^\alpha} + \lambda \frac{\partial\left(\sum\limits_\alpha \boldsymbol{T}^\alpha\right)}{\partial \boldsymbol{T}^\alpha} + \mu \frac{\partial[(\boldsymbol{T}^\alpha \times \boldsymbol{r}_\alpha)]}{\partial \boldsymbol{T}^\alpha}$$

$$= \boldsymbol{C}_{\alpha\beta} \cdot \boldsymbol{T}^\beta + \lambda + \mu \frac{\partial[(\boldsymbol{T}^\alpha \times \boldsymbol{r}_\alpha)]}{\partial \boldsymbol{T}^\alpha} \tag{11.17}$$

空间节点位移的展开表达式为

$$\boldsymbol{\delta}_\alpha = \left(C_{\alpha 1 \beta 1} T^{\beta 1} + C_{\alpha 1 \beta 2} T^{\beta 2} + C_{\alpha 1 \beta 3} T^{\beta 3} + \lambda_1 - \mu_5 r_z + \mu_6 r_y\right) \boldsymbol{e}_1$$
$$+ \left(C_{\alpha 2 \beta 1} T^{\beta 1} + C_{\alpha 2 \beta 2} T^{\beta 2} + C_{\alpha 2 \beta 3} T^{\beta 3} + \lambda_2 + \mu_4 r_z - \mu_6 r_x\right) \boldsymbol{e}_2$$
$$+ \left(C_{\alpha 3 \beta 1} T^{\beta 1} + C_{\alpha 3 \beta 2} T^{\beta 2} + C_{\alpha 3 \beta 3} T^{\beta 3} + \lambda_3 - \mu_4 r_y + \mu_5 r_x\right) \boldsymbol{e}_3 \tag{11.18}$$

对于如图 11.2 所示的 4 节点退化平面单元，其位移计算公式可直接从空间六面体单元位移公式 (11.18) 退化得到：

$$\boldsymbol{\delta}_I = \left(C_{I1J1} T^{J1} + C_{I1J3} T^{J3} + \lambda_1 - \mu_5 r_z\right) \boldsymbol{e}_1$$
$$+ \left(C_{I3J1} T^{J1} + C_{I3J3} T^{J3} + \lambda_3 + \mu_5 r_x\right) \boldsymbol{e}_3 \tag{11.19}$$

11.2　三维基面力退化单元的应用

11.2.1　悬臂梁承受集中力问题

如图 11.3 所示，悬臂梁的自由端部受集中力作用，梁的长度为 $L = 12\mathrm{m}$，高度为 $h = 2\mathrm{m}$，宽度为 $b = 1\mathrm{m}$，弹性模量为 $E = 1 \times 10^4 \mathrm{N/m}^2$，$\nu = 1/3$，集中力为 $P = 6\mathrm{N}$。计算时按平面应力问题考虑。

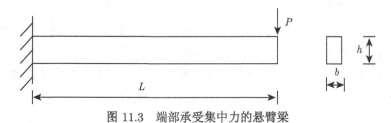

图 11.3　端部承受集中力的悬臂梁

悬臂梁位移的理论解 [99] 为

$$u_y = -\frac{P}{6EI}\left[x^2(3L-x) + 3\nu(L-x)\left(y-\frac{h}{2}\right)^2 + \frac{4+5\nu}{4}h^2x\right]$$

应力理论解为

$$\sigma_x = -\frac{P}{I}(L-x)(y-0.5h)$$

$$\tau_{xy} = -\frac{Py}{2I}(y-h)$$

$$\sigma_y = 0$$

其中, I 为矩形截面梁的惯性矩, $I = \frac{1}{12}bh^3$.

计算时, 采用具有边中节点的四边形单元, 单元网格剖分如图 11.4 所示.

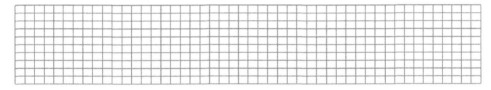

图 11.4   四边形单元剖分的悬臂梁 (360 个单元, 766 个节点)

位移解: 将应用退化的程序计算出来的悬臂梁中心轴上部分节点处的竖向位移的 BFEM 解, 以及与理论解、Q4 单元和 Q4R 单元的计算结果的比较列于表 11.1, 并绘于图 11.5.

表 11.1   悬臂梁的位移解 ($y=1$)

位置 x	理论解/m	BFEM 解/m	Q4 解/m	Q4R 解/m
0.5	−0.0016	−0.0014	−0.0014	−0.0014
1.5	−0.0129	−0.0125	−0.0123	−0.0126
2.5	−0.0335	−0.0330	−0.0326	−0.0334
3.5	−0.0627	−0.0619	−0.0613	−0.0628
4.5	−0.0995	−0.0984	−0.0976	−0.1000
5.5	−0.1431	−0.1417	−0.1406	−0.1439
6.5	−0.1925	−0.1906	−0.1893	−0.1938
7.5	−0.2468	−0.2444	−0.2430	−0.2486
8.5	−0.3053	−0.3022	−0.3006	−0.3076
9.5	−0.3668	−0.3630	−0.3614	−0.3697
10.5	−0.4306	−0.4259	−0.4244	−0.4342
11.5	−0.4958	−0.4900	−0.4887	−0.4999

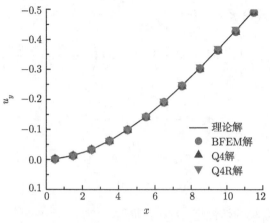

图 11.5　x-u_y 关系曲线

从表 11.1 和图 11.5 可见，空间基面力元程序退化成平面基面力元程序计算的悬臂梁自由端竖向位移的 BFEM 解与理论解吻合较好，位移解曲线比较光滑，相比 Q4 单元、Q4R 单元的计算结果，本章方法的计算结果具有较高精度。

11.2.2　Cook 梁承受集中力作用

如图 11.6 所示，Cook 梁右端承受集中力作用，计算参数 $a = 44\text{cm}$，$b = 48\text{cm}$，$c = 44\text{cm}$，$d = 16\text{cm}$，弹性模量 $E = 1.0\text{N/cm}^2$，泊松比 $\nu = 1/3$，$F = 1.0\text{N}$，厚度 $t = 1.0\text{cm}$。Cook 梁右端中点位移的精确解为 $u_y^{\text{exac}} = 23.91\text{cm}$ [102]。

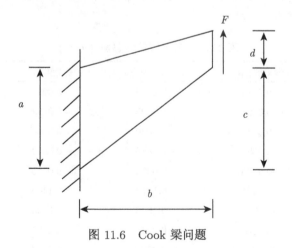

图 11.6　Cook 梁问题

计算时，采用 3×3、6×6、12×12 的四边形单元进行剖分，单元网格剖分如图 11.7~图 11.9 所示。

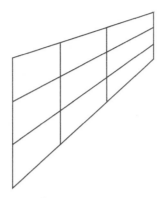

图 11.7   四边形单元剖分的 Cook 梁 (9 个单元, 24 个节点)

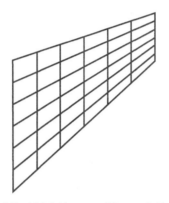

图 11.8   四边形单元剖分的 Cook 梁 (36 个单元, 84 个节点)

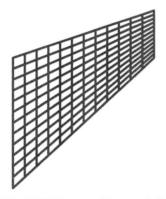

图 11.9   四边形单元剖分的 Cook 梁 (144 个单元, 312 个节点)

应用本章基于余能原理的三维基面力元程序退化成的二维程序在不同的网格剖分下计算 Cook 梁右端竖向位移 u_y, 并将计算所得 BFEM 解与理论解、Q4 单元解及 Q4R 单元解列于表 11.2 进行对比分析, 其对应的关系曲线绘于图 11.10。

表 11.2　Cook 梁问题位移解 u_y

单元网格剖分	BFEM 解/($\times 10^{-2}$m)	Q4 解/($\times 10^{-2}$m)	Q4R 解/($\times 10^{-2}$m)
3×3	25.7493	14.9031	24.4929
6×6	24.3475	19.9811	23.2656
12×12	24.0542	22.0665	23.0171

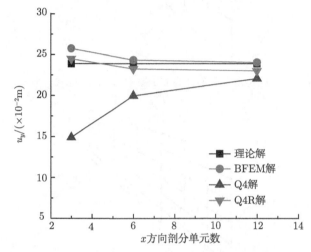

图 11.10　剖分单元数和自由端竖向位移的变化关系曲线

从以上分析可以看出，网格粗细疏密变化后，Q4 单元的计算精度随着剖分单元数的减少而迅速下降，其计算结果的可靠性受到影响。而应用本章基于余能原理的三维基面力元程序退化成的二维程序计算所得数值结果具有较好的精度，与Q4R 解吻合较好，验证了本章方法具有较好的计算性能。

11.2.3　悬臂梁承受弯矩作用

如图 11.11 所示，梁的长度为 $L = 10$m，宽度为 $b = 1$m，高度为 $h = 2$m，弹性模量 $E = 1500 \times 10^6$Pa，泊松比 $\nu = 0$，作用弯矩为 $M = 1000$N · m。

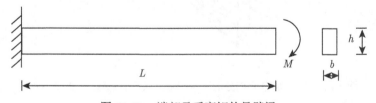

图 11.11　端部承受弯矩的悬臂梁

计算时，采用具有边中节点的四边形单元进行剖分，单元网格剖分如图 11.12所示。

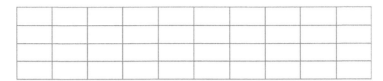

图 11.12　四边形单元剖分的悬臂梁 (40 个单元, 90 个单元)

应用本章由空间程序退化而成的平面程序计算悬臂梁各点竖向挠度值、上端各单元中心点应力,并将本章 BFEM 解、理论解、Q4 单元解以及 Q4R 单元解列于表 11.3、表 11.4 进行对比,其对应的关系曲线绘于图 11.13、图 11.14。

表 11.3　端部承受弯矩的悬臂梁的挠度

x/m	理论解/$(\times 10^{-6}m)$	BFEM 解/$(\times 10^{-6}m)$	Q4 解/$(\times 10^{-6}m)$	Q4R 解/$(\times 10^{-6}m)$
0	0.0000	0.0000	0.0000	00000
1	−0.5000	−0.5000	−0.4444	−0.5330
2	−2.0000	−2.0000	−1.7778	−2.1320
3	−4.5000	−4.5000	−4.0000	−4.7970
4	−8.0000	−8.0000	−7.1111	−8.5280
5	−12.5000	−12.5000	−11.1111	−13.3250
6	−18.0000	−18.0000	−16.0000	−19.1880
7	−24.5000	−24.5000	−21.7778	−26.1170
8	−32.0000	−32.0000	−28.4444	−34.1120
9	−40.5000	−40.5000	−36.0000	−43.1730
10	−50.0000	−50.0000	−44.4444	−53.3000

表 11.4　悬臂梁上端各单元中心点应力 σ_x

x/m	理论解/Pa	BFEM 解/Pa	Q4 解/Pa	Q4R 解/Pa
0.5	1125.0000	1124.9982	1333.3300	1199.2500
1.5	1125.0000	1124.9991	1333.3300	1199.2500
2.5	1125.0000	1125.0004	1333.3300	1199.2500
3.5	1125.0000	1125.0004	1333.3300	1199.2500
4.5	1125.0000	1125.0013	1333.3300	1199.2500
5.5	1125.0000	1125.0002	1333.3300	1199.2500
6.5	1125.0000	1124.9990	1333.3300	1199.2500
7.5	1125.0000	1125.0006	1333.3300	1199.2500
8.5	1125.0000	1125.0013	1333.3300	1199.2500
9.5	1125.0000	1125.0005	1333.3300	1199.2500

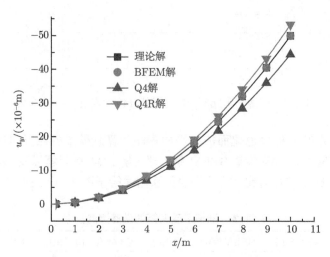

图 11.13　端部承受弯矩的悬臂梁的挠度曲线

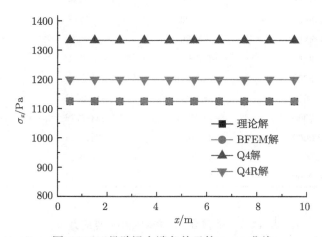

图 11.14　悬臂梁上端各单元的 x-σ_x 曲线

从表 11.3、表 11.4 和图 11.13、图 11.14 可见, 对于端部承受弯矩作用的悬臂梁应用本章的基面力元程序计算梁竖向挠度、应力时, BFEM 解与理论解完全吻合, 但 Q4 单元解与理论解偏差较大, 验证了由三维基面力元程序退化而成的平面程序仍然具有很好的计算性能。

11.2.4　自由端受集中力作用的曲梁

如图 11.15 所示, 悬臂曲梁的自由端承受集中力作用。该曲梁的内半径为 $R_1 = 4.12$, 外半径为 $R_2 = 4.32$, 圆心角为 $90°$, 截面厚度 $t = 0.1$。弹性模量为 $E = 1.0 \times 10^7$, 泊松比 $\nu = 0.25$, 作用的集中力 $P = 1$。曲梁悬臂端中点竖向位移理论解为 0.0886。

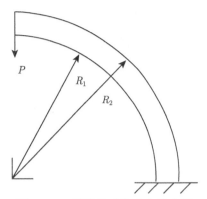

图 11.15 端部承受集中力的曲梁

计算时, 分别采用 10×7、10×11、10×15 的四边形单元进行剖分, 单元网格剖分如图 11.16~图 11.18 所示。

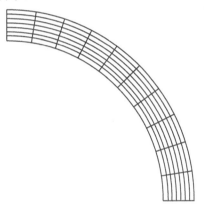

图 11.16 四边形单元剖分的曲梁 (70 个单元, 157 个节点)

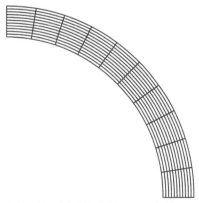

图 11.17 四边形单元剖分的曲梁 (110 个单元, 241 个节点)

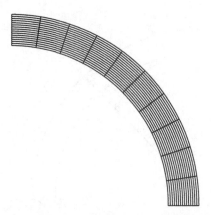

图 11.18　四边形单元剖分的曲梁 (150 个单元, 325 个节点)

应用本章基于余能原理的三维基面力元程序退化成的二维程序在不同的网格剖分下计算, 求得曲梁端部 $x = 0$ 处竖向位移的 BFEM 解, 并与理论解、Q4 单元解以及 Q4R 单元解列于表 11.5 进行对比, 其对应的关系曲线绘于图 11.19。

表 11.5　曲梁自由端竖向位移解 u_y

单元网格剖分	理论解	BFEM 解	Q4 解	Q4R 解
10×7	-0.0886	-0.0889	-0.0162	-0.0878
10×11	-0.0886	-0.0880	-0.0162	-0.0868
10×15	-0.0886	-0.0880	-0.0162	-0.0865

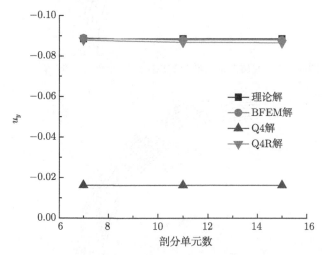

图 11.19　剖分单元数和自由端竖向位移的变化关系曲线

从表 11.5 和图 11.19 可以看出, Q4 单元解与理论解相差较大, 应用本章基于余能原理的三维基面力元程序退化成的二维程序在不同的网格剖分下进行计算, 所得的数值结果具有较高的精度, 与理论解吻合较好, 因此本章方法计算性能较好。

11.2.5　悬臂梁承受均布荷载作用

如图 11.20 所示, 梁的长度为 L=10m, 高度 h=1m, 宽度 b=1m, $b = 48$cm, $c=44$cm, 弹性模量 $E = 1.0 \times 10^6$Pa, 泊松比 $\nu = 0$, 均布荷载 $q = 1.0$N/m, 梁右端中点竖向位移的精确解为 $u_y^{\mathrm{exac}} = 0.015$m。

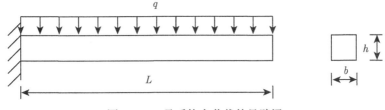

图 11.20　承受均布荷载的悬臂梁

计算时, 采用 10×3、10×5、10×7 四边形单元进行剖分, 单元网格剖分如图 11.21~图 11.23 所示。

图 11.21　四边形单元剖分的悬臂梁 (30 个单元, 73 个节点)

图 11.22　四边形单元剖分的悬臂梁 (50 个单元, 115 个节点)

图 11.23　四边形单元剖分的悬臂梁 (70 个单元, 157 个节点)

应用本章基于余能原理的三维基面力元程序退化成的二维程序在不同的网格剖分下计算, 计算得悬臂梁右端中点竖向位移 u_y 的 BFEM 解, 并将其与理论解、Q4 单元解及 Q4R 单元解列于表 11.6 进行对比分析, 其对应的关系曲线绘于图 11.24。

表 11.6　悬臂梁的自由端竖向位移解 u_y

单元网格剖分	理论解/($\times 10^{-2}$m)	BFEM 解/($\times 10^{-2}$m)	Q4 解/($\times 10^{-2}$m)	Q4R 解/($\times 10^{-2}$m)
10×3	1.500	1.527	0.239	1.496
10×5	1.500	1.527	0.510	1.516
10×7	1.500	1.527	0.753	1.521

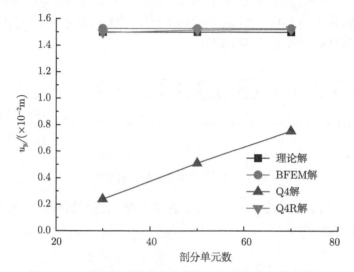

图 11.24　剖分单元数和自由端竖向位移的变化关系曲线

从以上分析可以看出，随着单元的减少，Q4 单元解计算精度迅速下降，而应用三维退化的二维程序计算所得数值结果具有较高的精度，与理论解吻合较好，因此本章方法具有较好的计算性能。

11.3　本 章 小 结

(1) 本章在空间线弹性基面力单元法的基础上，将三维单元向平面单元退化，同时将三维空间的余能原理基面力元软件进行退化。

(2) 结合线弹性典型算例进行计算，将数值结果与理论解、位移模式有限元中的 Q4 单元解和 Q4R 单元解进行对比，分析并讨论了退化后的基面力元程序的计算性能。

(3) 数值计算结果表明：本章退化的程序可以用于计算各种平面问题，其数值计算结果精度较高，与理论解吻合较好，从而验证了三维退化单元模型的正确性和本章退化单元模型的计算性能。

第12章   基面力单元法在平面复杂桁架中的应用

多年来的研究发现,基面力元模型具有统一的表达形式,单元之间相互退化、相互进升和联合应用。本章将介绍如何从平面四节点基面力元退化为平面两节点桁架基面力元,并结合平面桁架问题进行算例验证。

12.1   平面桁架单元模型

12.1.1   平面桁架单元柔度矩阵

平面 4 节点块体单元的柔度矩阵的显式表达式为

$$\boldsymbol{C}_{IJ} = \frac{1+\nu}{EA}\left(p_{IJ}\boldsymbol{U} - \frac{v}{1+v}\boldsymbol{P}_I \otimes \boldsymbol{P}_J\right) \quad (I, J = 1, 2, 3, 4) \tag{12.1}$$

式中,E、ν 分别为材料的弹性模量和泊松比,A 为单元的面积,$\boldsymbol{P}_I$、$\boldsymbol{P}_J$ 分别为第 I 个节点和第 J 个节点的径矢 (即节点坐标),且可写为

$$\begin{cases} \boldsymbol{P}_I = P_{I1}\boldsymbol{e}_1 + P_{I2}\boldsymbol{e}_2 \\ \boldsymbol{P}_J = P_{J1}\boldsymbol{e}_1 + P_{J2}\boldsymbol{e}_2 \end{cases} \tag{12.2}$$

$$p_{IJ} = \boldsymbol{P}_I \cdot \boldsymbol{P}_J \tag{12.3}$$

$\boldsymbol{U}$ 为单位张量,直角坐标系下表达式为

$$\boldsymbol{U} = \boldsymbol{e}_1 \otimes \boldsymbol{e}_1 + \boldsymbol{e}_2 \otimes \boldsymbol{e}_2 \tag{12.4}$$

现将平面 4 节点单元向平面两节点单元退化,以得到平面桁架单元的柔度矩阵。

如图 12.1 所示的桁架单元,杆单元只受轴力,且应力均匀分布在每一个横截面上,I、J 分别表示平面桁架单元的第 I 个节点和第 J 个节点,且 $I, J = 1, 2$;$\boldsymbol{T}^I$、$\boldsymbol{T}^J$ 分别为作用在第 I 个节点和第 J 个节点处面力的合力,简称为单元面力 (节点力)。

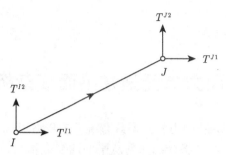

图 12.1　平面桁架单元模型

对于平面问题，节点力可表示为

$$\begin{cases} \boldsymbol{T}^I = T^{I1}\boldsymbol{e}_1 + T^{I2}\boldsymbol{e}_2 \\ \boldsymbol{T}^J = T^{J1}\boldsymbol{e}_1 + T^{J2}\boldsymbol{e}_2 \end{cases} \tag{12.5}$$

在基面力单元法中，上述平面 4 节点块体单元的柔度矩阵可以退化为平面桁架单元模型，而且形式完全一样，即

$$\boldsymbol{C}_{IJ} = \frac{1+\nu}{EA}\left(p_{IJ}\boldsymbol{U} - \frac{\nu}{1+\nu}\boldsymbol{P}_I \otimes \boldsymbol{P}_J\right) \quad (I, J = 1, 2) \tag{12.6}$$

式中，A 为杆在平面内的面积。

单元柔度矩阵 $\boldsymbol{C}_{IJ}$ 的具体矩阵形式为

$$\boldsymbol{C}_{IJ} = \frac{1+\nu}{EA}\left[\begin{array}{cc} \dfrac{1}{1+\nu}P_{I1}P_{J1} + P_{I2}P_{J2} & -\dfrac{\nu}{1+\nu}P_{I1}P_{J2} \\[2mm] -\dfrac{\nu}{1+\nu}P_{I2}P_{J1} & P_{I1}P_{J1} + \dfrac{1}{1+\nu}P_{I2}P_{J2} \end{array}\right]$$

$$(\text{单元节点局部码} I, J = 1, 2) \tag{12.7}$$

12.1.2　平面桁架基面力元控制方程

与平面 4 节点单元的控制方程相似，桁架单元的修正泛函可写成

$$\Pi_{\mathrm{C}}^{\mathrm{e}*}(\boldsymbol{T}, \boldsymbol{\lambda}, \lambda_3) = \Pi_{\mathrm{C}}^{\mathrm{e}}(\boldsymbol{T}) + \boldsymbol{\lambda}\left(\sum_{I=1}^{2}\boldsymbol{T}^I\right) + \lambda_3\left(\boldsymbol{T}^I \times \boldsymbol{P}_I\right) \tag{12.8}$$

式中，$\boldsymbol{\lambda}$、λ_3 为 Lagrange 乘子，其中 $\boldsymbol{\lambda}$ 的表达式可写为

$$\boldsymbol{\lambda} = \lambda_1\boldsymbol{e}_1 + \lambda_2\boldsymbol{e}_2 \tag{12.9}$$

具有 n 个单元的系统修正泛函为

$$\Pi_{\mathrm{C}}^{*} = \sum_{n}\left[\Pi_{\mathrm{C}}^{\mathrm{e}*}(\boldsymbol{T}, \boldsymbol{\lambda}, \lambda_3)\right] \tag{12.10}$$

由广义余能原理, 泛函的驻值条件可写为

$$\delta \varPi_{\mathrm{C}}^* = \sum_n \left[\delta \varPi_{\mathrm{C}}^{\mathrm{e}^*}(\boldsymbol{T}, \boldsymbol{\lambda}, \lambda_3) \right] = 0 \tag{12.11}$$

由式 (12.11) 可以得到系统关于单元面力 $\boldsymbol{T}$, 以及单元的 Lagrange 乘子 $\boldsymbol{\lambda}$ 和 λ_3 的一组线性方程组, 即系统的余能原理基面力元的支配方程

$$\begin{cases} \dfrac{\partial \varPi_{\mathrm{C}}^*(\boldsymbol{T}, \boldsymbol{\lambda}, \lambda_3)}{\partial \boldsymbol{T}} = 0 \\[3mm] \dfrac{\partial \varPi_{\mathrm{C}}^*(\boldsymbol{T}, \boldsymbol{\lambda}, \lambda_3)}{\partial \boldsymbol{\lambda}} = 0 \\[3mm] \dfrac{\partial \varPi_{\mathrm{C}}^*(\boldsymbol{T}, \boldsymbol{\lambda}, \lambda_3)}{\partial \lambda_3} = 0 \end{cases} \tag{12.12}$$

12.1.3 平面桁架单元位移和轴力表达式

桁架单元节点位移的显式表达式可写为

$$\boldsymbol{\delta}_I = \boldsymbol{C}_{IJ} \cdot \boldsymbol{T}^J + \boldsymbol{\lambda} + \lambda_3 \boldsymbol{\varepsilon} \cdot \boldsymbol{P}_I \tag{12.13}$$

式中, $\boldsymbol{\varepsilon}$ 为置换张量, 其在直角坐标系下的表达式可写为

$$\boldsymbol{\varepsilon} = \boldsymbol{e}_1 \otimes \boldsymbol{e}_2 - \boldsymbol{e}_2 \otimes \boldsymbol{e}_1 \tag{12.14}$$

节点位移 $\boldsymbol{\delta}_I$ 可以进一步展开为

$$\begin{aligned} \boldsymbol{\delta}_I = {} & \left(C_{I1J1} T^{J1} + C_{I1J2} T^{J2} + \lambda_1 + \lambda_3 P_{I2} \right) \boldsymbol{e}_1 + \left(C_{I2J1} T^{J1} \right. \\ & \left. + C_{I2J2} T^{J2} + \lambda_2 - \lambda_3 P_{I1} \right) \boldsymbol{e}_2 \end{aligned}$$

或

$$\boldsymbol{\delta}_I = \begin{bmatrix} C_{I1J1} T^{J1} + C_{I1J2} T^{J2} + \lambda_1 + \lambda_3 P_{I2} \\[2mm] C_{I2J1} T^{J1} + C_{I2J2} T^{J2} + \lambda_2 - \lambda_3 P_{I1} \end{bmatrix} \tag{12.15}$$

单元的应力张量 $\boldsymbol{\sigma}$ 为

$$\boldsymbol{\sigma} = \begin{bmatrix} \sigma_x & \tau_{xy} \\ \tau_{yx} & \sigma_y \end{bmatrix} = \frac{1}{A} \boldsymbol{T}^I \otimes \boldsymbol{P}_I \tag{12.16}$$

杆的主应力为

$$\left. \begin{matrix} \sigma_1 \\ \sigma_2 \end{matrix} \right\} = \frac{\sigma_x + \sigma_y}{2} \pm \sqrt{\left(\frac{\sigma_x - \sigma_y}{2} \right)^2 + \tau_{xy}^2} \tag{12.17}$$

研究发现, 在基面力单元法中杆件轴力的计算十分简便, 只需将单元中沿杆轴向的主应力乘以杆件的截面面积即可

$$F_N = \begin{cases} \sigma_1 A_{CS} & (\sigma_2 = 0) \\ \sigma_2 A_{CS} & (\sigma_1 = 0) \end{cases} \tag{12.18}$$

式中, A_{CS} 为杆横截面的面积。

12.1.4　多杆汇交的平衡条件及协调条件处理

对于块体单元问题, 仅需两接触单元满足力协调和位移协调即可; 而对于桁架单元问题, 则要考虑多个杆单元汇交于节点的问题。因此, 既要考虑汇交节点的平衡条件问题, 又要考虑汇交于节点的各杆件的位移协调条件。将这些约束条件代入基面力元的控制方程, 需要对柔度矩阵进行修正。下面以三杆交于一点的桁架受力问题为例 (如图 12.2 所示), 介绍如何建立基面力元的桁架模型。

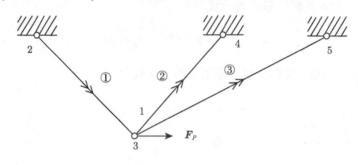

(a) 三杆交于一点桁架

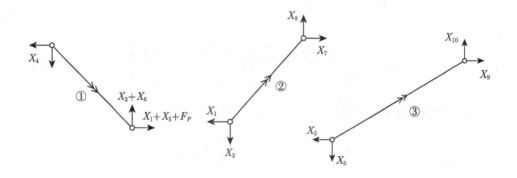

(b) 三杆受力

图 12.2　平面桁架模型的建立

1. 汇交节点的平衡条件

$$\boldsymbol{T}^{2①} + \boldsymbol{T}^{1②} + \boldsymbol{T}^{1③} = \boldsymbol{F}_P \tag{12.19}$$

其中，$\boldsymbol{T}^{2①}$ 为单元①右端的节点力，$\boldsymbol{T}s^{1②}$ 和 $\boldsymbol{T}^{1③}$ 分别为单元②和单元③左端的节点力。

又考虑在各单元的整体自由度编码情况下，如图 12.2 所示，设水平坐标向右为正，竖直坐标向上为正，则整体编码下的节点力可写为

$$\boldsymbol{T}^1 = -[X_1, X_2]^{\mathrm{T}}, \quad \boldsymbol{T}^2 = -[X_3, X_4]^{\mathrm{T}}, \quad \boldsymbol{T}^3 = -[X_5, X_6]^{\mathrm{T}}$$
$$\boldsymbol{T}^4 = [X_7, X_8]^{\mathrm{T}}, \quad \boldsymbol{T}^5 = [X_9, X_{10}]^{\mathrm{T}}$$

根据单元①的平衡，有 $\boldsymbol{T}^{1①}=\boldsymbol{T}^2$；对单元②，令 $\boldsymbol{T}^{2②}=\boldsymbol{T}^4, \boldsymbol{T}^{1②} = \boldsymbol{T}^1$；对单元③，令 $\boldsymbol{T}^{1③}=\boldsymbol{T}^3, \boldsymbol{T}^{2③}=\boldsymbol{T}^5$。

则汇交节点的平衡条件可写为

$$\boldsymbol{T}^{2①} = \boldsymbol{F}_P - \boldsymbol{T}^1 - \boldsymbol{T}^3 \tag{12.20}$$

式 (12.20) 也可写为如图 12.2(b) 所示形式，即

$$T_x^{2①}=F_P+X_1+X_5, \quad T_y^{2①}=X_2 + X_6 \tag{12.21}$$

2. 汇交节点的位移协调条件

在基面力单元法中，余能原理的物理意义是位移协调条件。各杆单元在汇交节点的协调条件是各杆在该节点处的相对位移等于零，即

$$\begin{cases} \dfrac{\partial \Pi_{\mathrm{C}}^* (\boldsymbol{T}, \boldsymbol{\lambda}, \lambda_3)}{\partial \boldsymbol{T}^1} = 0 \\[3mm] \dfrac{\partial \Pi_{\mathrm{C}}^* (\boldsymbol{T}, \boldsymbol{\lambda}, \lambda_3)}{\partial \boldsymbol{T}^3} = 0 \end{cases} \tag{12.22}$$

3. 该桁架顶部节点 2、4、5 的位移约束条件

在基面力单元法中，余能原理的物理意义是位移协调条件，位移为零的边界条件可由下式表示：

$$\begin{cases} \dfrac{\partial \Pi_{\mathrm{C}}^* (\boldsymbol{T}, \boldsymbol{\lambda}, \lambda_3)}{\partial \boldsymbol{T}^2} = 0 \\[3mm] \dfrac{\partial \Pi_{\mathrm{C}}^* (\boldsymbol{T}, \boldsymbol{\lambda}, \lambda_3)}{\partial \boldsymbol{T}^4} = 0 \\[3mm] \dfrac{\partial \Pi_{\mathrm{C}}^* (\boldsymbol{T}, \boldsymbol{\lambda}, \lambda_3)}{\partial \boldsymbol{T}^5} = 0 \end{cases} \tag{12.23}$$

4. 该杆件单元自身的平衡条件

由式 (12.8) 可知, 在基面力单元法中, 单元的平衡方程可由修正的泛函对乘子求偏导得到

$$
\begin{cases}
\dfrac{\partial \Pi_{\mathrm{C}}^{*}\left(\boldsymbol{T}, \boldsymbol{\lambda}, \lambda_3\right)}{\partial \boldsymbol{\lambda}^{①}} = 0 \\[3mm]
\dfrac{\partial \Pi_{\mathrm{C}}^{*}\left(\boldsymbol{T}, \boldsymbol{\lambda}, \lambda_3\right)}{\partial \boldsymbol{\lambda}^{②}} = 0 \\[3mm]
\dfrac{\partial \Pi_{\mathrm{C}}^{*}\left(\boldsymbol{T}, \boldsymbol{\lambda}, \lambda_3\right)}{\partial \boldsymbol{\lambda}^{③}} = 0
\end{cases}
\tag{12.24}
$$

$$
\begin{cases}
\dfrac{\partial \Pi_{\mathrm{C}}^{*}\left(\boldsymbol{T}, \boldsymbol{\lambda}, \lambda_3\right)}{\partial \lambda_3^{①}} = 0 \\[3mm]
\dfrac{\partial \Pi_{\mathrm{C}}^{*}\left(\boldsymbol{T}, \boldsymbol{\lambda}, \lambda_3\right)}{\partial \lambda_3^{②}} = 0 \\[3mm]
\dfrac{\partial \Pi_{\mathrm{C}}^{*}\left(\boldsymbol{T}, \boldsymbol{\lambda}, \lambda_3\right)}{\partial \lambda_3^{③}} = 0
\end{cases}
\tag{12.25}
$$

式 (12.24) 的物理意义是各杆单元的水平和竖直平衡方程; 式 (12.25) 的物理意义是各杆单元的转动平衡方程。

针对如图 12.2(a) 所示的桁架结构, 对单元柔度矩阵的具体处理如下:

由公式 $\dfrac{\partial \Pi_{\mathrm{C}}^{*}\left(\boldsymbol{T}, \boldsymbol{\lambda}, \lambda_3\right)}{\partial \boldsymbol{T}^1} = 0$ 得

$$
\boldsymbol{C}_{11}^{②}\boldsymbol{T}^{1②} + \boldsymbol{C}_{12}^{②}\boldsymbol{T}^{2②} + \boldsymbol{\lambda}^{②} + \lambda_3\left[P_{1y}^{②}, -P_{1x}^{②}\right]^{\mathrm{T}}
$$
$$
- \left(\boldsymbol{C}_{21}^{①}\boldsymbol{T}^{1①} + \boldsymbol{C}_{22}^{①}\boldsymbol{T}^{2①} + \boldsymbol{\lambda}^{①} + \lambda_3\left[P_{2y}^{①}, -P_{2x}^{①}\right]^{\mathrm{T}}\right) = 0
$$

进一步得

$$
\boldsymbol{C}_{11}^{②}\left[X_1, X_2\right]^{\mathrm{T}} - \boldsymbol{C}_{12}^{②}\left[X_7, X_8\right]^{\mathrm{T}} - \left[\lambda_1^{②}, \lambda_2^{②}\right]^{\mathrm{T}} - \lambda_3^{②}\left[P_{1y}^{②}, -P_{1x}^{②}\right]^{\mathrm{T}} - \boldsymbol{C}_{21}^{①}\left[X_3, X_4\right]^{\mathrm{T}}
$$
$$
+ \boldsymbol{C}_{22}^{①}\left[X_1 + X_5 + F_P, X_2 + X_6\right]^{\mathrm{T}} + \left[\lambda_1^{①}, \lambda_2^{①}\right]^{\mathrm{T}} + \lambda_3^{①}\left[P_{2y}^{①}, -P_{2x}^{①}\right]^{\mathrm{T}} = 0 \quad (12.26)
$$

由公式 $\dfrac{\partial \Pi_{\mathrm{C}}^{*}\left(\boldsymbol{T}, \boldsymbol{\lambda}, \lambda_3\right)}{\partial \boldsymbol{T}^2} = 0$ 得

$$
\boldsymbol{C}_{11}^{①}\boldsymbol{T}^{1①} + \boldsymbol{C}_{12}^{①}\boldsymbol{T}^{2①} + \boldsymbol{\lambda}^{①} + \lambda_3^{①}\left[P_{1y}^{①}, -P_{1x}^{①}\right]^{\mathrm{T}} = 0
$$

进一步得

$$
\boldsymbol{C}_{11}^{①}\left[X_3, X_4\right]^{\mathrm{T}} - \boldsymbol{C}_{12}^{①}\left[X_1 + X_5 + F_P, X_2 + X_6\right]^{\mathrm{T}} - \left[\lambda_1^{①}, \lambda_2^{①}\right]^{\mathrm{T}} - \lambda_3^{①}\left[P_{1y}^{①}, -P_{1x}^{①}\right]^{\mathrm{T}} = 0
$$
$$
\tag{12.27}
$$

由公式 $\dfrac{\partial \Pi_{\mathrm{C}}^*\left(\boldsymbol{T}, \boldsymbol{\lambda}, \lambda_3\right)}{\partial \boldsymbol{T}^3} = 0$ 得

$$\boldsymbol{C}_{11}^{③}\boldsymbol{T}^{1③} + \boldsymbol{C}_{12}^{③}\boldsymbol{T}^{2③} + \boldsymbol{\lambda}^{③} + \lambda_3 \left[P_{1y}^{③}, -P_{1x}^{③}\right]^{\mathrm{T}}$$
$$- \left(\boldsymbol{C}_{21}^{①}\boldsymbol{T}^{1①} + \boldsymbol{C}_{22}^{①}\boldsymbol{T}^{2①} + \boldsymbol{\lambda}^{①} + \lambda_3 \left[P_{2y}^{①}, -P_{2x}^{①}\right]^{\mathrm{T}}\right) = 0$$

进一步得

$$\boldsymbol{C}_{11}^{③}\left[X_5, X_6\right]^{\mathrm{T}} - \boldsymbol{C}_{12}^{③}\left[X_9, X_{10}\right]^{\mathrm{T}} - \left[\lambda_1^{③}, \lambda_2^{③}\right]^{\mathrm{T}} - \lambda_3^{③}\left[P_{1y}^{③}, -P_{1x}^{③}\right]^{\mathrm{T}}$$
$$- \boldsymbol{C}_{21}^{①}\left[X_3, X_4\right]^{\mathrm{T}} + \boldsymbol{C}_{22}^{①}\left[X_1 + X_5 + F_P, X_2 + X_6\right]^{\mathrm{T}} + \left[\lambda_1^{①}, \lambda_2^{①}\right]^{\mathrm{T}}$$
$$+ \lambda_3^{①}\left[P_{2y}^{①}, -P_{2x}^{①}\right]^{\mathrm{T}} = 0 \tag{12.28}$$

由公式 $\dfrac{\partial \Pi_{\mathrm{C}}^*\left(\boldsymbol{T}, \boldsymbol{\lambda}, \lambda_3\right)}{\partial \boldsymbol{T}^4} = 0$ 得

$$\boldsymbol{C}_{21}^{②}\boldsymbol{T}^{1②} + \boldsymbol{C}_{22}^{②}\boldsymbol{T}^{2②} + \boldsymbol{\lambda}^{②} + \lambda_3^{②}\left[P_{2y}^{②}, -P_{2x}^{②}\right]^{\mathrm{T}} = 0$$

进一步得

$$-\boldsymbol{C}_{21}^{②}\left[X_1, X_2\right]^{\mathrm{T}} + \boldsymbol{C}_{22}^{②}\left[X_7, X_8\right]^{\mathrm{T}} + \left[\lambda_1^{②}, \lambda_2^{②}\right]^{\mathrm{T}} + \lambda_3^{②}\left[P_{2y}^{②}, -P_{2x}^{②}\right]^{\mathrm{T}} = 0 \tag{12.29}$$

由公式 $\dfrac{\partial \Pi_{\mathrm{C}}^*\left(\boldsymbol{T}, \boldsymbol{\lambda}, \lambda_3\right)}{\partial \boldsymbol{T}^5} = 0$ 得

$$\boldsymbol{C}_{21}^{③}\boldsymbol{T}^{1③} + \boldsymbol{C}_{22}^{③}\boldsymbol{T}^{2③} + \boldsymbol{\lambda}^{③} + \lambda_3^{③}\left[P_{2y}^{③}, -P_{2x}^{③}\right]^{\mathrm{T}} = 0$$

进一步得

$$-\boldsymbol{C}_{21}^{③}\left[X_5, X_6\right]^{\mathrm{T}} + \boldsymbol{C}_{22}^{③}\left[X_9, X_{10}\right]^{\mathrm{T}} + \left[\lambda_1^{③}, \lambda_2^{③}\right]^{\mathrm{T}} + \lambda_3^{③}\left[P_{2y}^{③}, -P_{2x}^{③}\right]^{\mathrm{T}} = 0 \tag{12.30}$$

由公式 $\dfrac{\partial \Pi_{\mathrm{C}}^*\left(\boldsymbol{T}, \boldsymbol{\lambda}, \lambda_3\right)}{\partial \boldsymbol{\lambda}^{①}} = 0$ 得

$$\boldsymbol{T}^{1①} + \boldsymbol{T}^{2①} = \left[F_P + X_1 + X_5 - X_3, X_2 + X_6 - X_4\right]^{\mathrm{T}} = 0 \tag{12.31}$$

由公式 $\dfrac{\partial \Pi_{\mathrm{C}}^*\left(\boldsymbol{T}, \boldsymbol{\lambda}, \lambda_3\right)}{\partial \boldsymbol{\lambda}^{②}} = 0$ 得

$$\boldsymbol{T}^{1②} + \boldsymbol{T}^{2②} = \left[X_7 - X_1, X_8 - X_2\right]^{\mathrm{T}} = 0 \tag{12.32}$$

由公式 $\dfrac{\partial \Pi_{\mathrm{C}}^{*}(\boldsymbol{T}, \boldsymbol{\lambda}, \lambda_3)}{\partial \boldsymbol{\lambda}^{③}} = 0$ 得

$$\boldsymbol{T}^{1③} + \boldsymbol{T}^{2③} = [X_9 - X_5, X_{10} - X_6]^{\mathrm{T}} = 0 \qquad (12.33)$$

由公式 $\dfrac{\partial \Pi_{\mathrm{C}}^{*}(\boldsymbol{T}, \boldsymbol{\lambda}, \lambda_3)}{\partial \lambda_3^{①}} = 0$ 得

$$(X_1 + X_5 + P) \cdot P_{2y}^{①} - (X_2 + X_6) \cdot P_{2x}^{①} - X_3 \cdot P_{1y}^{①} + X_4 \cdot P_{1x}^{①} = 0 \qquad (12.34)$$

由公式 $\dfrac{\partial \Pi_{\mathrm{C}}^{*}(\boldsymbol{T}, \boldsymbol{\lambda}, \lambda_3)}{\partial \lambda_3^{②}} = 0$ 得

$$X_7 \cdot P_{2y}^{②} - X_8 \cdot P_{2x}^{②} - X_1 \cdot P_{1y}^{②} + X_2 \cdot P_{1x}^{②} = 0 \qquad (12.35)$$

由公式 $\dfrac{\partial \Pi_{\mathrm{C}}^{*}(\boldsymbol{T}, \boldsymbol{\lambda}, \lambda_3)}{\partial \lambda_3^{③}} = 0$ 得

$$X_9 \cdot P_{2y}^{③} - X_{10} \cdot P_{2x}^{③} - X_5 \cdot P_{1y}^{③} + X_6 \cdot P_{1x}^{③} = 0 \qquad (12.36)$$

将上述推导过程中的理论以及公式进行归纳和总结，即可推广到一般桁架受力问题中，并以编程语言的方式编制 MATLAB 程序，进一步进行复杂桁架算例计算。

12.2 桁架基面力元程序简介

利用前面推导的平面桁架单元基面力元张量公式，并利用 MATLAB 计算语言编制调试出相应的余能原理基面力元程序，可对平面桁架结构问题进行计算。

12.2.1 余能原理桁架基面力元程序的简要说明

(1) 编制程序的前处理文件，可通过大型通用结构分析程序建立模型后生成，省去了大量输入数据工作。

(2) 在处理复杂节点时，编制程序段，对柔度矩阵和单元应力的生成部分进行集成、通用化处理等，以保证复杂节点处计算结果的正确性。

(3) 在计算程序中，编制改善计算杆系轴力的相关语句，使程序根据需要输出桁架各单元轴力，使计算结果显示更加直观，便于检验输出结果的正确性。

(4) 程序可计算平面复杂桁架结构，求解单元轴力与节点位移。

12.2.2 平面桁架基面力元法的程序框图

使用基面力元法计算平面桁架单元的核心部分是编制相应的基面力元法 MAT-LAB 计算程序, 其主程序框图如图 12.3 所示。

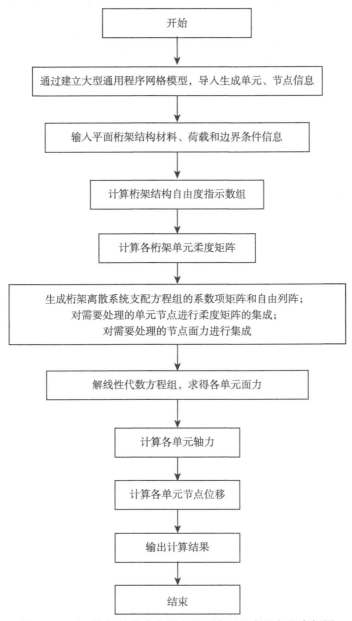

图 12.3 平面桁架结构余能原理基面力元程序的主程序框图

12.3　复杂平面桁架基面力元计算分析

12.3.1　一般三杆桁架受力问题

计算条件: 如图 12.4 所示, 由 2 根长度为 $10\sqrt{2}$ 和 1 根长度为 $10\sqrt{5}$ 的杆组成的桁架结构, A 节点处受 x 方向单位力作用。为研究方便, 取弹性模量 $E = 10000$, 泊松比 $\nu = 0$, 并采用无量纲数值。为了研究方便, 在本算例和下面各算例中的杆件横截面面积均为单位面积。

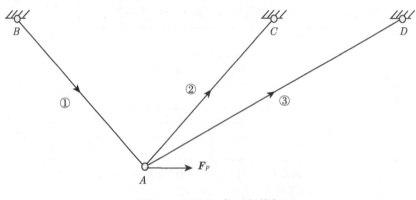

图 12.4　平面一般三杆桁架

计算结果:

(1) 轴力: 将运用本章平面基面力元程序计算所得各单元的轴力值 (BFEM 解) 列于表 12.1。

表 12.1　一般三杆桁架结构轴力解

单元	轴力	
	BFEM 解	大型通用结构分析程序解
1	0.5975	0.5975
2	0.3784	0.3784
3	0.3465	0.3465

由此可见, 平面一般三杆桁架结构在受力状态下, 计算所得轴力 BFEM 解与理论解和大型通用结构分析程序解完全相同。

(2) 位移: 将运用本章平面基面力元程序计算的该结构含自由度节点的位移值 (BFEM 解) 列于表 12.2。

表 12.2 一般三杆桁架结构节点位移解

节点	位移					
	BFEM 解			大型通用结构分析程序解		
	u_x	u_y	u_z	u_x	u_y	u_z
A	0.0014	0.0000	0.0000	0.0014	0.0000	0.0000

由此可见,平面一般三杆桁架结构在受力状态下,其计算所得的节点位移 BFEM 解与理论解和大型通用结构分析程序解完全相同。

12.3.2 一般四杆桁架受力问题

计算条件: 如图 12.5 所示,由 2 根长度为 $10\sqrt{2}$ 和 2 根长度为 $10\sqrt{5}$ 的杆组成的桁架结构,A 节点处受 y 方向单位力作用。为研究方便,取弹性模量 $E = 10000$,泊松比 $\nu = 0$,并采用无量纲数值。

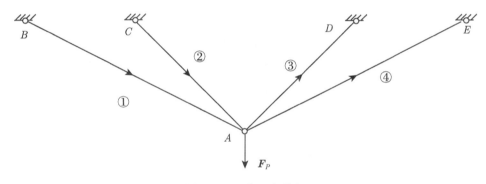

图 12.5 一般四杆桁架

计算结果:

(1) 轴力: 将运用本章平面基面力元程序计算所得各单元的轴力值 (BFEM 解)列于表 12.3。

表 12.3 一般四杆桁架结构轴力解

单元	轴力	
	BFEM 解	大型通用结构分析程序解
1	0.2258	0.2258
2	0.5644	0.5644
3	0.5644	0.5644
4	0.2258	0.2258

由此可见, 平面四杆桁架结构在受力状态下, 计算所得轴力 BFEM 解与理论解和大型通用结构分析程序解完全相同。

(2) 位移: 将运用本章平面基面力元程序计算的该结构含自由度节点的位移值 (BFEM 解) 列于表 12.4。

表 12.4   一般四杆桁架结构节点位移解

节点	位移					
	BFEM 解			大型通用结构分析程序解		
	u_x	u_y	u_z	u_x	u_y	u_z
A	0.0000	0.0011	0.0000	0.0000	0.0011	0.0000

由此可见, 平面一般四杆桁架在受力状态下, 其计算所得的节点位移 BFEM 解与理论解和大型通用结构分析程序解完全相同。

12.3.3   四边形静定桁架受力问题

计算条件: 如图 12.6 所示, 由 4 根长度为 10 和 1 根长度为 $10\sqrt{2}$ 的杆组成的四边形桁架结构, C 节点处受 x 方向单位力作用。为研究方便, 取弹性模量 $E = 10000$, 泊松比 $\nu = 0$, 并采用无量纲数值。

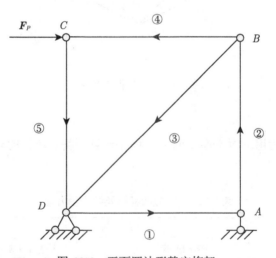

图 12.6   平面四边形静定桁架

计算结果:

(1) 轴力: 将运用本章平面基面力元程序计算所得各单元的轴力值 (BFEM 解)

列于表 12.5。

表 12.5 四边形静定桁架结构轴力解

单元	轴力	
	BFEM 解	大型通用结构分析程序解
1	0.0000	0.0000
2	1.0000	1.0000
3	1.4142	1.4142
4	1.0000	1.0000
5	0.0000	0.0000

由此可见，平面四边形静定桁架结构在受力状态下，计算所得轴力 BFEM 解与理论解和大型通用结构分析程序解完全相同。

(2) 位移：将运用本章平面基面力元程序计算的该结构含自由度节点的位移值 (BFEM 解) 列于表 12.6。

表 12.6 四边形静定桁架结构节点位移解

节点	位移					
	BFEM 解			大型通用结构分析程序解		
	u_x	u_y	u_z	u_x	u_y	u_z
A	0.0000	0.0000	0.0000	0.0000	0.0000	0.0000
B	0.0038	0.0010	0.0000	0.0038	0.0010	0.0000
C	0.0048	0.0000	0.0000	0.0048	0.0000	0.0000

由此可见，平面四边形静定桁架在受力状态下，其计算所得的节点位移 BFEM 解与理论解和大型通用结构分析程序解完全相同。

12.3.4 对称平面桁架对称受力问题

计算条件：如图 12.7 所示，由 13 根长度为 10 和 4 根长度为 $10\sqrt{2}$ 的杆组成的桁架结构，C、D、E 节点处受 y 方向单位力作用。为研究方便，取弹性模量 $E = 10000$，泊松比 $\nu = 0$，并采用无量纲数值。

计算结果：

(1) 轴力：将运用本章平面基面力元程序计算所得各单元的轴力值 (BFEM 解) 列于表 12.7。

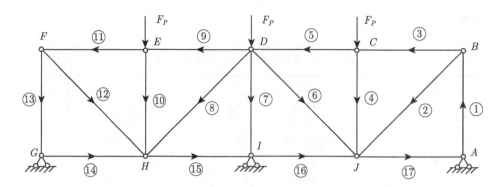

图 12.7　对称平面桁架

表 12.7　对称平面桁架轴力解

单元	轴力	
	BFEM 解	大型通用结构分析程序解
1	−0.5395	−0.5395
2	0.7630	0.7630
3	−0.5395	−0.5395
4	−0.6512	−0.6512
5	−0.5395	−0.5395
6	0.6512	0.6512
7	−1.9210	−1.9210
8	0.6512	0.6512
9	−0.5395	−0.5395
10	−1.0000	−1.0000
11	−0.5395	−0.5395
12	0.7630	0.7630
13	−0.5395	−0.5395
14	−0.0395	−0.0395
15	0.0395	0.0395
16	0.0395	0.0395
17	−0.0395	−0.0395

　　由此可见, 对称平面桁架结构在对称受力状态下, 计算所得轴力 BFEM 解与理论解和大型通用结构分析程序解完全相同。

　　(2) 位移: 将运用本章平面基面力元程序计算的该结构含自由度节点的位移值 (BFEM 解) 列于表 12.8。

表 12.8 对称平面桁架节点位移解

节点	位移					
	BFEM 解			大型通用结构分析程序解		
	u_x	u_y	u_z	u_x	u_y	u_z
A	0.0000	0.0000	0.0000	0.0000	0.0000	0.0000
B	−0.0011	−0.0005	0.0000	−0.0011	−0.0005	0.0000
C	−0.0005	−0.0042	0.0000	−0.0005	−0.0042	0.0000
D	0.0000	−0.0019	0.0000	0.0000	−0.0019	0.0000
E	0.0005	−00042	0.0000	0.0005	−00042	0.0000
F	0.0011	−0.0005	0.0000	0.0011	−0.0005	0.0000
G	0.0000	0.0000	0.0000	0.0000	0.0000	0.0000
H	0.0000	−0.0032	0.0000	0.0000	−0.0032	0.0000
I	0.0000	0.0000	0.0000	0.0000	0.0000	0.0000
J	0.0000	−0.0032	0.0000	0.0000	−0.0032	0.0000

由此可见，对称平面桁架在对称受力状态下，其计算所得的节点位移 BFEM 解与理论解和大型通用结构分析程序解完全相同。

12.3.5 平屋架对称受力问题

计算条件：如图 12.8 所示，由 15 根长度为 10 和 6 根长度为 $10\sqrt{2}$ 的杆组成的桁架结构，H、I、J、K、L 节点处受 y 方向单位力作用。为研究方便，取弹性模量 $E = 10000$，泊松比 $\nu = 0$，并采用无量纲数值。

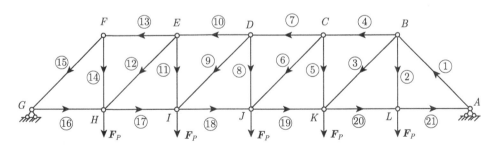

图 12.8 平屋架

计算结果：

(1) 轴力：将运用本章平面基面力元程序计算所得各单元的轴力值 (BFEM 解) 列于表 12.9。

表 12.9   平屋架轴力解

单元	轴力	
	BFEM 解	大型通用结构分析程序解
1	−3.5355	−3.5355
2	1.0000	1.0000
3	2.1213	2.1213
4	−4.0000	−4.0000
5	−0.5000	−0.5000
6	0.7071	0.7071
7	−4.5000	−4.5000
8	0.5000	0.5000
9	−0.7071	−0.7071
10	−4.0000	−4.0000
11	1.5000	1.5000
12	−2.1213	−2.1213
13	−2.5000	−2.5000
14	2.5000	2.5000
15	−3.5355	−3.5355
16	−0.8333	−0.8333
17	0.6667	0.6667
18	1.1667	1.1667
19	0.6667	0.6667
20	−0.8333	−0.8333
21	−0.8333	−0.8333

由此可见, 平屋架桁架结构在对称受力状态下, 计算所得轴力 BFEM 解与理论解和大型通用结构分析程序解完全相同。

(2) 位移: 将运用本章平面基面力元程序计算的该结构含自由度节点的位移值 (BFEM 解) 列于表 12.10。

表 12.10   平屋架节点位移解

节点	位移					
	BFEM 解			大型通用结构分析程序解		
	u_x	u_y	u_z	u_x	u_y	u_z
A	0.0000	0.0000	0.0000	0.0000	0.0000	0.0000
B	−0.0071	−0.0141	0.0000	−0.0071	−0.0141	0.0000
C	−0.0031	−0.0276	0.0000	−0.0031	−0.0276	0.0000
D	0.0014	−0.0326	0.0000	0.0014	−0.0326	0.0000
E	0.0054	−0.0280	0.0000	0.0054	−0.0280	0.0000

续表

| 节点 | 位移 | | | | | |
| | BFEM 解 | | | 大型通用结构分析程序解 | | |
	u_x	u_y	u_z	u_x	u_y	u_z
F	0.0079	-0.0150	0.0000	0.0079	-0.0150	0.0000
G	0.0000	0.0000	0.0000	0.0000	0.0000	0.0000
H	-0.0008	-0.0175	0.0000	-0.0008	-0.0175	0.0000
I	-0.0002	-0.0295	0.0000	-0.0002	-0.0295	0.0000
J	0.0010	-0.0031	0.0000	0.0010	-0.0031	0.0000
K	0.0017	-0.0271	0.0000	0.0017	-0.0271	0.0000
L	0.0008	-0.0151	0.0000	0.0008	-0.0151	0.0000

由此可见, 平屋架桁架在对称受力状态下, 其计算所得的节点位移 BFEM 解与理论解和大型通用结构分析程序解完全相同。

12.3.6 拱形屋桁架受力问题

计算条件: 如图 12.9 所示, 单元⑦、⑨、⑭ 的长为 20, 单元⑩的长为 $10\sqrt{3}$, 单元 ⑬ 的长为 $10\sqrt{2}$, 单元 ⑮ 的长为 10, 由这些杆组成的桁架结构, D 节点处受 y 方向单位力作用。为研究方便, 取弹性模量 $E=10000$, 泊松比 $\nu=0$, 并采用无量纲数值。

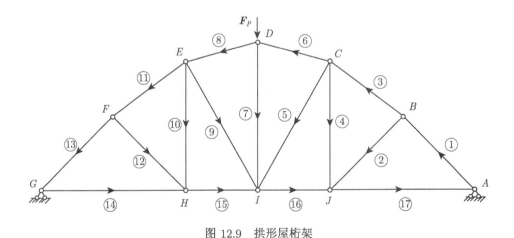

图 12.9 拱形屋桁架

计算结果:

(1) 轴力: 将运用本章平面基面力元程序计算所得各单元的轴力值 (BFEM 解) 列于表 12.11。

表 12.11　拱形屋桁架轴力解

单元	轴力	
	BFEM 解	大型通用结构分析程序解
1	0.7071	0.7071
2	−0.1094	−0.1094
3	0.7155	0.7155
4	0.0774	0.0774
5	−0.3453	−0.3453
6	0.7766	0.7766
7	0.5981	0.5981
8	0.7766	0.7766
9	−0.3453	−0.3453
10	0.0774	0.0774
11	0.7155	0.7155
12	−0.1094	−0.1094
13	0.7071	0.7071
14	0.0258	0.0258
15	−0.0516	−0.0516
16	−0.0516	−0.0516
17	0.0258	0.0258

　　由此可见, 拱形屋桁架结构在受力状态下, 计算所得轴力 BFEM 解与理论解和大型通用结构分析程序解完全相同。

　　(2) 位移: 将运用本章平面基面力元程序计算的该结构含自由度节点的位移值 (BFEM 解) 列于表 12.12。

表 12.12　拱形屋桁架节点位移解

节点	位移					
	BFEM 解			大型通用结构分析程序解		
	u_x	u_y	u_z	u_x	u_y	u_z
A	0.0000	0.0000	0.0000	0.0000	0.0000	0.0000
B	0.0006	0.0020	0.0000	0.0006	0.0020	0.0000
C	0.0003	0.0030	0.0000	0.0003	0.0030	0.0000
D	0.0000	0.0052	0.0000	0.0000	0.0052	0.0000
E	−0.0003	0.0030	0.0000	−0.0003	0.0030	0.0000
F	−0.0006	0.0020	0.0000	−0.0006	0.0020	0.0000
G	0.0000	0.0000	0.0000	0.0000	0.0000	0.0000
H	0.0001	0.0029	0.0000	0.0001	0.0029	0.0000
I	0.0000	0.0040	0.0000	0.0000	0.0040	0.0000
J	−0.0001	0.0029	0.0000	−0.0001	0.0029	0.0000

由此可见，拱形屋桁架在受力状态下，其计算所得的节点位移 BFEM 解与理论解和大型通用结构分析程序解完全相同。

12.3.7 对称平面桁架受力问题

计算条件：如图 12.10 所示，单元 ⑲、㉑、㉒、㉕ 的长均为 10，单元 ⑭ 的长为 6，单元 ⑯ 的长为 7，单元 ⑱ 的长为 5，单元 ㉔ 的长为 15，单元 ㉗ 的长为 20，由这些杆组成的桁架结构，D 节点处受 y 方向单位力作用。为研究方便，取弹性模量 $E = 10000$，泊松比 $\nu = 0$，并采用无量纲数值。

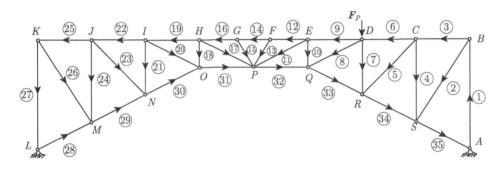

图 12.10　对称平面桁架

计算结果：

(1) 轴力：将运用本章平面基面力元程序计算所得各单元的轴力值 (BFEM 解) 列于表 12.13。

表 12.13　对称平面桁架轴力解

单元	轴力	
	BFEM 解	大型通用结构分析程序解
1	−0.4606	−0.4606
2	0.5536	0.5536
3	−0.3071	−0.3071
4	−0.6142	−0.6142
5	0.8685	0.8685
6	−0.9212	−0.9212
7	−0.9212	−0.9212
8	−0.1671	−0.1671
9	−0.7637	−0.7637
10	0.2500	0.2500

单元	轴力	
	BFEM 解	大型通用结构分析程序解
11	−0.5590	−0.5590
12	−0.2637	−0.2637
13	0.0000	0.0000
14	−0.2637	−0.2637
15	0.0000	0.0000
16	−0.2637	−0.2637
17	0.5590	0.5590
18	−0.2500	−0.2500
19	0.2363	0.2363
20	−0.1761	−0.1761
21	0.0788	0.0788
22	0.0788	0.0788
23	−0.0743	−0.0743
24	0.0525	0.0525
25	0.0263	0.0263
26	−0.0473	−0.0473
27	0.0394	0.0394
28	−0.6471	−0.6471
29	−0.6764	−0.6764
30	−0.7351	−0.7351
31	−0.8151	−0.8151
32	0.1849	0.1849
33	0.3829	0.3829
34	−0.3038	−0.3038
35	−0.6471	−0.6471

由此可见, 对称平面桁架结构在受力状态下, 计算所得轴力 BFEM 解与理论解和大型通用结构分析程序解完全相同。

(2) 位移: 将运用本章平面基面力元程序计算的该结构含自由度节点的位移值 (BFEM 解) 列于表 12.14。

由此可见, 对称平面桁架在受力状态下, 其计算所得的节点位移 BFEM 解与理论解和大型通用结构分析程序解完全相同。

表 12.14　对称平面节点位移解

节点	位移					
	BFEM 解			大型通用结构分析程序解		
	u_x	u_y	u_z	u_x	u_y	u_z
A	0.0000	0.0000	0.0000	0.0000	0.0000	0.0000
B	-0.0044	-0.0009	0.0000	-0.0044	-0.0009	0.0000
C	-0.0041	-0.0051	0.0000	-0.0041	-0.0051	0.0000
D	-0.0032	-0.0091	0.0000	-0.0032	-0.0091	0.0000
E	-0.0025	-0.0081	0.0000	-0.0025	-0.0081	0.0000
F	-0.0023	-0.0052	0.0000	-0.0023	-0.0052	0.0000
G	-0.0021	-0.0036	0.0000	-0.0021	-0.0036	0.0000
H	-0.0019	0.0003	0.0000	-0.0019	0.0003	0.0000
I	-0.0022	0.0012	0.0000	-0.0022	0.0012	0.0000
J	-0.0022	0.0009	0.0000	-0.0022	0.0009	0.0000
K	-0.0023	0.0001	0.0000	-0.0023	0.0001	0.0000
L	0.0000	0.0000	0.0000	0.0000	0.0000	0.0000
M	-0.0012	0.0009	0.0000	-0.0012	0.0009	0.0000
N	-0.0022	0.0011	0.0000	-0.0022	0.0011	0.0000
O	-0.0028	0.0004	0.0000	-0.0028	0.0004	0.0000
P	-0.0036	-0.0044	0.0000	-0.0036	-0.0044	0.0000
Q	-0.0034	-0.0082	0.0000	-0.0034	-0.0082	0.0000
R	-0.0029	-0.0081	0.0000	-0.0029	-0.0081	0.0000
S	-0.0013	-0.0042	0.0000	-0.0013	-0.0042	0.0000

12.3.8　不对称复杂平面桁架结构受力问题

计算条件: 如图 12.11 所示, 单元①、③、⑤、⑥、⑧、⑩的长为 10, 单元④、⑨的长为 5, 由这些杆组成桁架结构, B、C、D、E 节点处受 y 方向单位力作用。为研究方便, 取弹性模量 $E = 10000$, 泊松比 $\nu = 0$, 并采用无量纲数值。

计算结果:

(1) 轴力: 将运用本章平面基面力元程序计算所得各单元的轴力值 (BFEM 解) 列于表 12.15。

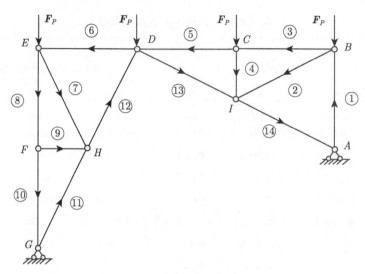

图 12.11 不对称复杂平面桁架

表 12.15 不对称复杂平面桁架结构轴力解

单元	轴力	
	BFEM 解	大型通用结构分析程序解
1	1.5000	1.5000
2	−1.1180	−1.1180
3	1.0000	1.0000
4	1.0000	1.0000
5	1.0000	1.0000
6	0.0000	0.0000
7	0.0000	0.0000
8	1.0000	1.0000
9	0.0000	0.0000
10	1.0000	1.0000
11	−1.3416	−1.3416
12	−1.3416	−1.3416
13	−0.4472	−0.4472
14	0.6708	0.6708

由此可见, 不对称复杂平面桁架结构在受力状态下, 计算所得轴力 BFEM 解
与理论解和大型通用结构分析程序解完全相同。

(2) 位移: 将运用本章平面基面力元程序计算的该结构含自由度节点的位移值

(BFEM 解) 列于表 12.16。

表 12.16　不对称复杂平面桁架结构节点位移解

节点	位移					
	BFEM 解			大型通用结构分析程序解		
	u_x	u_y	u_z	u_x	u_y	u_z
A	0.0000	0.0000	0.0000	0.0000	0.0000	0.0000
B	0.0031	0.0015	0.0000	0.0031	0.0015	0.0000
C	0.0021	0.0066	0.0000	0.0021	0.0066	0.0000
D	−0.0011	−0.0028	0.0000	−0.0011	−0.0028	0.0000
E	0.0011	0.0020	0.0000	0.0011	0.0020	0.0000
F	−0.0031	0.0010	0.0000	−0.0031	0.0010	0.0000
G	0.0000	0.0000	0.0000	0.0000	0.0000	0.0000
H	−0.0031	−0.0001	0.0000	−0.0031	−0.0001	0.0000
I	0.0022	0.0061	0.0000	0.0022	0.0061	0.0000

由此可见，不对称复杂平面桁架在单向受力状态下，其计算所得的节点位移 BFEM 解与理论解和大型通用结构分析程序解完全相同。

12.3.9　桁架桥受力问题

计算条件：如图 12.12 所示，单元①、②、⑥、⑫ 的长为 10，单元③、④、⑦、⑪ 的长为 5，单元⑨的长为 15，单元 ⑭ 的长为 3，单元 ⑯ 的长为 4，由这些杆组成的桁架结构，D 节点处受 y 方向单位力作用。为研究方便，取弹性模量 $E = 10000$，泊松比 $\nu = 0$，并采用无量纲数值。

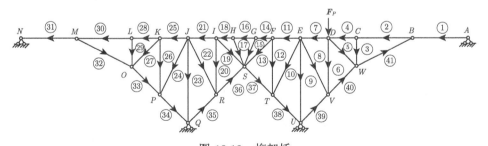

图 12.12　桁架桥

计算结果：

(1) 轴力：将运用本章平面基面力元程序计算所得各单元的轴力值 (BFEM 解) 列于表 12.17。

表 12.17　桁架桥结构轴力解

单元	轴力	
	BFEM 解	大型通用结构分析程序解
1	−0.1827	−0.1827
2	−0.1827	−0.1827
3	0.0000	0.0000
4	−0.1827	−0.1827
5	0.0000	0.0000
6	−1.0000	−1.0000
7	−0.1827	−0.1827
8	0.7454	0.7454
9	−0.6597	−0.6597
10	−0.0078	−0.0078
11	0.1542	0.1542
12	0.0104	0.0104
13	−0.0147	−0.0147
14	0.1646	0.1646
15	0.0000	0.0000
16	0.1646	0.1646
17	0.0000	0.0000
18	0.1646	0.1646
19	−0.0848	−0.0848
20	0.0599	0.0599
21	0.1046	0.1046
22	−0.0447	−0.0447
23	0.0400	0.0400
24	0.0000	0.0000
25	0.0847	0.0847
26	0.0000	0.0000
27	0.0000	0.0000
28	0.0847	0.0847
29	0.0000	0.0000
30	0.0847	0.0847
31	0.0847	0.0847
32	0.0000	0.0000
33	0.0000	0.0000
34	0.0000	0.0000
35	0.0135	0.0135
36	−0.0147	−0.0147
37	−0.0848	−0.0848
38	−0.0798	−0.0798
39	−0.4714	−0.4714
40	0.0000	0.0000
41	0.0000	0.0000

由此可见，桁架桥结构在受力状态下，计算所得轴力 BFEM 解与理论解和大型通用结构分析程序解完全相同。

(2) 位移：将运用本章平面基面力元程序计算的该结构含自由度节点的位移值 (BFEM 解) 列于表 12.18。

表 12.18　桁架桥结构节点位移解

| 节点 | 位移 | | | | | |
| | BFEM 解 | | | 大型通用结构分析程序解 | | |
	u_x	u_y	u_z	u_x	u_y	u_z
A	0.0000	0.0000	0.0000	0.0000	0.0000	0.0000
B	0.0002	−0.0063	0.0000	0.0002	−0.0063	0.0000
C	0.0004	−0.0018	0.0000	0.0004	−0.0018	0.0000
D	0.0005	−0.0021	0.0000	0.0005	−0.0021	0.0000
E	0.0005	−0.0010	0.0000	0.0005	−0.0010	0.0000
F	0.0005	−0.0005	0.0000	0.0005	−0.0005	0.0000
G	0.0004	−0.0002	0.0000	0.0004	−0.0002	0.0000
H	0.0004	0.0000	0.0000	0.0004	0.0000	0.0000
I	0.0003	0.0001	0.0000	0.0003	0.0001	0.0000
J	0.0002	0.0001	0.0000	0.0002	0.0001	0.0000
K	0.0002	0.0001	0.0000	0.0002	0.0001	0.0000
L	0.0002	0.0002	0.0000	0.0002	0.0002	0.0000
M	0.0001	0.0000	0.0000	0.0001	0.0000	0.0000
N	0.0000	0.0000	0.0000	0.0000	0.0000	0.0000
O	0.0002	0.0002	0.0000	0.0002	0.0002	0.0000
P	0.0001	0.0001	0.0000	0.0001	0.0001	0.0000
Q	0.0000	0.0000	0.0000	0.0000	0.0000	0.0000
R	0.0000	0.0000	0.0000	0.0000	0.0000	0.0000
S	0.0001	−0.0001	0.0000	0.0001	−0.0001	0.0000
T	−0.0004	−0.0005	0.0000	−0.0004	−0.0005	0.0000
U	0.0000	0.0000	0.0000	0.0000	0.0000	0.0000
V	0.0011	−0.0016	0.0000	0.0011	−0.0016	0.0000
W	0.0013	−0.0018	0.0000	0.0013	−0.0018	0.0000

由此可见，桁架桥在受力状态下，其计算所得的节点位移 BFEM 解与理论解和大型通用结构分析程序解完全相同。

12.3.10　塔吊受力问题

计算条件: 如图 12.13 所示, 单元⑩、⑱、㉔、㉕、㉖、㉘、㉝、㊴、㊵、㊶、㊷、㊸、㊹、㊺ 的长为 10, 单元⑭、⑯、⑰、⑲、㉗、㉞ 的长为 5, 单元②的长为 10/3, 单元⑤的长为 20/3, 由这些杆组成桁架结构, A 节点处受 y 方向单位力作用。为研究方便, 取弹性模量 $E = 10000$, 泊松比 $\nu = 0$, 并采用无量纲数值。

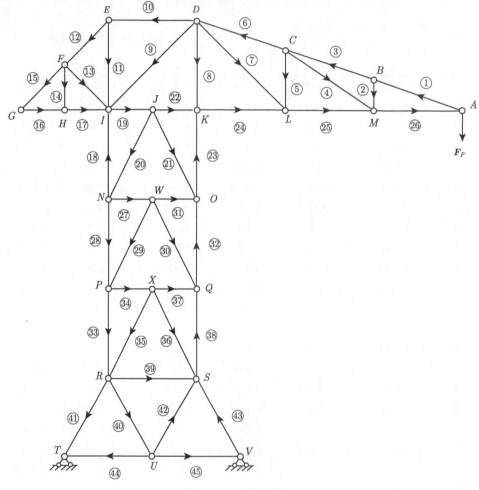

图 12.13　塔吊桁架

计算结果:

(1) 轴力: 将运用本章平面基面力元程序计算所得各单元的轴力值 (BFEM 解) 列于表 12.19。

表 12.19 塔吊桁架结构轴力解

单元	轴力	
	BFEM 解	大型通用结构分析程序解
1	3.1623	3.1623
2	0.0000	0.0000
3	3.1623	3.1623
4	0.0000	0.0000
5	0.0000	0.0000
6	3.1623	3.1623
7	0.0000	0.0000
8	−4.0000	−4.0000
9	4.2426	4.2426
10	0.0000	0.0000
11	0.0000	0.0000
12	0.0000	0.0000
13	0.0000	0.0000
14	0.0000	0.0000
15	0.0000	0.0000
16	0.0000	0.0000
17	0.0000	0.0000
18	3.0000	3.0000
19	−3.0000	−3.0000
20	0.0000	0.0000
21	0.0000	0.0000
22	−3.0000	−3.0000
23	−4.0000	−4.0000
24	−3.0000	−3.0000
25	−3.0000	−3.0000
26	−3.0000	−3.0000
27	0.0000	0.0000
28	3.0000	3.0000
29	0.0000	0.0000
30	0.0000	0.0000
31	0.0000	0.0000
32	−4.0000	−4.0000
33	−3.0000	−3.0000
34	0.0000	0.0000
35	0.0000	0.0000
36	0.0000	0.0000
37	0.0000	0.0000
38	−4.0000	−4.0000
39	−0.2887	−0.2887
40	2.0207	2.0207
41	1.4434	1.4434
42	−0.0207	−0.0207
43	−2.5981	−2.5981
44	−1.0104	−1.0104
45	1.0104	1.0104

由此可见，塔吊桁架结构在荷载作用下，计算所得轴力 BFEM 解与理论解和大型通用结构分析程序解完全相同。

(2) 位移：将运用本章平面基面力元程序计算的该结构含自由度节点的位移值 (BFEM 解) 列于表 12.20。

表 12.20   塔吊桁架结构节点位移解

节点	位移					
	BFEM 解			大型通用结构分析程序解		
	u_x	u_y	u_z	u_x	u_y	u_z
A	0.0257	−0.2032	0.0000	0.0257	−0.2032	0.0000
B	0.0504	−0.1186	0.0000	0.0504	−0.1186	0.0000
C	0.0651	−0.0641	0.0000	0.0651	−0.0641	0.0000
D	0.0765	−0.0194	0.0000	0.0765	−0.0194	0.0000
E	0.0765	0.0109	0.0000	0.0765	0.0109	0.0000
F	0.0377	0.0302	0.0000	0.0377	0.0302	0.0000
G	0.0377	0.0496	0.0000	0.0377	0.0496	0.0000
H	0.0377	0.0302	0.0000	0.0377	0.0302	0.0000
I	0.0377	0.0109	0.0000	0.0377	0.0109	0.0000
J	0.0362	−0.0018	0.0000	0.0362	−0.0018	0.0000
K	0.0347	−0.0154	0.0000	0.0347	−0.0154	0.0000
L	0.0317	−0.0641	0.0000	0.0317	−0.0641	0.0000
M	0.0287	−0.1186	0.0000	0.0287	−0.1186	0.0000
N	0.0170	0.0079	0.0000	0.0170	0.0079	0.0000
O	0.0170	−0.0114	0.0000	0.0170	−0.0114	0.0000
P	0.0047	0.0049	0.0000	0.0047	0.0049	0.0000
Q	−0.0047	−0.0074	0.0000	−0.0047	−0.0074	0.0000
R	−0.0004	0.0019	0.0000	−0.0004	0.0019	0.0000
S	−0.0007	−0.0034	0.0000	−0.0007	−0.0034	0.0000
T	0.0000	0.0000	0.0000	0.0000	0.0000	0.0000
U	−0.0010	−0.0008	0.0000	−0.0010	−0.0008	0.0000
V	0.0000	0.0000	0.0000	0.0000	0.0000	0.0000
W	0.0170	−0.0013	0.0000	0.0170	−0.0013	0.0000
X	0.0047	−0.0007	0.0000	0.0047	−0.0007	0.0000

由此可见，塔吊桁架在单向受力状态下，其计算所得的节点位移 BFEM 解与理论解和大型通用结构分析程序解完全相同。

12.4 本 章 小 结

(1) 本章以余能原理基面力模型为基础, 经平面四节点单元的退化, 推导出了平面桁架单元的基面力模型。

(2) 编制了平面桁架单元的基面力元 MATLAB 程序, 并结合经典的平面复杂桁架问题进行数值计算。

(3) 数值算例表明, 本方法可以用于计算平面桁架的线弹性分析问题, 计算结果与大型通用结构分析程序解吻合较好, 从而验证了本方法模型的可行性。

第13章 基面力单元法在空间复杂桁架中的应用

第 12 章推导了平面桁架单元模型, 本章将平面延伸到空间, 并且通过三维基面力元法的块体单元进行退化, 推导空间桁架单元的基面力模型。

平面桁架单元与空间桁架单元的主要区别在于, 节点坐标变为空间坐标, 力的向量变为三维向量, 转动平衡的约束条件也要考虑三个方向的平衡。

13.1 空间杆件基面力元模型

13.1.1 空间桁架单元柔度矩阵

在第 10 章中给出了空间六面体单元的柔度矩阵

$$C_{IJ} = \frac{1+\nu}{EV}\left(p_{IJ}U - \frac{\nu}{1+\nu}P_I \otimes P_J\right) \quad (I, J = 1, 2, 3, 4, 5, 6) \tag{13.1}$$

式中, 各符号的物理意义同第 10 章, 其中 V 为单元的体积。

仿照第 12 章的退化方法, 可以得到具有两节点的空间桁架基面力单元的柔度矩阵, 即

$$C_{IJ} = \frac{1+\nu}{EV}\left(p_{IJ}U - \frac{\nu}{1+\nu}P_I \otimes P_J\right) \quad (I, J = 1, 2) \tag{13.2}$$

但要注意: 空间各点有 3 个自由度, 单位张量 U 也是三维的。

空间桁架单元的修正泛函可写成

$$\Pi_{\mathrm{C}}^{\mathrm{e}^*}(\boldsymbol{T}, \boldsymbol{\lambda}, \boldsymbol{\mu}) = \Pi_{\mathrm{C}}^{\mathrm{e}}(\boldsymbol{T}) + \boldsymbol{\lambda}\left(\sum_{I=1}^{2}\boldsymbol{T}^I\right) + \boldsymbol{\mu}\left(\boldsymbol{T}^I \times \boldsymbol{P}_I\right) \tag{13.3}$$

式中, $\boldsymbol{\lambda}$、$\boldsymbol{\mu}$ 为 Lagrange 乘子, 其中 $\boldsymbol{\lambda} = [\lambda_1, \lambda_2, \lambda_3]$, $\boldsymbol{\mu} = [\mu_4, \mu_5, \mu_6]$。

由修正的余能原理, 泛函的驻值条件可写为

$$\delta\Pi_{\mathrm{C}}^* = \sum_{n}\left[\delta\Pi_{\mathrm{C}}^{\mathrm{e}^*}(\boldsymbol{T}, \boldsymbol{\lambda}, \boldsymbol{\mu})\right] = 0 \tag{13.4}$$

由式 (13.4) 可以得到空间桁架系统关于单元节点力 $\boldsymbol{T}$, 以及单元的 Lagrange

乘子 $\boldsymbol{\lambda}$ 和 $\boldsymbol{\mu}$ 的一组线性方程组，即系统的余能原理基面力元的支配方程

$$
\begin{cases}
\dfrac{\partial \Pi_{\mathrm{C}}^*(\boldsymbol{T}, \boldsymbol{\lambda}, \boldsymbol{\mu})}{\partial \boldsymbol{T}} = 0 \\[3mm]
\dfrac{\partial \Pi_{\mathrm{C}}^*(\boldsymbol{T}, \boldsymbol{\lambda}, \boldsymbol{\mu})}{\partial \boldsymbol{\lambda}} = 0 \\[3mm]
\dfrac{\partial \Pi_{\mathrm{C}}^*(\boldsymbol{T}, \boldsymbol{\lambda}, \boldsymbol{\mu})}{\partial \boldsymbol{\mu}} = 0
\end{cases}
\tag{13.5}
$$

空间桁架单元节点位移的显式表达式可写为

$$
\boldsymbol{\delta}_I = \boldsymbol{C}_{IJ} \cdot \boldsymbol{T}^J + \boldsymbol{\lambda} + \boldsymbol{\mu} \frac{\partial \left(\boldsymbol{T}^I \times \boldsymbol{P}_I \right)}{\partial \boldsymbol{T}^I}
\tag{13.6}
$$

进一步可以展开为

$$
\begin{aligned}
\boldsymbol{\delta}_I =\ & \left(C_{I1J1}T^{J1} + C_{I1J2}T^{J2} + C_{I1J3}T^{J3} + \lambda_1 - \mu_5 P_{I3} + \mu_6 P_{I2} \right) \boldsymbol{e}_1 \\
& + \left(C_{I2J1}T^{J1} + C_{I2J2}T^{J2} + C_{I2J3}T^{J3} + \lambda_2 + \mu_4 P_{I3} - \mu_6 P_{I1} \right) \boldsymbol{e}_2 \\
& + \left(C_{I3J1}T^{J1} + C_{I3J2}T^{J2} + C_{I3J3}T^{J3} + \lambda_3 - \mu_4 P_{I2} + \mu_5 P_{I1} \right) \boldsymbol{e}_3
\end{aligned}
\tag{13.7}
$$

与第 10 章相同，单元节点力 $\boldsymbol{T}^I$ 与单元应力张量 $\boldsymbol{\sigma}$ 的关系可以表达为

$$
\boldsymbol{\sigma} = \begin{bmatrix}
\sigma_x & \tau_{xy} & \tau_{xz} \\
\tau_{yx} & \sigma_y & \tau_{yz} \\
\tau_{zx} & \tau_{zy} & \sigma_z
\end{bmatrix} = \frac{1}{V} \boldsymbol{T}^I \otimes \boldsymbol{P}_I
\tag{13.8}
$$

三维问题的主应力求解可按下式进行 [114]：

$$
\begin{cases}
I_1 = \sigma_x + \sigma_y + \sigma_z \\
I_2 = \sigma_x\sigma_y + \sigma_y\sigma_z + \sigma_z\sigma_x - \tau_{xy}^2 - \tau_{xz}^2 - \tau_{yz}^2 \\
I_3 = \sigma_x \left(\sigma_y\sigma_z - \tau_{yz}^2 \right) - \tau_{xy} \left(\tau_{yx}\sigma_z - \tau_{yz}\tau_{xz} \right) + \tau_{xz} \left(\tau_{yx}\tau_{zy} - \sigma_y\tau_{zx} \right) \\
I_4 = I_3 + \dfrac{I_1 \cdot I_2}{3} + \dfrac{2I_1^3}{27} \\
I_5 = \dfrac{1}{3\sqrt{\left(\sigma_x - \sigma_y \right)^2 + \left(\sigma_z - \sigma_y \right)^2 + \left(\sigma_y - \sigma_z \right)^2 + 6 \left(\tau_{xy}^2 + \tau_{xz}^2 + \tau_{yz}^2 \right)}} \\
I_6 = \dfrac{1}{3} \arccos \left(\dfrac{\sqrt{2}I_4}{I_5^3} \right) \\
\sigma_1 = \dfrac{I_1}{3} + \sqrt{2}I_5 \cdot \cos I_6 \\
\sigma_2 = \dfrac{I_1}{3} + \sqrt{2}I_5 \cdot \cos \left(I_6 + \dfrac{2\pi}{3} \right) \\
\sigma_3 = \dfrac{I_1}{3} + \sqrt{2}I_5 \cdot \cos \left(I_6 - \dfrac{2\pi}{3} \right)
\end{cases}
\tag{13.9}
$$

在基面力单元法中，空间杆单元的轴力采取将不为零的主应力乘以杆横截面面积的方法求得。

13.1.2　空间桁架基面力元控制方程

根据桁架问题存在多个杆件汇交于一点的情况，需要对系统的控制方程进行修正，具体思路与第 12 章相同。下面将介绍空间桁架单元模型的推导过程。

如图 13.1 所示，以三杆交于一点为例，来建立空间基面力元桁架单元模型。

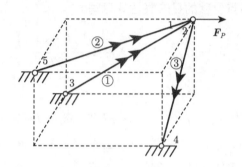

(a) 三杆交于一点的空间桁架

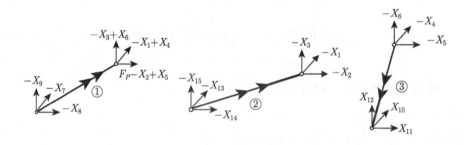

(b) 三杆受力

图 13.1　空间桁架模型的建立

设

$$\boldsymbol{T}^1 = [X_1, X_2, X_3]^{\mathrm{T}}, \quad \boldsymbol{T}^2 = [-X_4, -X_5, -X_6]^{\mathrm{T}}$$

$$\boldsymbol{T}^3 = [-X_7, -X_8, -X_9]^{\mathrm{T}}$$

$$\boldsymbol{T}^4 = [X_{10}, X_{11}, X_{12}]^{\mathrm{T}}, \quad \boldsymbol{T}^5 = [-X_{13}, -X_{14}, -X_{15}]^{\mathrm{T}}$$

$$\boldsymbol{T}^{1①} = \boldsymbol{T}^3, \quad \boldsymbol{T}^{2①} = \boldsymbol{F}_P - \boldsymbol{T}^1 - \boldsymbol{T}^2, \quad \boldsymbol{T}^{1②} = \boldsymbol{T}^5$$

$$\boldsymbol{T}^{1②} = \boldsymbol{T}^1, \quad \boldsymbol{T}^{1③} = \boldsymbol{T}^2, \quad \boldsymbol{T}^{1③} = \boldsymbol{T}^4$$

由公式 $\dfrac{\partial \Pi_{\mathrm{C}}^{*}(\boldsymbol{T},\boldsymbol{\lambda},\mu)}{\partial \boldsymbol{T}^{1}} = 0$ 得

$$-\boldsymbol{C}_{21}^{②}\boldsymbol{T}^{1②} + \boldsymbol{C}_{22}^{②}\boldsymbol{T}^{2②} + \boldsymbol{\lambda}^{②} + \begin{bmatrix} -\mu_5^{②}P_{2z}^{②} + \mu_6^{②}P_{2y}^{②} \\[2mm] \mu_4^{②}P_{2z}^{②} - \mu_6^{②}P_{2x}^{②} \\[2mm] -\mu_4^{②}P_{2y}^{②} + \mu_5^{②}P_{2x}^{②} \end{bmatrix}$$

$$-\left(\boldsymbol{C}_{21}^{①}\boldsymbol{T}^{1①} + \boldsymbol{C}_{22}^{①}\boldsymbol{T}^{2①} + \boldsymbol{\lambda}^{①} + \begin{bmatrix} -\mu_5^{①}P_{2z}^{①} + \mu_6^{①}P_{2y}^{①} \\[2mm] \mu_4^{①}P_{2z}^{①} - \mu_6^{①}P_{2x}^{①} \\[2mm] -\mu_4^{①}P_{2y}^{①} + \mu_5^{①}P_{2x}^{①} \end{bmatrix} \right) = 0 \quad (13.10)$$

进一步得

$$-\boldsymbol{C}_{21}^{②}\left[X_{13}, X_{14}, X_{15}\right]^{\mathrm{T}} + \boldsymbol{C}_{22}^{②}\left[X_1, X_2, X_3\right]^{\mathrm{T}} + \left[\lambda_1^{②}, \lambda_2^{②}, \lambda_3^{③}\right]^{\mathrm{T}}$$

$$+ \begin{bmatrix} -\mu_5^{②}P_{2z}^{②} + \mu_6^{②}P_{2y}^{②} \\[2mm] \mu_4^{②}P_{2z}^{②} - \mu_6^{②}P_{2x}^{②} \\[2mm] -\mu_4^{②}P_{2y}^{②} + \mu_5^{②}P_{2x}^{②} \end{bmatrix} + \boldsymbol{C}_{21}^{①}\left[X_7, X_8, X_9\right]^{\mathrm{T}}$$

$$- \boldsymbol{C}_{22}^{①}\left[P - X_1 + X_4, -X_2 + X_5, -X_3 + X_6\right]^{\mathrm{T}}$$

$$- \left[\lambda_1^{①}, \lambda_2^{①}, \lambda_3^{①}\right]^{\mathrm{T}} - \begin{bmatrix} -\mu_5^{①}P_{2z}^{①} + \mu_6^{①}P_{2y}^{①} \\[2mm] \mu_4^{①}P_{2z}^{①} - \mu_6^{①}P_{2x}^{①} \\[2mm] -\mu_4^{①}P_{2y}^{①} + \mu_5^{①}P_{2x}^{①} \end{bmatrix} = 0 \qquad (13.11)$$

由公式 $\dfrac{\partial \Pi_{\mathrm{C}}^{*}(\boldsymbol{T},\boldsymbol{\lambda},\mu)}{\partial \boldsymbol{T}^{2}} = 0$ 得

$$\boldsymbol{C}_{11}^{③}\boldsymbol{T}^{1③} + \boldsymbol{C}_{12}^{③}\boldsymbol{T}^{2③} + \boldsymbol{\lambda}^{③} + \begin{bmatrix} -\mu_5^{③}P_{1z}^{③} + \mu_6^{③}P_{1y}^{③} \\[2mm] \mu_4^{③}P_{1z}^{③} - \mu_6^{③}P_{1x}^{③} \\[2mm] -\mu_4^{③}P_{1y}^{③} + \mu_5^{③}P_{1x}^{③} \end{bmatrix}$$

$$
-\left(\boldsymbol{C}_{21}^{①}\boldsymbol{T}^{1①}+\boldsymbol{C}_{22}^{①}\boldsymbol{T}^{2①}+\boldsymbol{\lambda}^{①}+\begin{bmatrix} -\mu_5^{①}P_{2z}^{①}+\mu_6^{①}P_{2y}^{①} \\ \mu_4^{①}P_{2z}^{①}-\mu_6^{①}P_{2x}^{①} \\ -\mu_4^{①}P_{2y}^{①}+\mu_5^{①}P_{2x}^{①} \end{bmatrix}\right)=0 \quad (13.12)
$$

进一步得

$$
\boldsymbol{C}_{11}^{③}\left[X_4,X_5,X_6\right]^{\mathrm{T}}-\boldsymbol{C}_{12}^{③}\left[X_{10},X_{11},X_{12}\right]^{\mathrm{T}}-\left[\lambda_1^{③},\lambda_2^{③},\lambda_3^{③}\right]^{\mathrm{T}}
$$

$$
-\begin{bmatrix} -\mu_5^{③}P_{1z}^{③}+\mu_6^{③}P_{1y}^{③} \\ \mu_4^{③}P_{1z}^{③}-\mu_6^{③}P_{1x}^{③} \\ -\mu_4^{③}P_{1y}^{③}+\mu_5^{③}P_{1x}^{③} \end{bmatrix}-\boldsymbol{C}_{21}^{①}\left[X_7,X_8,X_9\right]^{\mathrm{T}}
$$

$$
+\boldsymbol{C}_{22}^{①}\left[\boldsymbol{F}_P-X_1+X_4,-X_2+X_5,-X_3+X_6\right]^{\mathrm{T}}+\left[\lambda_1^{①},\lambda_2^{①},\lambda_3^{①}\right]^{\mathrm{T}}
$$

$$
+\begin{bmatrix} -\mu_5^{①}P_{2z}^{①}+\mu_6^{①}P_{2y}^{①} \\ \mu_4^{①}P_{2z}^{①}-\mu_6^{①}P_{2x}^{①} \\ -\mu_4^{①}P_{2y}^{①}+\mu_5^{①}P_{2x}^{①} \end{bmatrix}=0 \tag{13.13}
$$

由公式 $\dfrac{\partial \Pi_{\mathrm{C}}^{*}\left(\boldsymbol{T},\boldsymbol{\lambda},\mu\right)}{\partial \boldsymbol{T}^3}=0$ 得

$$
\boldsymbol{C}_{11}^{①}\boldsymbol{T}^{1①}+\boldsymbol{C}_{12}^{①}\boldsymbol{T}^{2①}+\boldsymbol{\lambda}^{①}+\begin{bmatrix} -\mu_5^{①}P_{1z}^{①}+\mu_6^{①}P_{1y}^{①} \\ \mu_4^{①}P_{1z}^{①}-\mu_6^{①}P_{1x}^{①} \\ -\mu_4^{①}P_{1y}^{①}+\mu_5^{①}P_{1x}^{①} \end{bmatrix}=0 \tag{13.14}
$$

进一步得

$$
\boldsymbol{C}_{11}^{①}\left[X_7,X_8,X_9\right]^{\mathrm{T}}-\boldsymbol{C}_{12}^{①}\left[P-X_1+X_4,-X_2+X_5,-X_3+X_6\right]
$$

$$
-\left[\lambda_1^{①},\lambda_2^{①},\lambda_3^{①}\right]^{\mathrm{T}}-\begin{bmatrix} -\mu_5^{①}P_{2z}^{①}+\mu_6^{①}P_{2y}^{①} \\ \mu_4^{①}P_{2z}^{①}-\mu_6^{①}P_{2x}^{①} \\ -\mu_4^{①}P_{2y}^{①}+\mu_5^{①}P_{2x}^{①} \end{bmatrix}=0 \tag{13.15}
$$

由公式 $\dfrac{\partial \Pi_{\mathrm{C}}^*(\boldsymbol{T}, \boldsymbol{\lambda}, \mu)}{\partial \boldsymbol{T}^4} = 0$ 得

$$-\boldsymbol{C}_{21}^{\textcircled{3}}\boldsymbol{T}^{1\textcircled{3}} + \boldsymbol{C}_{22}^{\textcircled{3}}\boldsymbol{T}^{2\textcircled{3}} + \boldsymbol{\lambda}^{\textcircled{3}} + \begin{bmatrix} -\mu_5^{\textcircled{3}} P_{2z}^{\textcircled{3}} + \mu_6^{\textcircled{3}} P_{2y}^{\textcircled{3}} \\ \mu_4^{\textcircled{3}} P_{2z}^{\textcircled{3}} - \mu_6^{\textcircled{3}} P_{2x}^{\textcircled{3}} \\ -\mu_4^{\textcircled{3}} P_{2y}^{\textcircled{3}} + \mu_5^{\textcircled{3}} P_{2x}^{\textcircled{3}} \end{bmatrix} = 0 \tag{13.16}$$

进一步得

$$-\boldsymbol{C}_{21}^{\textcircled{3}}[X_4, X_5, X_6]^{\mathrm{T}} + \boldsymbol{C}_{22}^{\textcircled{3}}[X_{10}, X_{11}, X_{12}] + \left[\lambda_1^{\textcircled{3}}, \lambda_2^{\textcircled{3}}, \lambda_3^{\textcircled{3}}\right]^{\mathrm{T}}$$

$$+ \begin{bmatrix} -\mu_5^{\textcircled{3}} P_{2z}^{\textcircled{3}} + \mu_6^{\textcircled{3}} P_{2y}^{\textcircled{3}} \\ \mu_4^{\textcircled{3}} P_{2z}^{\textcircled{3}} - \mu_6^{\textcircled{3}} P_{2x}^{\textcircled{3}} \\ -\mu_4^{\textcircled{3}} P_{2y}^{\textcircled{3}} + \mu_5^{\textcircled{3}} P_{2x}^{\textcircled{3}} \end{bmatrix} = 0 \tag{13.17}$$

由公式 $\dfrac{\partial \Pi_{\mathrm{C}}^*(\boldsymbol{T}, \boldsymbol{\lambda}, \mu)}{\partial \boldsymbol{T}^5} = 0$ 得

$$\boldsymbol{C}_{11}^{\textcircled{2}}\boldsymbol{T}^{1\textcircled{2}} + \boldsymbol{C}_{12}^{\textcircled{2}}\boldsymbol{T}^{2\textcircled{2}} + \boldsymbol{\lambda}^{\textcircled{2}} + \begin{bmatrix} -\mu_5^{\textcircled{2}} P_{1z}^{\textcircled{2}} + \mu_6^{\textcircled{2}} P_{1y}^{\textcircled{2}} \\ \mu_4^{\textcircled{2}} P_{1z}^{\textcircled{2}} - \mu_6^{\textcircled{2}} P_{1x}^{\textcircled{2}} \\ -\mu_4^{\textcircled{2}} P_{1y}^{\textcircled{2}} + \mu_5^{\textcircled{2}} P_{1x}^{\textcircled{2}} \end{bmatrix} = 0 \tag{13.18}$$

进一步得

$$\boldsymbol{C}_{11}^{\textcircled{2}}[X_{13}, X_{14}, X_{15}]^{\mathrm{T}} - \boldsymbol{C}_{22}^{\textcircled{2}}[X_1, X_2, X_3] - \left[\lambda_1^{\textcircled{2}}, \lambda_2^{\textcircled{2}}, \lambda_3^{\textcircled{2}}\right]^{\mathrm{T}}$$

$$- \begin{bmatrix} -\mu_5^{\textcircled{2}} P_{1z}^{\textcircled{2}} + \mu_6^{\textcircled{2}} P_{1y}^{\textcircled{2}} \\ \mu_4^{\textcircled{2}} P_{1z}^{\textcircled{2}} - \mu_6^{\textcircled{2}} P_{1x}^{\textcircled{2}} \\ -\mu_4^{\textcircled{2}} P_{1y}^{\textcircled{2}} + \mu_5^{\textcircled{2}} P_{1x}^{\textcircled{2}} \end{bmatrix} = 0 \tag{13.19}$$

由公式 $\dfrac{\partial \Pi_{\mathrm{C}}^*(\boldsymbol{T}, \boldsymbol{\lambda}, \lambda_3)}{\partial \boldsymbol{\lambda}^{\textcircled{1}}} = 0$ 得

$$\boldsymbol{T}^{1\textcircled{1}} + \boldsymbol{T}^{2\textcircled{1}} = [F_P - X_1 + X_4 - X_7, -X_2 + X_5 - X_8, -X_3 + X_6 - X_9]^{\mathrm{T}} = 0 \tag{13.20}$$

由公式 $\dfrac{\partial \Pi_{\mathrm{C}}^*(\boldsymbol{T}, \boldsymbol{\lambda}, \lambda_3)}{\partial \boldsymbol{\lambda}^{\textcircled{2}}} = 0$ 得

$$\boldsymbol{T}^{1\textcircled{2}} + \boldsymbol{T}^{2\textcircled{2}} = [X_1 - X_{13}, X_2 - X_{14}, X_3 - X_{15}]^{\mathrm{T}} = 0 \tag{13.21}$$

由公式 $\dfrac{\partial \Pi_C^*(\boldsymbol{T},\boldsymbol{\lambda},\lambda_3)}{\partial \boldsymbol{\lambda}^{③}}=0$ 得

$$\boldsymbol{T}^{1③}+\boldsymbol{T}^{2③}=[-X_4+X_{10},-X_5+X_{11},-X_6+X_{12}]^{\mathrm{T}}=0 \tag{13.22}$$

由公式 $\dfrac{\partial \Pi_C^*(\boldsymbol{T},\boldsymbol{\lambda},\lambda_3)}{\partial \mu^{①}}=0$ 得

$$\begin{bmatrix} -X_8P_{1z}^{①}+X_9P_{1y}^{①}+(-X_2+X_5)P_{2z}^{①}-(-X_3+X_6)P_{2y}^{①} \\ -X_9P_{1x}^{①}+X_7P_{1z}^{①}+(-X_3+X_6)P_{2x}^{①}-(P-X_1+X_4)P_{2z}^{①} \\ -X_{10}P_{1y}^{①}+X_8P_{1x}^{①}+(P-X_1+X_4)P_{2y}^{①}-(-X_2+X_5)P_{2x}^{①} \end{bmatrix}=0 \tag{13.23}$$

由公式 $\dfrac{\partial \Pi_C^*(\boldsymbol{T},\boldsymbol{\lambda},\lambda_3)}{\partial \mu^{②}}=0$ 得

$$\begin{bmatrix} -X_{14}P_{1z}^{①}+X_{15}P_{1y}^{①}+X_2P_{2z}^{①}-X_3P_{2y}^{①} \\ -X_{15}P_{1x}^{①}+X_{13}P_{1z}^{①}+X_3P_{2x}^{①}-X_1P_{2z}^{①} \\ -X_{13}P_{1y}^{①}+X_{14}P_{1x}^{①}+X_1P_{2y}^{①}-X_2P_{2x}^{①} \end{bmatrix}=0 \tag{13.24}$$

由公式 $\dfrac{\partial \Pi_C^*(\boldsymbol{T},\boldsymbol{\lambda},\lambda_3)}{\partial \mu^{③}}=0$ 得

$$\begin{bmatrix} -X_5P_{1z}^{③}+X_6P_{1y}^{③}+X_{11}P_{2z}^{③}-X_{12}P_{2y}^{③} \\ -X_6P_{1x}^{③}+X_4P_{1z}^{③}+X_{12}P_{2x}^{③}-X_{10}P_{2z}^{③} \\ -X_4P_{1y}^{③}+X_5P_{1x}^{③}+X_{10}P_{2y}^{③}-X_{11}P_{2x}^{③} \end{bmatrix}=0 \tag{13.25}$$

将推导过程中的公式以及理论编制成 MATLAB 语言程序, 可进一步进行算例的计算。

13.2　空间复杂桁架基面力元计算分析

13.2.1　三角空间桁架单向受力问题

计算条件: 如图 13.2 所示, 点 A、E、G 可以组成边长为 10 的等边三角形, 点 B、D、F 可以组成边长为 5 的等边三角形, 点 C 的垂直投影落在三角形 BDF 的中心, 距离的高度为 15, 两三角形间垂直距离为 15, 由这些杆组成的桁架结构, C

节点处受 z 方向单位力作用。为研究方便，取弹性模量 $E = 10000$，泊松比 $\nu = 0$，并采用无量纲数值。为了研究方便，在本算例和下面各算例中杆件的横截面面积均为单位面积。

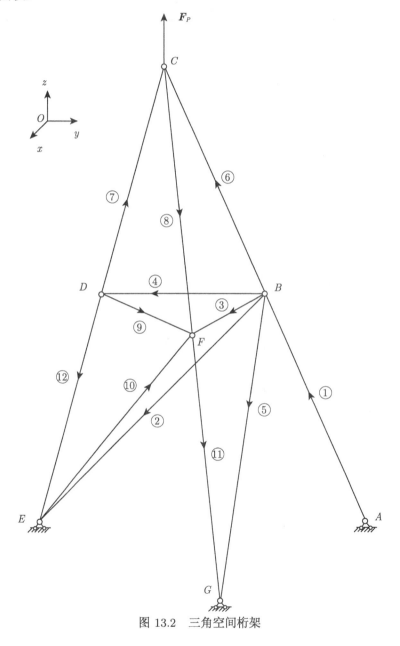

图 13.2 三角空间桁架

计算结果：

(1) 轴力: 将运用本章三维基面力程序计算所得各单元的轴力值 (BFEM 解) 列于表 13.1。

表 13.1　三角空间桁架结构轴力解

单元	轴力	
	BFEM 解	大型通用结构分析程序解
1	3.3944	3.3944
2	0.0000	0.0000
3	0.0000	0.0000
4	0.0000	0.0000
5	0.0000	0.0000
6	3.3944	3.3944
7	3.3944	3.3944
8	3.3944	3.3944
9	−0.0001	−0.0001
10	0.0000	0.0000
11	3.3947	3.3947
12	3.3947	3.3947

由此可见, 三角空间桁架结构在受力状态下, 计算所得轴力 BFEM 解与大型通用结构分析程序解完全相同。

(2) 位移: 将运用本章三维基面力程序计算的该结构含自由度节点的位移值 (BFEM 解) 列于表 13.2。

表 13.2　三角空间桁架结构节点位移解

节点	位移					
	BFEM 解			大型通用结构分析程序解		
	u_x	u_y	u_z	u_x	u_y	u_z
A	0.0000	0.0000	0.0000	0.0000	0.0000	0.0000
B	0.0046	−0.0079	0.0035	0.0046	−0.0079	0.0035
C	0.0000	0.0000	0.0106	0.0000	0.0000	0.0106
D	−0.0046	−0.0079	0.0070	−0.0046	−0.0079	0.0070
E	0.0000	0.0000	0.0000	0.0000	0.0000	0.0000
F	0.0000	−0.0158	0.0053	0.0000	−0.0158	0.0053
G	0.0000	0.0000	0.0000	0.0000	0.0000	0.0000

由此可见，三角空间桁架结构在单向受力状态下，其计算所得的节点位移 BFEM 解与大型通用结构分析程序解完全相同。

13.2.2 空间复杂桁架水平受力问题

计算条件：如图 13.3 所示，点 A、B、C、D、E、F 组成一个边长为 10 的正六边形，平行于 xOy 面，高度为 20，由这些杆组成的桁架结构，A、B、C、D、E、F 节点处受 x 方向单位力作用。为研究方便，取弹性模量 $E = 10000$，泊松比 $\nu = 0$，并采用无量纲数值。

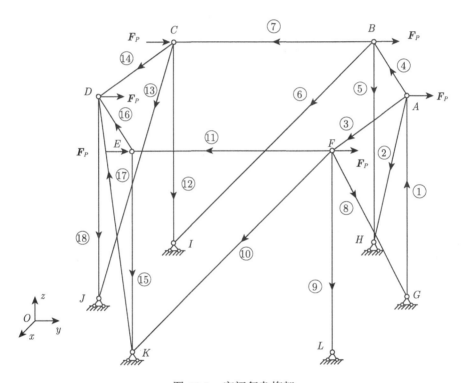

图 13.3 空间复杂桁架

计算结果：

(1) 轴力：将运用本章三维基面力程序计算所得各单元的轴力值 (BFEM 解) 列于表 13.3。

由此可见，空间复杂桁架结构在水平受力状态下，计算所得轴力 BFEM 解与大型通用结构分析程序解完全相同。

(2) 位移：将运用本章三维基面力程序计算的该结构含自由度节点的位移值 (BFEM 解) 列于表 13.4。

表 13.3　空间复杂桁架结构轴力解

单元	轴力	
	BFEM 解	大型通用结构分析程序解
1	−2.0000	−2.0000
2	2.2361	2.2361
3	1.0000	1.0000
4	0.0000	0.0000
5	−4.0000	−4.0000
6	4.4721	4.4721
7	−1.0000	−1.0000
8	−2.2361	−2.2361
9	−2.0000	−2.0000
10	4.4721	4.4721
11	−1.0000	−1.0000
12	−2.0000	−2.0000
13	2.2361	2.2361
14	−1.0000	−1.0000
15	0.0000	0.0000
16	0.0000	0.0000
17	−2.2361	−2.2361
18	2.0000	2.0000

表 13.4　空间复杂桁架结构节点位移解

节点	位移					
	BFEM 解			大型通用结构分析程序解		
	u_x	u_y	u_z	u_x	u_y	u_z
A	0.0087	0.0234	−0.0040	0.0087	0.0234	−0.0040
B	0.0000	0.0384	−0.0080	0.0000	0.0384	−0.0080
C	0.0006	0.0394	−0.0040	0.0006	0.0394	−0.0040
D	−0.0006	0.0394	0.0040	−0.0006	0.0394	0.0040
E	0.0040	0.0314	0.0000	0.0040	0.0314	0.0000
F	0.0139	0.0304	−0.0040	0.0139	0.0304	−0.0040
G	0.0000	0.0000	0.0000	0.0000	0.0000	0.0000
H	0.0000	0.0000	0.0000	0.0000	0.0000	0.0000
I	0.0000	0.0000	0.0000	0.0000	0.0000	0.0000
J	0.0000	0.0000	0.0000	0.0000	0.0000	0.0000
K	0.0000	0.0000	0.0000	0.0000	0.0000	0.0000
L	0.0000	0.0000	0.0000	0.0000	0.0000	0.0000

由此可见，空间复杂桁架结构在水平受力状态下，其计算所得的节点位移 BFEM 解与大型通用结构分析程序解完全相同。

13.2.3 棱台空间桁架单向受力问题

计算条件：如图 13.4 所示，正四边形 $CDEF$、$BGHI$、$AJKL$ 的边长分别为 15、25、35，它们之间的垂直间距为 30，且它们中心的垂直投影重合，由这些杆组成的桁架结构，C 节点处受 x,y,z 方向单位力作用。为研究方便，取弹性模量 $E = 10000$，泊松比 $\nu = 0$，并采用无量纲数值。

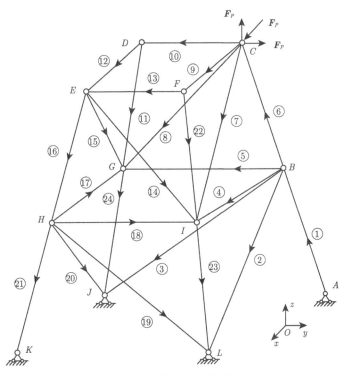

图 13.4 棱台空间桁架

计算结果：(1) 轴力：将运用本章三维基面力程序计算所得各单元的轴力值 (BFEM 解) 列于表 13.5。

由此可见，棱台空间桁架结构在空间受力状态下，计算所得轴力 BFEM 解与大型通用结构分析程序解完全相同。

(2) 位移：将运用本章三维基面力程序计算的该结构含自由度节点的位移值 (BFEM 解) 列于表 13.6。

表 13.5　棱台空间桁架结构轴力解

单元	轴力	
	BFEM 解	大型通用结构分析程序解
1	0.4403	0.4403
2	−0.6103	−0.6103
3	0.8544	0.8544
4	0.5000	0.5000
5	−0.7000	−0.7000
6	0.6164	0.6164
7	−1.1234	−1.1234
8	1.6987	1.6987
9	0.0000	0.0000
10	0.0000	0.0000
11	0.0000	0.0000
12	0.0000	0.0000
13	0.0000	0.0000
14	0.0000	0.0000
15	0.0000	0.0000
16	0.0000	0.0000
17	0.0000	0.0000
18	0.0000	0.0000
19	0.0000	0.0000
20	0.0000	0.0000
21	0.0000	0.0000
22	0.0000	0.0000
23	−1.0274	−1.0274
24	1.4384	1.4384

表 13.6　棱台空间桁架结构节点位移解

节点	位移					
	BFEM 解			大型通用结构分析程序解		
	u_x	u_y	u_z	u_x	u_y	u_z
A	0.0000	0.0000	0.0000	0.0000	0.0000	0.0000
B	0.0044	0.0033	0.0012	0.0044	0.0033	0.0012
C	0.0177	0.0135	0.0026	0.0177	0.0135	0.0026
D	0.0055	0.0135	0.0014	0.0055	0.0135	0.0014
E	0.0055	0.0039	0.0003	0.0055	0.0039	0.0003
F	0.0177	0.0039	0.0004	0.0177	0.0039	0.0004
G	0.0000	0.0050	0.0037	0.0000	0.0050	0.0037
H	0.0000	0.0000	0.0000	0.0000	0.0000	0.0000
I	0.0056	0.0000	−0.0023	0.0056	0.0000	−0.0023
J	0.0000	0.0000	0.0000	0.0000	0.0000	0.0000
K	0.0000	0.0000	0.0000	0.0000	0.0000	0.0000
L	0.0000	0.0000	0.0000	0.0000	0.0000	0.0000

由此可见，棱台空间桁架结构在空间受力状态下，其计算所得的节点位移 BFEM 解与大型通用结构分析程序解完全相同。

13.2.4 空间屋架垂直受力问题

计算条件：如图 13.5 所示，由四个边长为 10 的正方形组成的空间屋架结构，坡度为 $15°$，B、G、F 节点处受 z 方向单位力作用。为研究方便，取弹性模量 $E = 10000$，泊松比 $\nu = 0$，并采用无量纲数值。

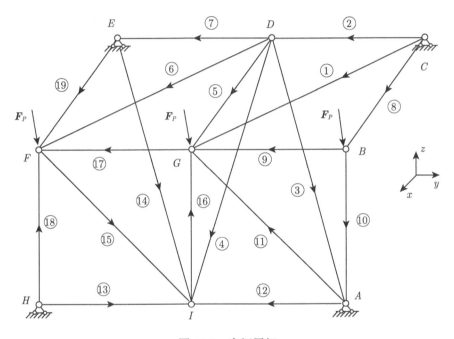

图 13.5　空间屋架

计算结果：

(1) 轴力：将运用本章三维基面力程序计算所得各单元的轴力值 (BFEM 解) 列于表 13.7。

由此可见，空间屋架结构在垂直受力状态下，计算所得轴力 BFEM 解与大型通用结构分析程序解完全相同。

(2) 位移：将运用本章三维基面力程序计算的该结构含自由度节点的位移值 (BFEM 解) 列于表 13.8。

由此可见，空间屋架结构在垂直受力状态下，其计算所得的节点位移 BFEM 解与大型通用结构分析程序解完全相同。

表 13.7　一空间屋架结构轴力解

单元	轴力	
	BFEM 解	大型通用结构分析程序解
1	−1.3662	−1.3662
2	0.4830	0.4830
3	0.0000	0.0000
4	0.0000	0.0000
5	−0.9661	−0.9661
6	1.3662	1.3662
7	−0.4830	−0.4830
8	−1.9321	−1.9321
9	0.0000	0.0000
10	−1.9321	−1.9321
11	−1.3662	−1.3662
12	0.4830	0.4830
13	−0.4830	−0.4830
14	0.0000	0.0000
15	1.3662	1.3662
16	−0.9661	−0.9661
17	1.9320	1.9320
18	−2.8982	−2.8982
19	−2.8982	−2.8982

表 13.8　空间屋架结构节点位移解

节点	位移					
	BFEM 解			大型通用结构分析程序解		
	u_x	u_y	u_z	u_x	u_y	u_z
A	0.0000	0.0000	0.0000	0.0000	0.0000	0.0000
B	0.0000	−0.0031	−0.0075	0.0000	−0.0031	−0.0075
C	0.0000	0.0000	0.0000	0.0000	0.0000	0.0000
D	0.0002	−0.0005	−0.0199	0.0002	−0.0005	−0.0199
E	0.0000	0.0000	0.0000	0.0000	0.0000	0.0000
F	0.0000	−0.0012	−0.0112	0.0000	−0.0012	−0.0112
G	0.0000	−0.0031	−0.0227	0.0000	−0.0031	−0.0227
H	0.0000	0.0000	0.0000	0.0000	0.0000	0.0000
I	0.0002	−0.0005	−0.0180	0.0002	−0.0005	−0.0180

13.2.5 复杂空间多层桁架受力问题

计算条件：如图 13.6 所示，此空间桁架结构由支架和长方体组成，支架高度为 10，长方体的长、宽、高分别为 20、10、10，E 节点处受 x, y 方向单位力作用。为研究方便，取弹性模量 $E = 10000$，泊松比 $\nu = 0$，并采用无量纲数值。

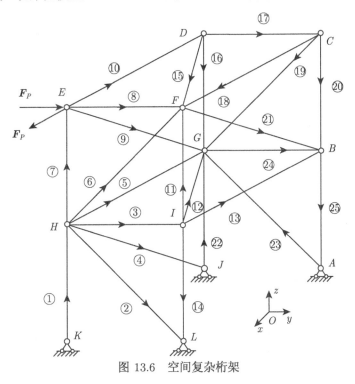

图 13.6 空间复杂桁架

计算结果：

(1) 轴力：将运用本章三维基面力程序计算所得各单元的轴力值 (BFEM 解) 列于表 13.9。

表 13.9 空间复杂桁架结构轴力解

单元	轴力	
	BFEM 解	大型通用结构分析程序解
1	0.9615	0.9615
2	−1.4142	−1.4142
3	0.0192	0.0192
4	1.1180	1.1180
5	1.3870	1.3870

单元	轴力	
	BFEM 解	大型通用结构分析程序解
6	−1.0000	−1.0000
7	−0.5192	−0.5192
8	−1.0000	−1.0000
9	1.1610	1.1610
10	−0.0385	−0.0385
11	−0.9615	−0.9615
12	−0.0430	−0.0430
13	0.0385	0.0385
14	−0.9615	−0.9615
15	0.0430	0.0430
16	0.0000	0.0000
17	−0.0192	−0.0192
18	0.0272	0.0272
19	0.0000	0.0000
20	−0.0192	−0.0192
21	−0.0430	−0.0430
22	0.5385	0.5385
23	0.0000	0.0000
24	0.0000	0.0000
25	−0.0385	−0.0385

由此可见, 空间复杂桁架结构在空间受力状态下, 计算所得轴力 BFEM 解与大型通用结构分析程序解完全相同。

(2) 位移: 将运用本章三维基面力程序计算该的结构含自由度节点的位移值 (BFEM 解) 列于表 13.10。

表 13.10　空间复杂桁架结构节点位移解

节点	位移					
	BFEM 解			大型通用结构分析程序解		
	u_x	u_y	u_z	u_x	u_y	u_z
A	0.0000	0.0000	0.0000	0.0000	0.0000	0.0000
B	0.0025	0.0005	0.0000	0.0025	0.0005	0.0000

续表

节点	位移					
	BFEM 解			大型通用结构分析程序解		
	u_x	u_y	u_z	u_x	u_y	u_z
C	0.0033	0.0012	−0.0001	0.0033	0.0012	−0.0001
D	0.0073	0.0012	0.0005	0.0073	0.0012	0.0005
E	0.0073	0.0104	0.0004	0.0073	0.0104	0.0004
F	0.0033	0.0094	−0.0019	0.0033	0.0094	−0.0019
G	0.0043	0.0005	0.0005	0.0043	0.0005	0.0005
H	0.0023	0.0038	0.0010	0.0023	0.0038	0.0010
I	0.0026	0.0038	−0.0010	0.0026	0.0038	−0.0010
J	0.0000	0.0000	0.0000	0.0000	0.0000	0.0000
K	0.0000	0.0000	0.0000	0.0000	0.0000	0.0000
L	0.0000	0.0000	0.0000	0.0000	0.0000	0.0000

由此可见, 空间复杂桁架结构在空间受力状态下, 其计算所得的节点位移 BFEM 解与大型通用结构分析程序解完全相同。

13.3　本　章　小　结

(1) 本章将第 12 章平面桁架单元延伸到了空间, 从空间六面体基面力元退化, 导出了空间桁架单元的基面力元模型及控制方程。

(2) 编制了相应的空间桁架单元 MATLAB 程序, 结合一些空间复杂桁架问题进行数值计算。

(3) 数值算例表明, 余能原理的基面力元法可以用来计算空间桁架的线弹性分析问题, 计算结果与大型通用结构分析程序解吻合较好, 从而验证了本方法模型的可行性。

参 考 文 献

[1] Clough R W. The finite element methods in plane stress analysis. Pro Amer Soc Civil Eng, 1960, 87: 345-378

[2] 王勖成. 有限单元法. 北京: 清华大学出版社, 2003

[3] Bathe K J. Finite Element Procedures. Prentice-Hall, 1996

[4] Zienkiewicz O C. The Finite Element Method. 3rd ed. New York: McGraw-Hill, 1977

[5] 吴长春, 卞学鐄. 非协调数值分析与杂交元方法. 北京: 科学出版社, 1997

[6] Wu C C, Huang M G, Pian T H H. Consistency condition and convergence critieria of incompatible functions and its application. Comput Struct, 1987, 27: 639-644

[7] Wu C C, Huang Y Q, Ramm E. A further study on incompatible models: revise-stiffness approach and completeness of trial functions. Comput Meth Appl Mech Engng, 2001, 190: 5923-5934

[8] Pian T H H, Sumihara K. Rational approach for assumed stress finite elements. Int J Numer Meth Engng, 1984, 20: 1685-1695

[9] Cheung Y K, Chen W J. Refined hybrid method for plane isoparametric element using an orthogonal approach. Comput Struct, 1992, 42: 683-694

[10] 王金彦, 陈军, 李明辉. 非线性有限元分析的非协调模式及存在的问题. 力学进展, 2004, 34(4): 455-462

[11] Wieckowski Z, Youn S K, Moon B. Stress-based finite element analysis of plane plasticity problems. Int J Numer Meth Engng, 1999, 44: 1505-1525

[12] 卓家寿. 弹塑性力学中的广义变分原理. 2 版. 北京: 中国水利水电出版社, 2002

[13] 郭仲衡. 非线性弹性理论. 北京: 科学出版社, 1980

[14] Oden J T, Key J E. Numerical analysis of finite axisymmetric deformations of incompressible elastic solids of revolution. Int J Solids Struct., 1970, 5: 497-518

[15] Oden J T. Finite elements of nonlinear continua. New York: McGraw-Hill, 1972

[16] 高玉臣. 固体力学基础. 北京: 中国铁道出版社, 1999

[17] Gao Y C. A new description of the stress state at a point with applications. Archive Appl Mech, 2003, 73: 171-183

[18] Gao Y C, Jin M, Dui G S. Stresses, singularities, and a complementary energy principle for large strain elasticity. Applied Mechanics Reviews, 2008, 61: 1-16

[19] Gao Y C. Elastostatic crack tip behavior for a rubber-like material. Theor Appl Fract Mech, 1990, 14: 219-231

[20] Gao Y C. Large deformation field near a crack tip in rubber-like material. Theor Appl Fract Mech, 1997, 26: 155-162

[21] Gao Y C. Large strain analysis of a rubber wedge compressed by a line load at its tip. Int J Engng Sci, 1998, 36: 831-842

[22] Gao Y C, Gao T J. Mechanical behavior of two kinds of rubber materials. Int J Solids Struct, 1999, 36: 5545-5558

[23] Gao Y C, Chen S H. Asymptotic analysis and finite element calculation of a rubber cone under tension. Acta Mechanica, 2000, 141: 176-185

[24] Gao Y C. Asymptotic analysis of the nonlinear Boussinesq problem for a kind of incompressible rubber material (compression case). J Elasticity, 2001, 64: 111-130

[25] Gao Y C, Chen S H. Large strain field near crack tip in a rubber sheet. Mech Resear Comm, 2001, 28: 71-78

[26] 高玉臣. 弹性大变形的余能原理. 中国科学 (G 辑), 2006, 36(3): 298-311

[27] 彭一江. 基于基面力概念的新型有限元方法. 北京交通大学博士学位论文, 2006

[28] 彭一江, 金明. 基于基面力概念的一种新型余能原理有限元方法. 应用力学学报, 2006, 23(4): 649-652

[29] 彭一江, 金明. 基面力概念在余能原理有限元中的应用. 北京工业大学学报, 2007, 33(5): 487-492

[30] 彭一江, 金明. 基于基面力概念的余能原理任意网格有限元方法. 工程力学, 2007, 24(6): 41-45

[31] 彭一江, 刘应华. 基面力概念在几何非线性余能有限元中的应用. 力学学报, 2008, 40(4): 496-501

[32] 彭一江, 刘应华. 一种基于基线力概念的平面几何非线性余能原理有限元模型. 固体力学学报, 2008, 29(4): 365-372

[33] 彭一江, 刘应华. 基于余能原理的有限变形问题有限元列式. 计算力学学报, 2009, 26(4): 460-465

[34] Peng Y J, Liu Y H. Base force element method (BFEM) of complementary energy principle for large rotation problems. Acta Mechanica Sinica, 2009, 25: 507-515

[35] Reissner E. On a variational theorem in elasticity. Journal of Mathematics and Physics, 1950, 29: 90-95

[36] 胡海昌. 弹性理论和塑性理论中的一些变分原理. 中国物理学报, 1953, 10: 259-290

[37] 胡海昌. 弹性力学的变分原理及其应用. 北京: 科学出版社, 1981

[38] Washizu K. Variational methods in elasticity. Oxford : Pergamon, 1968

[39] 鹫津久一郎. 弹性和塑性力学中的变分原理. 北京: 科学出版社, 1984

[40] 钱令希. 余能原理. 中国科学, 1950, 1: 449-456

[41] 钱伟长. 变分法与有限元 (上册). 北京: 科学出版社, 1980

[42] 梁立孚. 变分原理及其应用. 哈尔滨: 哈尔滨工程大学出版社, 2005

[43] 卓家寿. 弹塑性力学中的广义变分原理. 2 版. 北京: 中国水利水电出版社, 2002

[44] 付宝连. 弹性力学中的能量原理及其应用. 北京: 科学出版社, 2004

[45] 张汝清. 固体力学变分原理及其应用. 重庆: 重庆大学出版社, 1991

[46] Atluri S N. On some new general and complementary energy theorems for the rate problems in finite strain classical elasticity. J Struct Mech, 1980, 8: 61-92

[47] Lee S J, Shield R T. Variational principles in finite elastics. ZAMP, 1980, 31: 437-453

[48] Nemat-Nasser S. General variational principles in nonlinear and linear elasticity with applications. Mechanics Today, 1972, 1: 214-261

[49] Ogden R W. Non-linear Elastic Deformations. Chichester: Ellis Horwood, 1984.

[50] Levinson M. The complementary energy theorem in finite elasticity. J Appl Mech, 1965, 32: 826-828

[51] Ogden R W. Inequalities associated with the inversion of elastic stress deformation relation and their implications. Math Proc Camb Phil Soc, 1977, 81: 313-324

[52] Gao D Y, Strang G. Geometric nonlinearity: potential energy, complementary energy and the gap function. Quartl Appl Math, 1989, 47: 487-504

[53] Gao D Y. Pure complementary energy principle and triality theory in finite elasticity. Mech Resear Comm, 1999, 26: 31-37

[54] Fraeijs de Veubeke B M. A new variational principle for finite elastic displacements. Int J Eng Sci, 1972, 10: 745-763

[55] Kanno Y, Ohsaki M. Minimum principle of complementary energy of cable networks by using second-order cone programming. International Journal of Solids and Structures, 2003, 40: 4437-4460

[56] Cuomo M, Ventura G. Complementary Energy approach to contact problems based on consistent augmented Lagrangian formulation. Math Comput Modeling, 1998, 28: 185-204

[57] Cuomo M, Ventura G. A complementary energy formulation of no tension masonry-like solids. Comput Methods Appl Mech Engng, 2000, 189: 313-339

[58] Fraternali F. Complementary energy variational approach for plane elastic problems with singularities. Theor Appl Fract Mech, 2001, 35: 129-135

[59] Rosman R. Statics of the laterally loaded shear-flexure beam with hinged end and elastic interior supports. Engng Struct, 2001, 23: 1307-1318

[60] Turner M J, Clough R W, Martin H C, et al. Stiffness and deflection analysis of complex structures. J Aero Sci, 1956, 23: 805-823

[61] Fraeijs de Veubeke B. Displacement and equilibrium models in the finite element method. Stress Analysis, New York: Wiley, 1965: 145-197

[62] Pian T H H. Derivation of element stiffness matrices by assumed stress distributions. AIAA J, 1964, 2: 1333-1336

[63] Pian T H H, Tong P. Basis of finite element methods for solid continua. Int J Numer Meth Engng, 1969, 1: 3-28

[64] Pian T H H, Chen D P. Alternative ways for formulation of hybrid stress elements. Int J Numer Meth Engng, 1982, 18: 1679-1684

[65] Pian T H H, Sumihara K. Rational approach for assumed stress finite elements. Int J Num Meth Engng, 1984, 20: 1685-1695

[66] Pian T H H, Chen D P. On the suppression of zero energy deformation modes. Int J Numer Meth Engng, 1983, 19: 1741-1752

[67] 卞学鐄. 杂交应力有限元法的研究进展. 力学进展, 2001, 31(3): 344-349

[68] Tong P. New displacement hybrid finite element models for solid continua. Int J Numer Meth Engng, 1970, 2: 73-83

[69] Wilson E L, Taylor R L, Doherty W P, et al. Incompatible displacement models. Numerical and Computer Methods in Structural Mechanics, 1973: 43-57

[70] Herrmann L R. A bending analysis for plates. 1st Conf Matrix Methods in Structural Mechanics, Wright-patterson Air Force Base, Ohio, 1965: 577-604

[71] 唐立民, 陈万吉. 有限元分析中的拟协调元. 大连工学院学报, 1980, 19(2): 19-36

[72] 蒋和洋. 拟协调模式非线性有限元及其他. 大连工学院博士学位论文, 1984

[73] 钟万勰, 纪峥. 理性有限元, 计算结构力学及其应用, 1996, 13(1): 1-8

[74] 龙驭球, 龙志飞, 岑松. 新型有限元论. 北京: 清华大学出版社, 2004

[75] Liu Y H, Peng Y J. Base force element method (BFEM) on complementary energy principle for linear elasticity problem. SCIENCE CHINA-Physics, Mechanics & Astronomy, 2011, 54: 2025-2032

[76] Liu Y H, Peng Y J, Zhang L J, et al. A 4-mid-node plane model of base force element method on complementary energy principle. Mathematical Problems in Engineering, 2013, 2013: 1-8

[77] Peng Y J, Zong N N, Zhang L J, et al. Application of 2D base force element method with complementary energy principle for arbitrary meshes. Engineering Computations, 2014, 31: 691-708

[78] Peng Y J, Zhang L J, Pu J W, et al. A two-dimensional base force element method using concave polygonal mesh. Engineering Analysis with Boundary Elements, 2014, 42: 45-50

[79] Peng Y J, Dong Z L, Peng B, et al. The application of 2D base force element method (BFEM) to geometrically nonlinear analysis. International Journal of Non-Linear Mechanics, 2012, 47: 153-161

[80] Peng Y J, Pu J W, Peng B, et al. Two-dimensional model of base force element method (BFEM) on complementary energy principle for geometrically nonlinear problems. Finite Elements in Analysis and Design, 2013, 75: 78-84

[81] Peng Y J, Guo Q, Zhang Z F, et al. Application of base force element method on complementary energy principle to rock mechanics problems. Mathematical Problems in Engineering, 2015, 2015: 1-16

[82] Zhou P L, Cen S. A novel shape-free plane quadratic polygonal hybrid stress-function element. Mathematical Problems in Engineering, 2015, 2015(6): 1-13

[83] Santos H A F A, Pimenta P M, Almeida J P M. A hybrid-mixed finite element formulation for the geometrically exact analysis of three-dimensional framed structures.

Computational Mechanics, 2011, 48: 591-613

[84] Santosa H A F A, Moitinho de Almeida J P. A family of Piola-Kirchhoff hybrid stress finite elements for two-dimensional linear elasticity. Finite Elements in Analysis and Design, 2014, 85: 33-49

[85] Peng Y J, Dong Z L, Peng B, et al. Base force element method (BFEM) on potential energy principle for elasticity problems. International Journal of Mechanics and Materials in Design, 2011, 7: 245-251

[86] Peng Y J, Liu Y H, Pu J W, et al. Application of base force element method to mesomechanics analysis for recycled aggregate concrete. Mathematical Problems in Engineering, 2013, 2013: 1-8

[87] Peng Y J, Wang Y, Guo Q, et al. Application of base force element method to mesomechanics analysis for concrete. Mathematical Problems in Engineering, 2014, 2014: 1-11

[88] Peng Y J, Chu H, Pu J W. Numerical simulation of recycled concrete using convex aggregate model and base force element method. Advances in Materials Science and Engineering, 2016, 2016: 1-10

[89] Peng Y J, Pu J W. Micromechanical investigation on size effect of tensile strength for recycled aggregate concrete using BFEM. International Journal of Mechanics and Materials in Design, 2016, 12: 525-538

[90] 梁立孚. 非保守系统的拟变分原理及其应用. 北京: 科学出版社, 2015

[91] 刘宗民, 梁立孚, 樊涛. 基于基面力的有限变形广义拟 Hamilton 原理. 哈尔滨工程大学学报, 2014 (4): 408-412

[92] 刘宗民. 基于基面力的弹性大变形拟变分原理. 哈尔滨工程大学博士学位论文, 2008

[93] 范志会. 基于弹性大变形余能原理的有限元法研究. 北京交通大学博士学位论文, 2007

[94] 范志会, 金明, 尚新春. 浅曲梁大挠度分析的余能有限元方法. 计算力学学报, 2009, 26(6): 792-796

[95] 范志会, 金明, 尚新春. 基于余能原理计算简单剪切变形. 科学技术与工程, 2008, 8(16): 4445-4449

[96] 范志会, 金明. 一个新的杆系大变形余能计算方法. 北京理工大学学报, 2006, 26(9): 757-761

[97] 徐宝林. 弹性大变形余能原理及应用. 北京交通大学硕士学位论文, 2005

[98] 金明. 非线性连续介质力学教程. 2 版. 北京：清华大学出版社、北京交通大学出版社, 2012

[99] Timoshenko S, Goodier J N. Theory of Elasticity. 3rd ed. New York: McGraw Hill, 1970

[100] Xu Z L. Applied Elasticity. Wiley Eastern Limited, 1992

[101] 吴家龙. 弹性力学. 北京：高等教育出版社, 2001

[102]   Kim K D, Liu G Z, Han S C. A resultant 8-node solid-shell element for geometrically
        nonlinear analysis. Computational Mechanics, 2005, 35: 315-331

[103]   Wu C C, Huang Y Q, Ramm E. A further study on incompatible models: revise-stiffness
        approach and completeness of trial functions. Comput Meth Appl Mech Engng, 2001,
        190: 5923-5934

[104]   Bathe K J, Balourchi S. Large displacement analysis of three-dimensional beam struc-
        tures. Int J Numer Meth Engng, 1979, 14: 961-986

[105]   Bathe K J. Finite element formulations for large deformation dynamic analysis. Int J
        Numer Meth Engng, 1975, 9: 353-386

[106]   Holden J T. On the finite deflections of thin beams. Int J Solids Structures, 1972, 8:
        1051-1055

[107]   Crivelli L A, Felippa C A. A three-dimensional non-linear Timoshenko beam based on
        the core-congruential formulation. Int J Numer Meth Engng, 1993, 36: 3647-3673

[108]   Lo S H. Geometrically nonlinear formulation of 3D finite strain beam element with large
        rotions. Comput Struct, 1992, 44: 147-157

[109]   黄文, 李明瑞, 黄文彬. 杆系结构的几何非线性分析——I. 平面问题. 计算结构力学及
        其应用, 1995, 12(1): 7-16

[110]   Li M R. The finite deformation theory for beam, plate and shell Part III. The three-
        dimensional beam theory and the FE formulation. Comput Methods Appl Mech Engrg,
        1998, 162: 287-300

[111]   龙述尧, 胡德安, 熊渊博. 用无单元伽辽金法求解几何非线性问题. 工程力学, 2005, 22(3):
        68-71

[112]   黄克智, 黄永刚. 固体本构关系. 北京: 清华大学出版社, 1999

[113]   黄筑平. 连续介质力学. 北京: 高等教育出版社, 2003

[114]   彭一江. 弹性力学. 北京: 科学出版社, 2015

索　引